四川省矿产资源潜力评价项目系列丛书(7)

四川省铜矿成矿规律及资源评价

李仕荣　　杨永鹏　　龚志大　　杨永峰
　　　　　　　　　　　　　　　　　　　　　　等　编著
杨先光　　郭　萍　　柏万灵　　侯立平

U0198893

科学出版社

北　京

内 容 简 介

本书由四川省铜矿成矿规律研究和资源潜力评价成果汇总进一步凝练而成。在四川省铜矿矿床中，本书选择典型矿床式进行研究和总结，重点突出关键成矿地质条件、矿床地质特征、控矿因素的归纳总结和成矿模式的表达，对四川省铜矿成矿规律作了较全面、系统的总结，在此基础上，对四川省铜矿的资源潜力进行了较科学、客观的评价。

本书是四川省地矿工作者集体劳动成果的结晶，对从事矿床地质学研究的地质科研人员和地质找矿勘查工作者具有重要的参考价值。

图书在版编目(CIP)数据

四川省铜矿成矿规律及资源评价 / 李仕荣等编著. —北京：科学出版社，2016.3

（四川省矿产资源潜力评价项目系列丛书）

ISBN 978-7-03-047960-0

Ⅰ.①四… Ⅱ.①李… Ⅲ.①铜矿床–成矿规律–研究–四川省 ②铜矿床–资源评价–研究–四川省 Ⅳ.①P618.41

中国版本图书馆 CIP 数据核字 (2016) 第 059204 号

责任编辑：张 展 罗 莉 / 责任校对：王 翔
责任印制：余少力 / 封面设计：墨创文化

科学出版社 出版

北京东黄城根北街16号
邮政编码：100717
http://www.sciencep.com

四川煤田地质制图印刷厂印刷
科学出版社发行　各地新华书店经销

*

2016 年 3 月第 一 版　　开本：787×1092 1/16
2016 年 3 月第一次印刷　　印张：14 1/4
字数：335 千字

定价：98.00 元

"四川省矿产资源潜力评价"是"全国矿产资源潜力评价"的工作项目之一。

　　按照国土资源部统一部署，项目由中国地质调查局和四川省国土资源厅领导，并提供国土资源大调查和四川省财政专项经费支持。

　　项目成果是全省地质行业集体劳动的结晶！谨以此书献给耕耘在地质勘查、科学研究岗位上的广大地质工作者！

四川省矿产资源评价工作领导小组

组　　长：宋光齐

副组长：刘永湘　张　玲　王　平

成　　员：范崇荣　刘　荣　李茂竹

　　　　　李庆阳　陈东辉　邓国芳

　　　　　伍昌弟　姚大国　王　浩

领导小组办公室

办公室主任：王　平

副　主　任：陈东辉　岳昌桐　贾志强

成　　员：赖贤友　李仕荣　徐锡惠

　　　　　巫小兵　王丰平　胡世华

四川省矿产资源潜力评价项目系列丛书(7)

四川省铜矿成矿规律及资源评价

李仕荣	杨永鹏	龚志大	杨永峰
杨先光	郭　萍	柏万灵	侯立平
晏子贵	陈庚户	杨钻云	张庆松
陈东国	卢珍松	曲红军	杨露云
曾　云	杨本锦	郎文宗	田竞亚
吕仲坤	杨铸生	刘炳章	贾平远

前　言

“四川省矿产资源潜力评价”是属于“全国矿产资源潜力评价”的工作项目之一。该项目主要是在现有地质工作的基础上，充分利用四川省基础地质调查和矿产勘查工作成果和资料，充分应用现代矿产资源预测评价的理论方法和 GIS 评价技术，开展四川省煤炭、铁、铜、铝、铅、锌、钾、金、稀土、磷及锡、钼、镍、锰、银、锂、硫、硼等资源潜力评价，编写了各矿种的资源潜力评价成果报告以及全省的地质构造、重力、磁测、化探、自然重砂、成矿规律、矿产预测等各专业报告，这些成果是本书编写的基础资料。

铜矿是四川省重要矿种，按照四川省国土资源厅的统一部署，由四川省冶金地质勘查局负责铜矿资源潜力评价的单矿种汇总工作。“四川省矿产资源潜力评价”项目根据四川省铜矿特点和全国《重要矿产预测类型划分方案》，把四川省主要铜矿划分为：拉拉式火山沉积变质型铜矿、李伍式火山沉积变质型铜矿、淌塘式火山沉积变质型铜矿、彭州式火山沉积变质型铜矿、西范坪式斑岩型铜矿、昌达沟式斑岩型铜矿、大铜厂式砂岩型铜矿、乌坡式火山岩型铜矿等八大预测类型，并按照“区域成矿规律研究技术要求”对各类型成矿条件和成矿规律进行了研究和比较全面的总结。本书采用矿床成因分类，按照铜矿的产出特征，将四川省铜矿分为火山沉积变质型、斑岩型、砂岩型、火山岩型 4 种类型，并以此为铜矿的预测类型。

本书在四川省 32 个小型及以上的铜矿床中，选择 10 个典型矿床及 3 个近年来相关类型矿床的找矿新进展，通过典型矿床研究，重点突出各类型铜矿床的共同特征、关键成矿地质条件，并编绘各类型矿床的成矿模式图，进而对四川省铜矿区域成矿规律进行较全面、系统的总结。全书共分六章，由李仕荣、杨永鹏、龚志大、郭萍、杨永峰编写，李仕荣、杨永鹏、龚志大统筹定稿，图件由卢珍松清绘。

第一章以截至 2009 年年底的铜矿查明资源储量为基础，总结铜矿区的数量和规模、查明资源储量的数量和结构以及资源禀赋特点。

第二章根据铜矿产地的成因类型及分布特征，论述四川攀西地区和三江中段地区铜矿的大地构造背景及铜矿产出的特征。

第三章根据成矿物质来源、成矿环境、成矿作用的成因类型分类，对四川省铜矿的成因类型、预测类型进行重点介绍。

第四章按预测类型及其矿床式进行叙述：火山沉积变质型包括拉拉式、李伍式、淌塘式、彭州式 4 个矿床式；斑岩型铜矿包括西范坪式、昌达沟式 2 个矿床式；砂岩型铜矿大铜厂式；火山岩型铜矿乌坡式。在各矿床式中选取矿床规模大、资源储量丰富、成矿特征显著、成矿作用典型、具有代表性的矿床作为典型矿床，总结其成矿地质条件、矿床地质特征、控矿因素，提取各矿床式典型矿床的成矿要素，并建立成矿模式，以利于区域成矿规律研究和成矿预测类比。

第五章概述四川省地质构造演化对铜矿成矿的控制：总结四川省铜矿的成矿时代分布特征，铜矿成矿跨时长达17亿年，有早元古代至中元古代、古生代、中生代三个成矿高峰期；铜矿成矿演化与分布具多旋回成矿特点，对四川省铜矿的成矿控制条件进行探讨；对主要类型铜矿的成矿机制和成矿模式进行归纳和总结。

第六章概述本次铜矿资源量预测的矿产预测类型、典型矿床和预测工作区的数量和分布；叙述了最小预测区的圈定方法、圈定结果和预测区评价。

该专著是在四川省铜矿成矿规律研究和资源潜力评价汇总成果的基础上提炼而成的，是集体劳动成果的结晶。四川省矿产资源潜力评价工作的整个过程耗时7年，参加工作的有四川省各地勘单位先后300余名地质工作者，四川省矿产资源潜力评价先后编写了"四川省铜矿资源潜力评价成果报告""四川省铜矿成果规律研究报告"和"四川省矿产资源潜力评价成果报告"等，本书是在上述各类成果报告，特别是铜矿的研究成果基础之上，补充了一些资料，经过进一步提炼总结而成。参加《四川省铜矿成矿规律及资源评价》编写的有李仕荣、杨永鹏、龚志大、杨先光、郭萍、柏万灵、侯立平、晏子贵、陈庚户、陈东国、卢珍松、曲红军、杨露云、杨钻云、曾云、杨本锦、郎文宗、田竞亚、吕仲坤、杨铸生、刘炳章、贾平远。

参加"四川省重要矿种区域成矿规律矿产预测课题成果报告"编写的有胡世华、马红熳、杨先光、曾云、郭强、王茜、晏子贵、文锦明、胡朝云、赖贤友、陈东国、王秀京、李斌斌、卢珍松、黎文甫、廖阮颖子、肖懿；参加"四川省矿产资源潜力评价成果报告"编写的有胡世华、胡朝云、杨先光、郭强、陈忠恕、曾云、马红熳、张建东、赖贤友、李仕荣、徐锡惠、阚泽忠、刘应平、李明雄、孙渝江、徐韬、文辉、陈东国、梁万林、杨荣、杨发伦、贺洋、王显峰。

项目得到了国土资源部、中国地质调查局、全国矿产资源潜力评价项目办公室、西南矿产资源潜力评价项目办公室、四川省国土资源厅、四川省冶金地质勘查局、四川省地质矿产勘查开发局、四川省煤田地质局、四川省化工地质勘查院的领导和同仁的大力支持和帮助，尤其是得到胡世华、黄与能、肖懿等专家的悉心指导，胡世华、曲红军等审阅了全书，并提出了宝贵的修改意见，在此表示衷心的谢意！本书虽然力求全面、系统地总结四川省铜矿的成矿规律，但由于时间和笔者水平所限，难免存在谬误之处，有的认识甚至还很肤浅，有些问题还有待深入研究，敬请专家和同仁不吝赐教、批评指正。

编　者

2015 年 12 月

目　　录

第一章 四川省铜矿资源概况

第一节 铜矿床(点)数量及规模

根据四川省矿产资源潜力评价数据库、四川省矿产总结的矿产地资料、老矿山接替资源勘查成果,初步统计全省截至 2013 年,四川省共有铜矿床(点)约 95 处(图 1-1、表 1-1),其中大型 1 处,占矿床(点)总数的 1.05%;中型 7 处,占矿床(点)总数的 7.37%;小型 24 处,占矿床(点)总数的 25.26%;矿点 44 处,占矿床(点)总数的 46.32%;矿化点 19 处,占矿床(点)总数的 20%(图 1-2)。

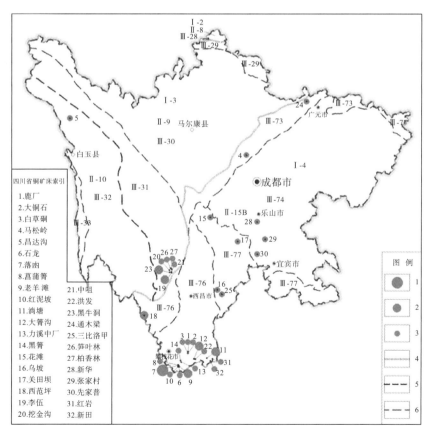

图 1-1 四川省铜矿主要矿床分布图(据四川省铜矿资源潜力评价成果修编,2010)

1.大型矿床;2.中型矿床;3.小型矿床;4.Ⅰ级成矿区带;5.Ⅱ级成矿区带;6.Ⅲ级成矿区带

表 1-1　四川省主要铜矿床（点）一览表

序号	矿产地名称	矿种	勘查程度	矿床规模	矿床类型	地理位置	勘查年份
1	鹿厂	铜、银	勘探	小型	砂岩型	会理县	1956~1993
2	大铜厂	铜、银	勘探	小型	砂岩型	会理县	1973~1999
3	白草硐	铜	详查	小型	砂岩型	会理县	1975~1991
4	马松岭	铜	勘探	小型	火山沉积变质型	彭州市	1951~1976
5	昌达沟	铜	普查	小型	斑岩型	德格县	1966~1980
6	石龙	铜	详查	小型	火山沉积变质型	会理县	1958~1986
7	落凼	铜	勘探	大型	火山沉积变质型	会理县	1957~1982
8	菖蒲箐	铜	普查	小型	火山沉积变质型	会理县	1957~1993
9	老羊汗滩	铜	详查	中型	火山沉积变质型	会理县	1958~1988
10	红泥坡	铜	普查	中型	火山沉积变质型	会理县	1974~2013
11	淌塘	铜	普查	中型	火山沉积变质型	会东县	1998~2006
12	大箐沟	铜	详查	中型	火山沉积变质型	会理县	1973~1979
13	力溪中厂	铜	普查	小型	火山沉积变质型	会理县	1973~1979
14	黑箐	铜	详查	小型	火山沉积变质型	会理县	1954~1987
15	花滩	铜	普查	小型	火山岩型	荥经县	1991~2008
16	乌坡	铜	普查	小型	火山岩型	昭觉县	1958~1981
17	关田坝	铜	普查	小型	火山岩型	峨边县	1958~2009
18	西范坪	铜	普查	中型	斑岩型	盐源县	1995~2005
19	李伍	铜、锌	勘探	中型	火山沉积变质型	九龙县	1958~1976
20	挖金沟	铜、锌	普查	小型	火山沉积变质型	九龙县	1968~1992
21	中咀*	铜锌	普查	小型	火山沉积变质型	九龙县	1968~2011
22	洪发*	铜	普查	小型	火山沉积变质型	会理县	2013
23	黑牛洞	铜、锌	普查	中型	火山沉积变质型	九龙县	1968~2011
24	通木梁*	铜	普查	小型	火山沉积变质型	青川县	1975
25	三比洛甲*	铜	普查	小型	砂岩型	昭觉县	1933
26	笋叶林	铜、锌	踏勘	小型	火山沉积变质型	九龙县	1968~2011
27	柏香林	铜、锌	踏勘	小型	火山沉积变质型	九龙县	1968~2011
28	新华*	铜	勘探	小型	砂岩型	乐山市	1974
29	张家村*	铜	勘探	小型	砂岩型	沐川县	1961
30	先家普*	铜	普查	小型	砂岩型	马边县	1961
31	红岩*	铜	普查	小型	砂岩型	会东县	1972
32	新田*	铜	普查	小型	热液型	会东县	1960
33	关桥	铜	预查	矿点	砂岩型	会理县	1972
34	爱国	铜	踏勘	矿点	砂岩型	会理县	1972
35	老房子	铜	踏勘	矿点	砂岩型	会理县	1972
36	老岩脚	铜	踏勘	矿点	砂岩型	会理县	1972

序号	矿产地名称	矿种	勘查程度	矿床规模	矿床类型	地理位置	勘查年份
37	李家湾	铜	踏勘	矿点	砂岩型	会理县	1972
38	湾子村	铜	踏勘	矿点	砂岩型	会理县	1972
39	滴水崖	铜	踏勘	矿点	砂岩型	会理县	1972
40	回龙湾	铜	踏勘	矿点	砂岩型	会理县	1972
41	马宗	铜	踏勘	矿点	砂岩型	会理县	1972
42	翟窝厂	铜	普查	矿点	砂岩型	会理县	1972~1974
43	任家坪子	铜	踏勘	矿点	砂岩型	会理县	1974
44	纳溪上马*	铜	详查	矿点	砂岩型	纳溪县	1959
45	峨眉龙池*	铜	普查	矿点	砂岩型	峨边县	1970
46	佛来山*	铜	详查	矿点	砂岩型	长宁县	1977
47	铜厂坡	铜	详查	矿点	火山沉积变质型	彭州市	1974
48	铜厂湾	铜	踏勘	矿化点	火山沉积变质型	彭州市	1975
49	石城门	铜	普查	矿点	火山沉积变质型	彭州市	1978~2007
50	玉石沟	铜	踏勘	矿化点	火山沉积变质型	彭州市	1975
51	黄铜尖子	铜	普查	矿点	火山沉积变质型	大邑县	1977~1979
52	关防山	铜	踏勘	矿化点	火山沉积变质型	大邑县	1978
53	老林坪	铜	踏勘	矿化点	火山沉积变质型	大邑县	1978
54	大川	铜	普查	矿点	火山沉积变质型	大邑县	1976~1978
55	白铜尖子	铜	普查	矿点	火山沉积变质型	芦山县	1978
56	干河	铜	踏勘	矿化点	火山沉积变质型	大邑县	1978
57	火麻岩	铜	踏勘	矿化点	火山沉积变质型	彭州市	1978
58	核桃坪	铜	踏勘	矿化点	火山沉积变质型	彭州市	1975
59	花梯子	铜	踏勘	矿化点	火山沉积变质型	彭州市	1975
60	马槽	铜	踏勘	矿化点	火山沉积变质型	彭州市	1975
61	五百公尺	铜	踏勘	矿化点	火山沉积变质型	彭州市	1975
62	石槽沟	铜	踏勘	矿化点	火山沉积变质型	大邑县	1975
63	燃日	铜	踏勘	矿化点	斑岩型	德格县	1978~2001
64	热绒	铜	踏勘	矿点	斑岩型	德格县	1978
65	额龙	铜	踏勘	矿点	斑岩型	德格县	1978
66	则日	铜	踏勘	矿点	斑岩型	德格县	1978
67	汉宿	铜	踏勘	矿点	斑岩型	德格县	1978~2001
68	黎发村	铜	踏勘	矿化点	火山沉积变质型	会理县	1974
69	板山头	铜	踏勘	矿点	火山沉积变质型	会理县	1959~1973
70	大劈槽	铜	踏勘	矿点	火山沉积变质型	会理县	1974
71	新老厂	铜	踏勘	矿点	火山沉积变质型	会理县	1974
72	赵家梁子	铜	踏勘	矿点	火山沉积变质型	会理县	1966~1985

续表

序号	矿产地名称	矿种	勘查程度	矿床规模	矿床类型	地理位置	勘查年份
73	力洪	铜	踏勘	矿化点	火山沉积变质型	会理县	1974
74	寨子箐	铜	踏勘	矿化点	火山沉积变质型	会理县	1974
75	后山沟	铜	踏勘	矿化点	火山沉积变质型	会东县	2003~2006
76	天生闹堂	铜	踏勘	矿化点	火山沉积变质型	会东县	2004
77	羊窝窝	铜	踏勘	矿化点	火山沉积变质型	会东县	2004
78	老厂	铜	普查	矿点	火山沉积变质型	会东县	1974
79	铜厂沟	铜	普查	矿点	火山沉积变质型	会理县	1959~1981
80	红铜山	铜	踏勘	矿化点	火山沉积变质型	会理县	1974
81	石滓乡罗井沟	铜	踏勘	矿点	火山岩型	荥经县	1992
82	色底乡斯洛卡	铜	踏勘	矿点	火山岩型	昭觉县	1992
83	色底乡	铜	踏勘	矿点	火山岩型	昭觉县	1992
84	拉木乡母子阿	铜	踏勘	矿点	火山岩型	昭觉县	1992
85	色底乡麻木里妥	铜	踏勘	矿点	火山岩型	昭觉县	1992
86	乌坡乡足底	铜	踏勘	矿点	火山岩型	昭觉县	1992
87	乌坡乡黑巴古	铜	踏勘	矿点	火山岩型	昭觉县	1992
88	日池拉达	铜	踏勘	矿点	火山岩型	布拖县	1972
89	柳安池	铜	踏勘	矿点	火山岩型	沐川县	1981
90	长河滩	铜	踏勘	矿点	火山岩型	峨边县	1995
91	厥基坡	铜	踏勘	矿点	火山岩型	雷波县	1995
92	县维列觉	铜	踏勘	矿点	火山岩型	美姑县	1995
93	上海底	铜、锌	踏勘	矿点	火山沉积变质型	九龙县	1968~1991
94	银硐子	铜、锌	踏勘	矿点	火山沉积变质型	九龙县	1974
95	白岩子	铜、锌	踏勘	矿点	火山沉积变质型	九龙县	1968~1994

注：1. 本表 95 个矿床(点)包括 2009 年潜力评价统计的 83 个矿床点和带"*"的 12 个矿床(点)。矿床(点)排序是按照矿床成因类型排列的。近期发现的洪雅刘沟、沐川喻家坪、沙湾金水山、峨边凤槽、花牛坪等砂岩铜矿床未列入表中；

2. 本书对次要矿床类型(矽卡岩型、热液型等)共伴生铜矿床(点)未统计，未做叙述。

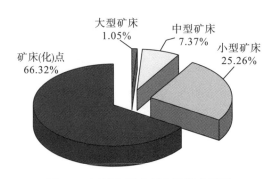

图 1-2　四川省铜矿(床)规模比例图

第二节 资源储量及分布

根据四川省铜矿资源潜力评价统计，截至 2013 年，全省共发现小型及以上规模铜矿床 32 处，共探明铜资源量约 207.9 万吨。四川省铜矿主要分布于凉山州和甘孜州，其次为雅安市、彭州市，其他市州有零星铜矿床（点）分布。其中，凉山州共发现小型及小型以上铜矿床 16 个，已探明铜资源储量 166.5 万吨，占全省探明资源总量的 80.1%；甘孜州共发现小型及小型以上铜矿床 7 个，已探明铜资源储量 32.8 万吨，占全省探明资源总量的 15.8%。四川省主要铜矿产地地理分布如表 1-2、图 1-3 所示。

表 1-2 四川省铜矿产地地理分布一览表

地 区	矿床/个	矿产地数量所占比例/%
凉山州	16	50.00
甘孜州	7	21.90
雅安市	1	3.10
乐山市	5	15.60
彭州市	1	3.10
其他市州	2	6.30
合计	32	100

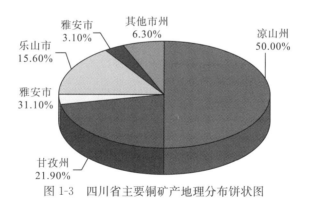

图 1-3 四川省主要铜矿产地理分布饼状图

第三节 四川省铜矿资源的特点

一、分布

四川省铜资源储量集中分布于攀西地区的会理—会东及九龙地区，占全省查明资源储量的 80%，具品位较富、伴生组分多、矿石易采选等特点，是目前开采利用的主要对象。

二、成因类型

铜矿床类型较多，成因复杂，主要有：火山沉积变质型，占探明资源储量的76.5％；砂岩型，占探明资源储量的10.4％；斑岩型，占探明资源储量的8.1％，但勘查研究程度较低，铜品位较低，但伴生有Co、Au，可综合利用；火山岩型，占探明资源储量的5.0％（表1-3）。

表1-3　四川省铜矿成因类型与资源量统计表

成因类型	查明铜资源量/万吨	各时期各类型查明资源储量比例/％	备注
火山沉积变质型	97.04	46.7（早元古代）	共计占76.5％
火山沉积变质型	61.97	29.8（中元古代）	
砂岩型	21.54	10.4（新生代）	占10.4％
斑岩型	14.03	6.7（喜马拉雅期）	共计占8.1％
斑岩型	2.92	1.4（燕山早期）	
火山岩型	10.40	5.0（华力西期）	占5.0％
合计	207.9	100	占100％

注：表中未包括黑牛洞尚未批准的资源储量。

三、成矿时代

四川省铜矿成矿时代与成因类型的特点十分明显，元古代火山沉积变质型铜矿占查明资源储量的76.5％；华力西期玄武岩型铜矿仅占探明资源储量的5.0％，一般规模小，但分布广、品位富，多为地方小规模开采利用；燕山期—喜马拉雅期斑岩铜矿占探明资源储量的8.1％；晚白垩世砂岩铜矿占探明资源储量的10.4％。

四、矿石类型

四川省铜矿石类型多样，以铜为主的铜矿石是主要类型，占全省铜资源储量80％以上，共伴生铜资源储量占全省铜资源储量的10％以上。矿石以中低品位为主，大于2％的富铜储量占全省查明储量的20％左右，其中李伍铜矿是国内少有的富铜矿。

五、共（伴）生组分

铜矿石中伴生的可综合利用的元素多，铜矿石中除主要成分Cu外，常伴生Ag、

Co、Pb、Zn、Se、Mo、Fe、S，不同矿床类型有不同的伴生元素组合，如拉拉式铜矿为Cu-Mo-Co-Fe，李伍式、彭州式铜矿为Cu-Pb-Zn-As-S，大铜厂式铜矿为Cu-Ag-Se，斑岩铜矿为Cu-Mo-Au。

共（伴）生铜矿资源丰富，主要分布在义敦岛弧带，印支期—燕山期海相火山气液型多金属矿中，如呷村（超大型）、嘎衣穷、胜莫隆等多金属矿共生铜资源储量规模分别达到中小型，其次是分布在会理盐边、丹巴地区与基性、超基性侵入岩有关的铜镍硫化矿中的伴生铜，且品位不高，资源储量规模均为小型。

第四节　铜矿资源勘查程度

一、勘查程度

据四川省矿产勘查规划（2008），全省各类铜矿床点（含部分共伴生铜矿），普查以上45处，其中勘探6处、详查10处、普查29处，其余多为踏勘，少数为预查。提交各类铜矿勘查研究报告350份，其中详查以上50份，研究类30份，预普查、踏勘类270份。

本书统计四川省铜矿8个矿床式，33个成型矿床，其中拉拉落凼铜矿、李伍铜矿、大铜厂铜矿、鹿厂铜矿、马松岭铜矿达到勘探；乌坡铜矿、西范平铜、淌塘铜矿、黑牛洞铜矿达到详查，其余部分勘查程度一般较低，普遍在普查或普查以下，部分只进行过踏勘。主要铜矿产地勘查程度见表1-1。

二、矿产勘查

新中国成立后，从20世纪50年代后期到80年代末，国家安排了大量铜矿勘查工作，很多铜矿均是在这个时期被发现和勘查评价的，完成了拉拉铜矿、李伍铜矿、大铜厂铜矿等大中型矿床勘探。20世纪末，铜矿勘查基本处于停勘阶段。近十年来，国家加大中央、地方勘查投入，并允许社会资金投入，铜矿勘查取得新的进展和突破，如李伍黑牛洞铜矿详查、会东淌塘铜矿详查、拉拉铜矿延伸详查、红泥坡铜矿普查-详查验证、盐源马角石铜矿详查，上述矿区查明332+333铜资源量均达中型以上，红泥坡远景在大型以上。

第二章 四川省铜矿成矿地质背景

第一节 大地构造单元划分

按照《四川省地质构造与成矿》(张建东等，2015)的大地构造单元分区划分方案，将四川省划分为上扬子陆块区，西藏—三江造山系，秦祁昆造山系三大Ⅰ级构造单元、4个Ⅱ级单元、16个Ⅲ级单元，并且初步划分出28个Ⅳ级单元(图2-1，表2-1)，四川铜矿主要分布在上扬子陆块区和西藏—三江造山系。

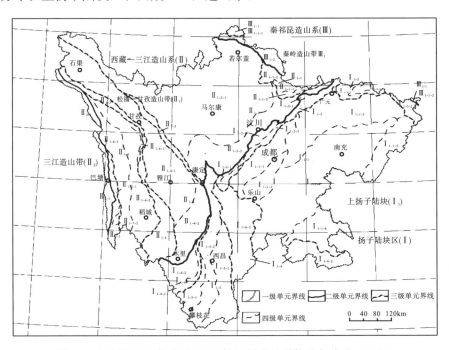

图 2-1 四川省大地构造分区图(据四川省地质构造与成矿，2015)

表 2-1 四川省大地构造分区简表

一级单元	二级单元	三级单元	四级单元
扬子陆块（Ⅰ）	上扬子陆块（Ⅰ₁）	四川陆内前陆盆地（Ⅰ₁₋₁）	川西山前拗陷（Ⅰ₁₋₁₋₁）
			龙泉山前隆带（Ⅰ₁₋₁₋₂）
			川北压陷盆地（Ⅰ₁₋₁₋₃）
			川中拗陷盆地（Ⅰ₁₋₁₋₄）
			华蓥山滑脱-褶皱带（Ⅰ₁₋₁₋₅）
		龙门山前陆逆冲-推覆带（Ⅰ₁₋₂）	后山基底逆推带（Ⅰ₁₋₂₋₁）
			前山盖层逆推带（Ⅰ₁₋₂₋₂）
		米仓山—南大巴山前陆逆冲-推覆带（Ⅰ₁₋₃）	米仓山基底逆推带（Ⅰ₁₋₃₋₁）
			南大巴山盖层逆推带（Ⅰ₁₋₃₋₂）
		盐源—丽江前陆逆冲-推覆带（Ⅰ₁₋₄）	盐源盖层逆推带（Ⅰ₁₋₄₋₁）
			金河—菁河前缘逆冲带（Ⅰ₁₋₄₋₂）
		攀西陆内裂谷带（Ⅰ₁₋₅）	雅砻江—宝鼎裂谷盆地（Ⅰ₁₋₅₋₁）
			康滇轴部基底断隆带（Ⅰ₁₋₅₋₂）
			江舟—米市裂谷盆地（Ⅰ₁₋₅₋₃）
		上扬子南部陆缘逆冲-褶皱带（Ⅰ₁₋₆）	峨眉—凉山盖层褶冲带（Ⅰ₁₋₆₋₁）
			筠连—叙永盖层褶冲带（Ⅰ₁₋₆₋₂）
西藏—三江造山系Ⅱ	松潘—甘孜造山带Ⅱ₁	摩天岭地块（Ⅱ₁₋₁）	碧口基底逆推带（Ⅱ₁₋₁₋₁）
			雪山—文县盖层褶冲带（Ⅱ₁₋₁₋₂）
			平武—青川盖层褶冲带（Ⅱ₁₋₁₋₃）
		巴颜喀拉—松潘周缘前陆盆地（Ⅱ₁₋₂）	马尔康滑脱-逆冲带（Ⅱ₁₋₂₋₁）
			丹巴—汶川滑脱-逆冲带（Ⅱ₁₋₂₋₂）
		炉霍—道孚夭折裂谷（Ⅱ₁₋₃）	
		雅江残余盆地（Ⅱ₁₋₄）	石渠—九龙滑脱-逆冲带（Ⅱ₁₋₄₋₁）
			江浪—长枪变质核杂岩带（Ⅱ₁₋₄₋₂）
		甘孜—理塘蛇绿混杂带（Ⅱ₁₋₅）	
		义敦—沙鲁里岛弧带（Ⅱ₁₋₆）	玉隆—雄龙西弧前盆地（Ⅱ₁₋₆₋₁）
			沙鲁里火山岩浆弧（Ⅱ₁₋₆₋₂）
			登龙—青达弧后盆地（Ⅱ₁₋₆₋₃）
		中咱—中甸地块（Ⅱ₁₋₇）	中咱盖层逆推带（Ⅱ₁₋₇₋₁）
			盖玉—定曲前缘逆冲带（Ⅱ₁₋₇₋₂）
	三江造山带Ⅱ₂	金沙江蛇绿混杂岩带（Ⅱ₂₋₁）	
秦祁昆造山系Ⅲ	秦岭造山带Ⅲ₁	西倾山—南秦岭地块（Ⅲ₁₋₁）	降扎—迭部盖层褶冲带（Ⅲ₁₋₁₋₁）
			北大巴山盖层褶冲带（Ⅲ₁₋₂）
		塔藏俯冲增生杂岩带（Ⅲ₁₋₂）	

（一）扬子陆块（Ⅰ）

扬子陆块可划分为上扬子陆块和下扬子陆块两个二级构造单元，四川省属上扬子陆块（Ⅰ₁）范围。

上扬子陆块西接松潘—甘孜造山带，北邻秦岭造山带，东为下扬子陆块。以丹巴—茂汶断裂和小金河断裂为界，其东部区域属上扬子陆块区，由太古代结晶基底及早中元古代褶皱基底双层结构的基底岩系组成，沉积盖层基本完整而稳定，厚愈万米。区内可划分为四川陆内前陆盆地（Ⅰ₁₋₁）、龙门山前陆逆冲-推覆带（Ⅰ₁₋₂）、米仓山—南大巴山前陆逆冲-推覆带（Ⅰ₁₋₃）、盐源—丽江前陆逆冲-推覆带（Ⅰ₁₋₄）、攀西陆内裂谷带（Ⅰ₁₋₅）、上扬子南部陆缘逆冲-褶皱带（Ⅰ₁₋₆）。

（二）西藏—三江造山系（Ⅱ）

四川省西部高原地区为西藏—三江造山系东部的组成部分，主要包括松潘—甘孜造山带（Ⅱ₁）和三江造山带（Ⅱ₂）两个二级构造单元。其中，松潘—甘孜造山带（Ⅱ₁）挟持于羌塘—昌都地块与扬子陆块两个稳定地块之间，由一系列平行的蛇绿岩带、火山岛弧带和微陆块组成弧盆系，为一套由北西转向南北向的弧形逆冲-滑脱系，可划分为7个三级构造单元，四川省铜矿主要产出于松潘—甘孜造山带（Ⅱ₁）中的雅江残余弧盆（Ⅱ₁₋₄）和义敦—沙鲁里岛弧（Ⅱ₁₋₆）。

第二节　铜矿产出的地质背景

一、大地构造位置及特征

四川省较为集中的铜矿产于上扬子陆块（Ⅰ₁）和松潘—甘孜造山带（Ⅱ₁）两个二级构造单元，其中包括6个Ⅲ级构造单元（表2-2）。

表2-2　四川省与铜矿有关的大地构造单元简表

Ⅰ级	Ⅱ级	Ⅲ级	Ⅳ级
扬子陆块区（Ⅰ）	上扬子古陆块（Ⅰ₁）	龙门山前陆逆冲-推覆带（Ⅰ₁₋₂）	后山基底逆推带（Ⅰ₁₋₂₋₁）
			前山盖层逆推带（Ⅰ₁₋₂₋₂）
		盐源—丽江前陆逆冲-推覆带（Ⅰ₁₋₄）	盐源盖层逆推带（Ⅰ₁₋₄₋₁）
			金河—菁河前缘逆冲带（Ⅰ₁₋₄₋₂）
		攀西陆内裂谷带（Ⅰ₁₋₅）	康滇轴部基底断隆带（Ⅰ₁₋₅₋₂）
			江舟—米市裂谷盆地（Ⅰ₁₋₅₋₃）

续表

Ⅰ级	Ⅱ级	Ⅲ级	Ⅳ级
Ⅱ 西藏—三江造山系	松潘—甘孜 造山带（Ⅱ₁）	雅江残余盆地（Ⅱ₁₋₄）	石渠—九龙滑脱-逆冲带（Ⅱ₁₋₄₋₁）
			江浪—长枪变质核杂岩带（Ⅱ₁₋₄₋₂）
		义敦—沙鲁里岛弧带（Ⅱ₁₋₆）	沙鲁里火山岩浆弧（Ⅱ₁₋₆₋₁）

（一）龙门山前陆逆冲-推覆带（Ⅰ₁₋₂）

该带包括两个Ⅳ级构造单元，东以江油—都江堰断裂带与四川陆内前陆盆地（Ⅰ₁₋₁）相隔，西以茂汶—丹巴断裂带与松潘—甘孜造山带（Ⅱ₁）分界。该带为一呈 NE—SW 向延展的构造单元，其间以北川—映秀断裂带为界划分为两个次级单元：东部为前山逆冲带（Ⅰ₁₋₂₋₂），由一系列收缩性铲式断层分割的冲断岩片组成，以北段唐王寨滑覆体规模最大，中、南段以飞来峰群为特征；西部为后山基底推覆带（Ⅰ₁₋₂₋₁），由多个古老的岩浆杂岩推覆体组成，形成叠瓦状岩片。前龙门山出露零星黄水河群，后龙门山零星出露盐井群。中元古界黄水河群在彭州、芦山一带出露，为低绿片岩相和高绿片岩相变质的中基性火山岩和复理石建造。中元古界盐井群在宝兴、康定金汤一带出露，为一套变质碎屑岩、碳酸盐岩及火山岩互层，属低绿片岩相，为被动大陆边缘的产物。彭州式铜矿则赋存于黄水河群黄铜尖子组中上段的一套海底火山喷发沉积变质建造中。主要岩性为绿片岩相斜长云母片岩-长英变粒岩-变质熔岩-斜长阳起片岩-绢云石英绿泥片岩-长英片岩等。原岩为玄武质、安山质、英安流纹质凝灰岩-碎屑复理石岩系，夹熔岩，为一套含铜火山沉积建造。该带控制了以彭州马松岭铜矿为代表的火山沉积变质型铜矿的产出。

（二）盐源—丽江前陆逆冲-推覆带（Ⅰ₁₋₄）

逆冲带位于小金河断裂带与金河—箐河断裂带之间，是上扬子古陆块西南边缘的拗陷，为一向 SE 突出的弧形推覆构造，由巨厚的三叠纪沉积-蒸发岩系构成主体，东缘古生界成叠瓦状逆冲岩片，由西向东推覆叠置于康滇前陆隆起带之上，该带主要与砂岩型铜矿、斑岩型铜矿、火山岩型铜矿产出关系密切。

（三）攀西陆内裂谷带（Ⅰ₁₋₅）

裂谷带包括两个四级构造单元，位于扬子陆块的南缘，西以金河—箐河断裂带为界，东以小江断裂带为界，呈南北向展布。该带由以康定杂岩为代表的结晶基底和以会理群为代表的中元古代褶皱基底组成的双重基底组成，分布于该带的中心地带。由沉积岩组成的盖层分布于隆起带两翼，且层序多不完整，岩浆活动期次多，规模较大。该带西部为康滇轴部基底断隆带（Ⅰ₁₋₅₋₂），为呈带状分布的太古代—中生代早期变质岩浆杂岩断隆带，其中以前晋宁期花岗质岩石及澄江期火山岩和岩浆岩分布最广，构造线方向近南北向，其延展方向受南北向断裂带所控制。早期火山岩具有弧盆系的特征，二叠纪发展成为上叠裂谷；东侧为峨眉—凉山盖层褶冲带（I$_{1-6-1}$），古生代末形成的新生断陷盆地，沉降幅度北部大于南部，以堆积巨厚的中新生代红色陆屑建造为特征；该带构造线总体近SN向，被NW—SE向则木河等断裂带切割为江舟—米市裂谷盆地（I$_{1-5-3}$）两个宽缓的复式向斜构造，该带与火山沉积变质型铜矿、砂岩型铜矿、火山岩型铜矿成矿关系密切。

（四）雅江残余盆地（II$_{1-4}$）

盆地位于鲜水河平移剪切断裂和甘孜—理塘蛇绿混杂岩带之间，由巨厚的晚三叠世复理石组成，为一套次稳定-活动型的海相碎屑岩建造，由巨厚的复理石沉积组成，在双向挤压和多期构造变形作用下，褶皱和断裂构造发育。火山沉积变质型铜矿李伍铜矿产于该带东南部江浪穹窿中。

（五）义敦—沙鲁里岛弧（II$_{1-6}$）

该岛弧为夹于甘孜—理塘混杂岩带和金沙江结合带之间的岛弧造山带，火山-岩浆弧链沿甘孜—理塘结合带西侧平行展布，纵贯南北，断续绵延500余千米，分为两个四级构造单元。西部为登龙—青达弧后盆地（II$_{1-6-3}$），盆地内由二叠系、三叠系巨厚火山-沉积岩系组成，钙碱性、基性—中酸性火山岩与沉积岩组成了近万米的沉积，出露地层以上三叠统为主，上二叠统—中三叠统及古、新近系零星分布。上三叠统为巨厚的非稳定型建造系列，下部为晚三叠世早中期的钙碱性火山岩，碎屑岩、碳酸盐复理石建造组合；上部为晚三叠世中晚期杂陆屑建造组合，以海陆交互相至陆相砂板岩为主，局部含煤系，古、新近系多沿北西向大断裂分布；东部为沙鲁里火山岩浆弧（II$_{1-6-2}$），印支期—燕山期和燕山晚期—喜马拉雅期的中酸性和酸性岩浆侵入活动十分强烈，形成以中酸性岩浆岩为主的巨型岩基，构造线呈近南北向，断裂发育。该带与铜多金属矿、斑岩型铜矿产出关系密切。

二、地层

根据《四川省岩石地层》（四川省地质矿产勘查开发局，1997）的地层综合划分方案，四川省属华南地层大区，铜矿主要产出属于扬子地层区康定地层分区（IV$_4^2$）和上扬子地层分区的峨眉小区（IV$_4^{3-3}$），其地理范围包括了石棉—西昌—会理一线及其两侧（图2-2）。其次为巴颜喀拉地层区（IV$_1$），现将扬子地层（IV$_4$）与铜矿有关的地层简述如下。

地层从新太古界至第四系均有出露，可分为结晶基底、褶皱基底和盖层三大部分。

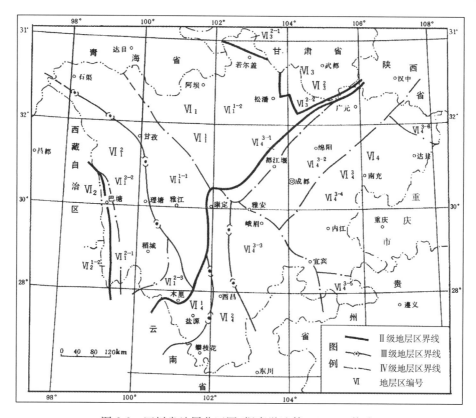

图 2-2 四川省地层分区图(据辜学达等,1997,修改)

扬子地层区(Ⅵ$_4$):丽江分区(Ⅵ$_4^1$),康定分区(Ⅵ$_4^2$),上扬子分区(Ⅵ$_4^3$)—九顶山小区(Ⅵ$_4^{3-1}$)、成都小区
(Ⅵ$_4^{3-2}$)、峨眉小区(Ⅵ$_4^{3-3}$)、重庆小区(Ⅵ$_4^{3-4}$)、叙永小区(Ⅵ$_4^{3-5}$)、巫溪小区(Ⅵ$_4^{3-8}$);
巴颜喀拉地层区(Ⅵ$_1$):玛多—马尔康地层分区(Ⅵ$_1^1$)—雅江小区(Ⅵ$_1^{1-1}$)、金川小区(Ⅵ$_1^{1-2}$),玉树—中甸地层
分区(Ⅵ$_1^2$)—中咱小区(Ⅵ$_1^{2-1}$)、稻城小区(Ⅵ$_1^{2-2}$)、木里小区(Ⅵ$_1^{2-3}$);
摩天岭地层分区(Ⅵ$_3^2$)—降扎小区(Ⅵ$_3^{2-1}$)、九寨沟小区(Ⅵ$_3^{2-2}$);
昌都—思茅地层区(Ⅵ$_2$):金沙江地层小分区(Ⅵ$_2^1$)—奔子栏—江达小区(Ⅵ$_2^{1-2}$)

(一)结晶基底

上扬子分区的结晶基底多由中深变质的杂岩及少量超镁铁岩组成,混合岩化作用强烈,结晶基底形成于太古代,厚度大于 4800m,主要代表为康定岩群。康定群呈南北向展布,北起康定,经泸定、冕宁到攀枝花仁和,长约 500km,宽约数十千米,与铜镍矿关系密切。

(二)褶皱基底

上扬子分区的褶皱基底由浅变质的碎屑岩、碳酸盐岩及变质中基性—中酸性火山岩、火山碎屑岩组成,厚度一般在 3000m 以上,褶皱等形变剧烈,褶皱基底根据时代分为早元古代和中元古代,不同时代均有铜矿产出(表 2-3)。

表 2-3　褶皱基底控矿层位一览表

地质时代	地层分区	控矿地层	代表矿床
中元古界	上扬子分区峨眉小区	会理群	淌塘铜矿床
		李伍群	李伍铜矿床
	上扬子分区九顶山小区	黄水河群	马松岭铜矿床
	马尔康分区金川小区	通木梁群	通木梁铜矿床
早元古界	康定分区	河口群	拉拉铜矿床

1. 早元古界

四川省产出于早元古界的铜矿的地层为河口群，河口群自上而下分三个组：大营山、落凼组、长冲组，细碧角斑岩锆石 U-Pb 模式年龄为 1712Ma，侵入河口群落凼组中的辉绿岩脉全岩年龄为 1488Ma(K-Ar 法)，主要分布于会理、河口地区，以拉拉铜矿床为代表。

2. 中元古界

中元古界包括了会理群、盐边群、黄水河群、火地垭群、李伍群、通木梁群等地层单位，其中会理群、黄水河群、李伍群、通木梁群为区域性控矿层位，以会理群为代表。在褶皱基底中已发现的一系列海相火山沉积变质型铜矿，如拉拉铜矿、李伍铜矿、淌塘铜矿、马松岭铜矿、通木梁铜矿均与其密切相关(表 2-3)。褶皱基底是四川省产出铜矿最多、最富的层位。

会理群自下而上分 8 个组：因民组、落雪组、黑山组、青龙山组、淌塘组、力马河组、凤山营组、天宝山组，分布于会理、会东、德昌等地。会理群英安岩全岩 Rb-Sr 法年龄为 906.7Ma(吴根耀，1987)、石英斑岩中 U-Pb 法年龄值为 1466Ma(李复汉等，1988)，会理群应属中元古代。会理群中的因民组、落雪组可与云南的东川地区进行对比，控制了一批火山沉积变质型铜矿的产出，如大箐沟铜矿。

(三)盖层

盖层为震旦系—第四系，地层层序基本连续，厚度约 5000 余米，其间的晚二叠世火山岩(峨眉山玄武岩)分布面积较广，普遍具杏仁状、斑状结构，厚度可达 1000m 以上。中生界—古近系以发育大套陆相含煤岩系及红色砂泥岩系为主，地层层序连续，厚度大者可达 6000 余米，与火山岩型铜矿、砂岩型铜矿关系密切，如乌坡铜矿。

三、区域构造特征

四川省东部和西部地区地质构造复杂，成矿条件优越，铜矿成矿主要受攀西陆内裂谷带、龙门山—盐源—丽江前陆逆冲-推覆带、松潘—甘孜造山带及次级构造控制，其特征如下所述。

（一）攀西陆内裂谷带

该带总体由安宁河、小江等南北向断裂带与其间的基底和盖层组成，基底具双层(结晶基底、褶皱基底)结构(分别由康定岩群、河口群、会理群/昆阳群/盐边群及其相应的侵入岩组成)，主构造线分别为近东西向(卵形)和近南北向，分别定型于中条期和晋宁期；火山沉积变质改造铜矿床与基底构造关系密切，并受其控制。盖层构造以南北向较宽缓褶皱和断裂为主，定型于喜马拉雅期。康滇构造带古生代多处于隆起状态，除灯影期和阳新期海侵可能被掩没外，其他各时期均为物源区。中生代时期，在西部洋盆封闭隆起过程中，康滇地块中的南北向、北西向、北东向的断裂重新剧烈活动，并分割成大小不一的块体，有的上升成地垒，有些下陷为地堑。下陷区沉积了三叠系上统的煤层及侏罗系、白垩系、古近—新近系与红层。康滇构造带向南延入滇中，向北影响所及直达丹巴，其最大特征是前南华纪结晶基底、褶皱基底裸露。

主要构造特征表现为：以南北向断裂构造为主，其次为东西向褶皱(复式背斜)中发育的张性正断层，从而构成了攀西地区构造的基本特征。区内还发育有北北东、北北西向及北东向几组共轭构造线，为高角度线裂的挤压性质，属地壳浅层断裂(图 2-3)。

1. 南北向断裂构造

该组断裂是本区岩石圈反映活动的深大断裂，其主要发展阶段在晋宁期、华力西期和印支—燕山期，包括小江、箐河—程海断裂带，安宁河断裂带，磨盘山—昔格达—绿叶江断裂带及次一级的一些断裂。南北向断裂大部分纵贯四川、云南两省，绵延 200～300km。南北向构造带对区内各种矿产，特别是含钒钛磁铁矿层状辉长岩杂岩体和含铜火山沉积变质岩、沉积岩、玄武岩产出条件、分布规律的控制作用十分明显。

1) 程海—箐河深大断裂

该断裂南北延伸 600 余千米，断裂带宽达 10km 以上，据有关资料，断裂深切至上地幔层。攀枝花深断裂是追踪一组"×"构造形成，断裂仅出露 60km，南北两端均被新岩层掩盖。区内南北向深断裂均已得到地球物理(磁力、重力等)和地震方面资料所证实。

2) 安宁河断裂带

该断裂大体呈南北向展布。组成基底的岩石包含康定杂岩、河口群、会理群、盐边群等各类变质杂岩。安宁河断裂带从古生代—中生代—新生代均具有强烈活动，是晋宁旋回以来的构造活动带。连同其两侧的古生代凹陷一体考虑，则本区实为一个大背斜轴部，安宁河断裂带为轴脊。早古生代时期(可能始于泥盆纪)，随背斜轴部的上隆作用，脊部发生纵向张裂陷落，形成安宁河断裂带，其下的地幔循涌而加速了张裂作用。地幔物质侵位沿该深断裂带的一些部位形成了攀枝花、红格、白马、太和等的基性含铁钛钒

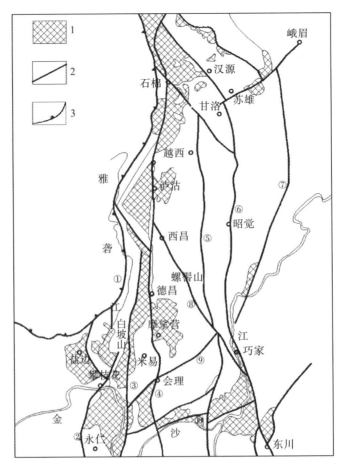

图 2-3 攀西地区及邻区主要断裂分布图
(据张云湘等，1988，修编)

1. 前震旦系基底；2. 基底主干断裂；3. 冲断推覆构造
①箐河—程海深断裂带；②攀枝花大断裂；③磨盘山深断裂带；④安宁河深断裂带；⑤德干断裂；
⑥甘洛—小江深断裂带；⑦峨边—金阳大断裂；⑧则木河断裂；⑨宁会断裂；⑩菜园子—麻塘断裂

层状辉长岩侵入(2.65 亿~2.52 亿年)。晚二叠世时期发生大规模张裂活动，形成陆内裂谷，沿安宁河、小江等深大断裂发生大规模玄武岩的喷溢，造成铺天盖地的峨眉山碱性拉斑玄武岩喷发和乌坡式铜矿形成。晚三叠世时期，发育中酸性岩，沿该带发育基性岩和酸性岩发育而无中性岩分布，构成所谓"双峰式火山岩套"，证明该带自古生代以来的大陆裂谷特征。

2. 其他方向构造

西昌—宁南等断裂，北东向有宁南—会理等断裂，以及其他更次级的一些断裂，不同性质、不同规模、不同方向产状和不同力学性质的各种断裂，随地质历史的演化，呈现挤压、拉张、相互交替，以及相伴的岩浆激烈活动的影响，造成川滇构造带上错踪复杂的构造格局，为川滇构造带提供了有利的成矿地质条件。

（二）龙门山—盐源—丽江前陆逆冲-推覆带

该带位于上扬子陆块与松潘—甘孜活动带的结合部位，北段属龙门山前陆逆冲-推覆带，以发育一系列北东—北北东向西倾的逆冲-推覆断裂为特色，主要发育于印支期，定型于喜马拉雅期，对李伍式、彭州式铜矿及含矿地层具改造作用；南段属盐源—丽江前陆逆冲-推覆带，控制了西范坪斑岩群产出。

（三）松潘—甘孜造山带

松潘—甘孜造山带由 4 条北西向构造带组成，其中金沙江断裂带和甘孜—理塘断裂带为晚古生代—晚三叠世早期汇聚重组阶段形成的古特提斯洋消减带。而与铜矿成矿关系密切的深大断裂主要为德来—定曲大型逆冲断裂和乡城—德格大型逆冲断裂（图 2-4）。

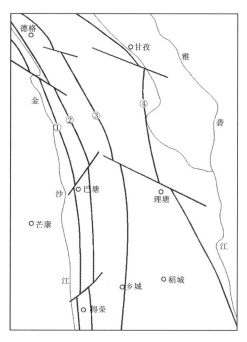

图 2-4 三江中段深大断裂分布图
①金沙江断裂带；②德来—定曲大断裂；③德格—乡城大断裂；④甘孜—理塘深断裂带

1.德来—定曲大型逆冲断裂

断裂带沿岗拖、盖玉、扎萨通和定曲一线展布，玉忠以南的偶曲、降曲、定曲等主干河道的延伸实质上是受构造控制的。地表总体呈舒缓波状蜿蜒伸展，呈微向东凸出的弧形，是中咱地块和义敦岛弧的分界。总体走向 340°至近南北向，呈微向东突出的弧形。断裂面多向西倾，倾角中等到陡，具压性和压扭性质，沿构造带发育断层角砾岩、挤压透镜体、糜棱岩，片理化、擦痕、牵引褶皱屡见不鲜。北段沙马桑曲一带，沿构造带还有古近纪和新近纪的断陷红色盆地分布。构造带西侧岩层向东逆冲，使古生代岩层推覆于三叠系及古、新近纪之上，属大型逆冲断裂构造，为二叠纪以来长期活动的多旋回构造，尤以三叠纪、古近纪、新近纪和第四纪活动最为明显。

2. 乡城—德格大型逆冲断裂

断裂带北抵甘孜—理塘蛇绿混杂岩带，南端伸入云南，省内长 460km，属义敦岛弧系内部岛弧和弧后盆地的分界构造。沿构造带大量出露三叠纪基性岩、超基性岩、碎裂岩、糜棱岩，擦痕、镜面、挤压透镜体屡见不鲜，上三叠统薄中层灰岩形成向东倒伏的平卧或箭鞘褶皱。在三叠纪早期，并具有张裂活动的性质，它的主要活动表现是控制了这一时期火山岩带的分布；晚三叠世晚期，该断裂演化为逆冲断裂带；喜马拉雅期断裂带仍有明显活动。

德格—乡城大断裂控制了三叠纪火山岩带分布，并见大量基性、超基性岩体，是主要的区域控矿断裂，在德格已发现燕山早期浅成花岗闪长斑岩体 126 个，其中含铜斑岩体 30 余个，昌达沟斑岩铜矿床 1 个。

(四)区域构造活动与成矿

川滇南北向构造带是西南地区最重要的构造-成矿带之一，该带构造演化与成矿带关系密切，包括川滇南北向铜成矿带(含四个主成矿期)、铁成矿带(两个主成矿期)、铅锌成矿期(晚震旦灯影期为主)、磷成矿带(麦地坪组)等。

前南华纪扬子板块处于成型期，经历了一开一合过程，包括陆块成型期，川滇古裂谷期(康滇运动)，太古代晚期，本区沉积了巨厚的康定杂岩，20 亿年左右，康滇运动爆发，本区地壳由原始洋壳型向陆壳型转变，结晶基底形成，扬子陆块大范围形成。元古代早期，川滇裂谷期，扬子陆块裂解。早中元古代裂谷期为成铜期，可分为三期：早元古代大红山—河口裂谷活动期，古老火山喷发-浅成侵入连续活动；晋宁期东川运动裂谷闭合，东川裂陷槽沉积为东川铜矿的形成奠定基础；中晚元古代裂谷活动期形成了川滇南北向裂谷及相应的沉积-变质型铁矿，同时为本区铜、铁矿叠加富集形成提供了条件。

早震旦世后，川滇南北向构造带进入后造山活动期，沿安宁河断裂东侧形成一条南北向展布的裂谷裂陷盆地。晚震旦世—早新生代为板内稳定—破裂—造山期(第二次开合过程)，可分为三期：晚震旦世—早新生代为板内稳定—破裂期，中生代的板内推覆型盆山耦合阶段和古近系造山晚期。

晚震旦世灯影期，川滇黔地区形成了一个广阔的碳酸盐台地，为重要的层控铅锌矿成矿期；之后的麦地坪为华南海盆与川滇古陆的滨浅海带，为重要磷矿成矿期；奥陶纪晚期加里东运动，攀西地区出现一个南北向隆起带，基性—超基性岩浆侵入，并有铜镍硫化矿形成；早二叠世末，华力西运动攀西裂谷发生，有攀枝花式铁矿，为本区铁矿第二期；晚三叠世，印支运动攀西地区出现一系列半地堑式裂谷盆地；晚三叠世晚期，川滇板块与华南板块拼接，印支运动爆发，印支斑岩型铜矿成矿期，规模宏大的龙门山—锦屏山推覆造山带开始形成，其前方为前陆盆地带，中新生代晚期，江舟盆地和滇中盆地形成砂岩铜矿，为区域上第四成铜期，新生代中期，印度板块与欧亚板块碰撞，喜山运动爆发，为喜马拉雅期斑岩铜矿成矿期，也为区域上热液矿床的早期改造期。

四、岩浆岩

(一)火山岩

四川省与铜矿产出密切相关的火山岩分三个期次：前震旦系—震旦系火山岩、晚古生代火山岩、中生代火山岩。

1.前震旦系—震旦系火山岩

前震旦系—震旦系火山岩主要分布于扬子陆块的西缘，米仓山—龙门山—攀西地区，晚期扩散至该带西侧盐边—平武及木里—若尔盖一线。该时期以大规模火山喷溢为主，伴有基性—超基性岩浆侵入。早期火山岩见于康定杂岩、彭灌杂岩中，火山岩均经历了低绿片岩-角闪岩相的变质作用，且由北向南有由基性到酸性，变质程度由低增高的总趋势。中基性火山岩在北段尚有残余岩浆结构，南段(攀西地区)已变质为斜长角闪岩，中酸性火山岩皆变质为变粒岩及浅粒岩。康定群火山岩变质均已达高绿片岩-角闪岩相，但基性岩在野坝一带仍保留了一些残余的杏仁状等构造，火山韵律明显。下部以基性岩为主，火山活动强烈，具明显的富铁趋势，属拉斑系列，向上为英安岩夹流纹岩，火山活动减弱，主要显示了钙碱性系列特征，两者属过渡关系。拉拉式、彭州式、淌塘式、李伍式铜矿与该期的火山岩有一定关系。

2.晚古生代火山岩

华力西晚期至燕山早期是四川境内岩浆活动的又一高峰期，岩浆活动尤为频繁和强烈，除在义敦地区形成了火山岛弧外，华力西晚期的基性火山岩广布于攀西及峨眉山等几个岩浆岩带上。攀西及峨眉地区以各类玄武岩及火山碎屑岩为主，金河断裂带以西以海相枕状玄武岩为主，厚度最大超过3000m，属以熔岩为主的裂隙式溢流；攀西地区为海陆交互相玄武岩，由玄武岩与玄武质、粗安质火山集块岩、熔岩组成多个爆发-溢流韵律，厚度愈千米；小江断裂带以东的峨眉地区属陆相拉斑玄武岩及偏碱性玄武岩，多以熔岩为主，喷发韵律发育，厚度均不足千米。乌坡式铜矿与华力西晚期的玄武岩有关。

3.中生代火山岩

该时期火山活动主要在川西高原地区比较强烈。三叠纪火山活动最为强烈，火山展布在 3 个带上。义敦带主体为海相火山建造，由玄武岩、安山岩、流纹岩、粗面岩组成。火山序列经历了早中三叠世初始裂谷的亚碱性岩系拉斑系列、碱性岩系纳质系列，到晚三叠世早期不成熟岛弧的亚碱性岩系拉斑系列、碱性系列，再到晚三叠世早期成熟岛弧的亚碱性岩系拉斑系列、碱性岩系钾质系列的演化过程。该套火山建造总体属同源岩浆演化系列，母岩有可能是石榴子石或尖晶石二辉橄榄岩，并经历了早期熔融分离及围岩的长期交换。白玉—中甸岛弧主弧北起德格昌达沟，南至云南中甸雪鸡坪，全长 450km，宽 30~40km。区内火山活动于晚三叠世卡尼期—诺利期分 3 期喷发-喷溢。火山岩呈南北向带状分布，大致以德格—何波、义敦—布吉断裂和德格—乡城断裂为界分西、中、东3 个亚带，中亚带构成典型的玄武岩-安山岩-流纹岩组合，以安山岩类为主，火山喷发堆积于白玉—中甸岛弧北段的白玉赠科—昌台和南段的乡城地区相对发育；东亚带主要发育酸性火山岩。呷村铜银铅锌矿即与该期的火山岩密切相关。

（二）侵入岩

四川省侵入岩较发育，主要分布于川西高原及四川盆地的周缘山区，分布面积约3.15 万平方千米，占全省总面积的 6.5%（图 2-5）；侵入岩岩类复杂多样，以花岗岩类为主，其数量占全省岩浆岩类的 78%，分布范围较广。其他依次为闪长岩类占 18%，基性—超基性岩类占 3%，碱性岩类占 1%。主要岩浆构造带基本特征如表 2-4 所示。

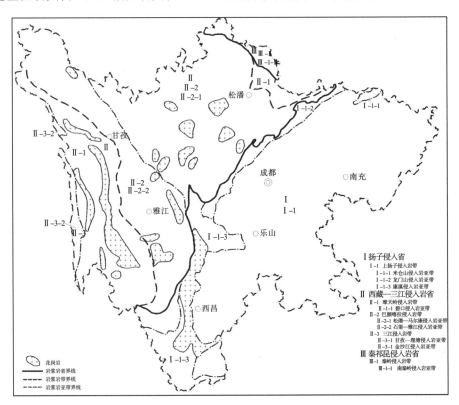

图 2-5　四川省岩浆岩构造岩浆带划分图（据四川省地质调查院，2012，修编）

表 2-4　四川省岩浆岩划分对比表

构造分区	上扬子陆块(西缘)	三江弧盆系	巴颜喀拉地块		
岩浆构造带	上扬子构造岩浆带	石渠—雅江构造岩浆亚带	甘孜—理塘构造岩浆亚带	金沙江构造岩浆亚带	松潘—马尔康岩浆构造岩浆亚带
太古代—早元古代	大规模钠质花岗岩浆(石英闪长岩、英云闪长岩等)侵入,晚期形成少量钾质花岗岩(二长花岗岩、花岗闪长岩等),沿构造带有基性—超基性岩	–	–	–	–
中元古代—震旦纪	早期基性—超基性岩系列,中晚期花岗闪长岩、英云闪长岩、二长花岗岩、晚期碱长花岗岩	–	–	–	–
古生代	基性—超基性岩(辉长岩、橄榄辉长岩)	–	–	斜长花岗岩,沿构造带有基性—超基性岩	花岗闪长岩岩枝
中生代	–	含角闪石闪长岩、石英闪长岩、英云闪长岩、花岗闪长岩、二长花岗岩	正长花岗岩、二长花岗岩、花岗闪长岩、英云闪长岩、碱长花岗岩、石英闪长岩、花岗斑岩,沿构造带有基性—超基性岩	钙碱性系列,石英闪长岩、英云闪长岩、花岗闪长岩、二长花岗岩、正长花岗岩、角闪石英正长岩	花岗岩、二长花岗岩、石英正长岩,沿构造带有基性—超基性岩
新生代	–	正长花岗岩、二长花岗岩、花岗闪长岩	二长花岗岩、花岗岩	–	–

1.太古代—元古代

岩浆活动以大规模火山喷溢为主,一般认为侵入岩主要分布于扬子陆块的西缘,在米仓山—龙门山—攀西地区,钠质花岗岩呈大规模岩基,具片麻状构造;钾质花岗岩体规模小,多呈小岩株及岩墙零星分布;基性—超基性侵入岩中以基性岩为主,以岩株、岩盆、岩床产出的基性杂岩,超基性杂岩多呈透镜状及脉状。

2.晋宁期

基性—超基性岩多呈岩株、岩床产出,并受晋宁期构造的控制,分布范围较局限,其中超基性岩体多沿主断裂带分布,两侧为基性、超基性杂岩体。酸性侵入岩以晋宁期钾质花岗岩为主,分布广泛但零星,均侵位于中元古界上部地层,形成规模不等的岩基;少量中酸性及碱性侵入岩分布在米仓山局部地区。冷水箐铜镍铂矿与晋宁末期镁铁质基性、超基性的角闪橄榄岩有关。

3.澄江期—华力西期

澄江期有大规模花岗岩浆侵入,可划分为普通花岗岩、碱性长石花岗岩、碱性花岗岩三类，主要见于攀西地区北段，以岩基及岩株产出；在龙门山米仓山一带也有花岗岩体侵入，分布零星。

华力西早期岩浆活动较为微弱，仅在局部地区发育。

4. 华力西晚期—燕山早期

四川境内岩浆活动的又一高峰期，四川西部岩浆活动尤为频繁和强烈。华力西晚期—印支期的中酸性和碱性岩浆活动十分强烈，且与构造环境关系极为密切，共可划分为8个岩浆带：金沙江带、理塘带、雅江带、道孚带、马尔康带、阿坝带、攀西带、义敦带。金沙江带岩体集中分布于巴塘以南地区，以角闪石英正长岩(华力西晚期)及普通花岗岩(印支期)为主，并构成复式岩体，岩性变化大，主要侵位于奥陶系及下二叠统。义敦带西侧以中性岩为主，酸性岩次之，岩石类型以闪长岩及石英闪长岩多见；东侧以酸性岩占优势，中心相多为二长花岗岩，边缘相递变为花岗闪长岩，时代均属印支期，部分延至燕山早期，岩体侵位于泥盆—上三叠统，均呈南北向带状展布，其中措交玛、扎瓦拉等岩体规模巨大。理塘带主要发育中酸性侵入岩，分布零星，侵位于二叠—三叠系中，多为小型花岗岩-正长岩岩株。雅江带以二长花岗岩、普通花岗岩居多，石英闪长岩、碱性正长岩等次之，多属印支期侵入，岩体规模不大。道孚带以丹巴为中心，中酸性岩体分布广泛，普通花岗岩最为常见，二长花岗岩、石英正长岩及碱性正长岩等也常形成单独或复式岩体。马尔康带以酸性岩为主，时代亦属印支期，侵位多见于三叠系，岩体展布方向多与区域构造线斜切或位于穹隆状构造中心部位，二长花岗岩为常见岩类，并常构成中心相，普通花岗岩、花岗闪长岩、石英闪长岩亦有分布，并常与二长花岗岩组成复式岩体。阿坝带岩体规模小，数量也少，岩石类型以普通花岗岩为主，时代多同燕山早期，侵位的地层以三叠系为主，并与区域构造线有一定交角。攀西带可划分为酸性和碱性两类，前者岩体多呈岩基、岩株和岩枝产出，分布于安宁河断裂带两侧，花岗岩体常与峨眉山玄武岩相伴出露，自内向外由普通花岗岩-二长花岗岩-斜长花岗岩依次递变，后者常呈杂岩体沿安宁河断裂带及其两侧分布，范围小而岩性变化大，大体可划分为霓霞岩，霞石正长岩、正长岩等岩类，时代多属印支期。昌达沟式铜矿与印支晚期—燕山早期义敦带的花岗闪长斑岩体有关。

侵入岩中的基性—超基性岩类主要在华力西晚期形成，印支期次之。攀西地区有比较多的层状基性、超基性、中酸性和碱性侵入岩分布，以发育富铁质、铁镁质基性—超基性岩为特色，亦多呈群体、串珠状或层状体分布，在攀枝花一带富铁质基性、超基性岩常与碱性正长岩、黑云花岗岩或碱质花岗岩伴生，侵位于玄武岩中。沿金沙江、甘孜—理塘、鲜水河及岷江等断裂带上，早期有蛇绿岩形成，晚期有中酸性岩浆侵入，断裂带附近的岩体规模一般很小，且多呈群体分布，岩石类型为纯橄岩、斜辉辉橄岩、蛇纹岩、辉石岩、辉长岩等。杨柳坪、力马河铜镍铂矿与镁铁质基性、超基性的橄榄岩、辉橄岩有关。

5.燕山晚期

岩浆岩以花岗岩类为主,叠加于义敦带火山弧上,形成规模较大的格聂花岗岩带。该带呈南北向展布,为一大型岩基。北段与南段由斑状二长花岗岩构成,中心相具斑状、粗粒结构,向边缘相过渡为细粒结构。中段以细—中粒普通花岗岩为主,侵位于二叠—三叠系中,蚀变带发育。

6.喜马拉雅期

花岗岩主要见于川西高原,均产于陆内环境,其分布明显受线性深大断裂控制,如受鲜水河断裂控制的折多山岩体,受德格—乡城断裂控制的格聂岩体(东部中心部分),岩石为含少量白云母的花岗岩,代表陆内走滑机制下,陆壳重熔产物。西范坪斑岩型铜矿与本时期的复式斑岩体有关。

五、变质作用

(一)变质作用和变质时期

四川的区域变质作用可划分为 5 个时期。

中条期变质作用是形成扬子陆块结晶基底的重要变质事件,受变质地体以康定群为代表,为低压相系区域动力热流变质作用,变质作用程度最高可达角闪岩相。据 K-Ar、Rb-Sr、Pb-Pb、^{39}Ar/^{40}Ar、U-Pb 法同位素年龄数据,其时限为 2900Ma~1700Ma,主要为 2900Ma~2400Ma 和 1900Ma~1700Ma 两组数据。2900Ma~2400Ma 为康定群形成的时代,1900Ma~1700Ma 为其变质作用时期。

晋宁期变质作用是扬子陆块褶皱基底形成时期。受变质地体包括会理群、盐边群、登相营群、峨边群、黄水河群、李伍岩群、盐井群、碧口群、火地垭群等,属区域低温动力变质作用,变质作用程度为绿片岩相。据 K-Ar、Rb-Sr、U-Pb 法年龄值,其时限为1700Ma~800Ma,以 1000Ma~800Ma 一组数据居多,应是其变质年龄。

加里东期(距今约 500Ma~400Ma)变质作用仅见于大巴山变质带,且强度微弱,属区域低温动力变质作用类型。受变质地层为下震旦统—寒武系。

华力西期变质作用在川西和秦岭地区均较强烈、广泛,该期变质作用形成龙门山后山、金沙江和迭部—康县 3 个变质带,为区域动热变质作用,变质作用程度为低—高绿片岩相。与其有关的同位素年龄值为 330Ma~240Ma,它大致指示了华力西期变质作用的时限。

印支期变质作用广泛发育于川西高原,受变质地层主要为三叠系。变质作用属典型的区域低温动力变质,表现为板岩-千枚岩型单相变质,以角度不整合或平行不整合覆于华力西期区域动力热流变质岩系之上。根据川、青、甘相邻地区侏罗系未变质的陆相火山岩夹煤系地层不整合覆于其上的事实，限定变质时期上限为晚三叠世末。少量 K-Ar 同位素年龄值指示其变质年龄的峰值时限为 210Ma～195Ma。

（二）变质区

1. 变质区划分

四川省可分成川西、秦岭、扬子 3 个变质区（一级），11 个变质带（二级），部分变质带可分出变质岩带（三级），变质地质单元划分如表 2-5 所示。

表 2-5 四川省变质地质单元划分表

一级	二级	变质构造特征			
		受变质地层	特征变质矿物	变质作用类型	变质相
川西变质区	龙门山后山变质带	震旦系—三叠系	绢云母、绿泥石、铁铝榴石、蓝晶石、十字石、矽线石和矽线石-钾长石、矽线石-白云母	中压型区域动热变质作用，以热穹隆为中心的递增变质带（巴洛型），叠加巴肯型变质带，混合岩化作用	绿片岩相-高角闪岩相
	松潘—甘孜变质带	二叠系—三叠系	绢云母、绿泥石、雏晶黑云母	区域低温动热变质作用	低绿片岩相
	金沙江变质带	震旦系—二叠系	方柱石、硅灰石、红柱石、透辉石、镁铁闪石、堇青石、矽线石	低压型区域动力热流变质作用，形成递增变质带，混合岩化作用	低绿片岩相-低角闪岩相
秦岭变质区	摩天岭变质带	中元古界碧口群	石榴子石、黑云母、绢云母、绿泥石	区域低温动热变质作用	绿片岩相
	迭部—康县变质带	震旦系—二叠系	黑云母、绢云母、绿泥石	区域动热变质作用	绿片岩相
	大巴山变质带	震旦系—志留系	绢云母、绿泥石	区域低温动热变质作用	低绿片岩相
上扬子变质区	泸定—攀枝花变质带	前震旦系康定群	紫苏辉石、矽线石、堇青石、红柱石、角闪石、黑云母、绿泥石	区域动热变质作用，混合岩化作用	绿片岩相-角闪岩相（麻粒岩相?）
	会理变质带	前震旦系会理群、登相营群、峨边群	石榴子石、黑云母、绢云母、绿泥石	区域低温动力变质作用	绿片岩相
	盐边变质带	前震旦系盐边群	黑云母、阳起石、绢云母、绿泥石	区域低温动力变质作用	低绿片岩相
	都江堰—南江变质带	前震旦系黄水河群、火地垭群	黑云母、绢云母、绿泥石	区域低温动力变质作用	绿片岩相
	川中变质带	前震旦系康定群（地腹）		区域低温动热变质作用	绿片岩相-角闪岩相

2. 变质区特征

四川省铜矿主要分布在上扬子变质区。该变质区位于四川省东部及南部，包括龙门后山断裂带及小金河断裂带以东地区，可划分为六个变质带。泸定—攀枝花变质带北起泸定、南至攀枝花，长 500 余千米，宽十几米至数十千米，西界为鲜水河—金河断裂，东界大致在大渡河、安宁河断裂一线；由太古—早元古界康定杂岩深变质岩系组成；大面积分布角闪岩相，局部出现高绿片岩相、麻粒岩相，具较明显的递增变质带；属中条期(吕梁期)低压型区域动力热流变质。会理变质带位于泸定—攀枝花变质带以东，受变质地层以会理群为代表，包括登相营群、峨边群；为绿片岩相单相变质，属典型的区域低温动力变质作用；变质作用时期为晋宁期。盐边变质带位于泸定—攀枝花变质带以西，受变质地层为盐边群；亦为绿片岩相单变质，属晋宁期区域低温动力变质作用。都江堰—南江变质带位于四川盆地西北部，龙门山后山深断裂带以东地域，呈北东—南西向长条状展布，长达 600 余千米、宽 70~120km；受变质地层为中元古界黄水河群、火地垭群；为绿片岩相单相变质，属晋宁期区域低温动力变质作用。川中变质带位于四川盆地中部的平昌、南充、威远一带，区内大面积为中生界红层掩盖，基底埋深 5~11km，据航磁、地震、深钻资料对比推断，其基底变质作用性质与攀西地区的康定群、三峡地区的黄陵杂岩相似。

接触变质作用与岩浆活动密切相关，由于岩体侵位的热烘烤作用，在与岩体接触的围岩中，形成不同规模和不同类型的的接触变质岩；变质岩石类型有角岩、矽卡岩等，大理岩和边缘混合岩等(如康定折多山、攀枝花大田等)。

混合岩主要出现在康定—攀枝花、丹巴、金沙江等地区，在丹巴和金沙江地区有与热穹隆有关的混合岩；康定—攀枝花康定群的混合岩成因尚有争议，其中一些侵入岩的接触带上出现的混合岩是与岩浆活动有关的"边缘混合岩"，另外一些被认为是区域变质作用形成的混合岩。

动力变质作用伴随区域上多期次构造变形及变质作用的形成过程而产生，在省内的断裂构造带一般均出现动力变质，除使岩石发生破碎—细粒化外，同时由于机械能转变为热和有流体的参与，也可以使岩石发生化学变化而产生变质作用，形成一系列动力变质岩。

六、建造构造特征

(一)火山沉积变质建造

下元古界河口群落凼组：英安-流纹岩夹含火山灰屑细碎屑岩变质建造，产出拉拉式铜矿。

中元古界会理群：淌塘式铜矿主要赋于落雪组、淌塘组中，落雪组为白云石大理岩夹千枚岩、板岩，厚度 700m 左右。淌塘组由凝灰千枚岩、炭质千枚岩、砂质板岩及白云质大理岩、结晶灰岩透镜体组成，根据岩性组合特征划分为三个岩性段五个岩性层，厚度大于 1400m。

中元古界黄水河群黄铜尖子组：岩性为绿片岩、石英角斑质凝灰岩、变质角斑质凝灰岩等。

中元古界李伍岩群李伍段：李伍岩群岩石组合为绢云石英岩、黑云绢云长石石英岩-黑云绢云石英片岩、黑云绢云片岩；黑云绿泥石英岩(变粒岩)-黑云绿泥片岩；黑云绢云片状石英岩(变粒岩)-黑云绢云石英片岩等。

(二)沉积建造

白垩系上统小坝组：大铜厂式铜矿含矿层为白垩系小坝组下段(K_2x^1)复成分砾岩建造、杂砂岩建造。

(三)岩浆活动

四川省岩浆活动较为频繁，主要分布于川西高原及四川盆地的周缘山区。

西范坪、昌达沟斑岩铜矿床是典型的岩浆矿床，受壳断裂和超壳断裂一类深断裂控制，为在大陆地块边缘活动地带与稳定地块交接地带、稳定地块一侧侵入的浅成超浅成酸性岩浆岩。

华力西晚期的基性火山岩广布于攀西及峨眉山等几个岩浆岩带上。小江断裂带以东的峨眉地区属陆相拉斑玄武岩及偏碱性高原玄武岩，多以熔岩为主，喷发韵律发育，厚度均不足千米。形成了玄武岩型铜矿。

(四)含矿建造

四川省铜矿存在明显受建造控制的特征，以火山沉积变质建造和沉积建造为主，根据研究总结，与铜矿相关的含矿建造特征如表 2-6 所示。

七、区域地球化学特征

(一)地球化学分区

1.地貌景观

根据全省地貌景观及全国二级地貌景观分区图，将四川省地貌景观划分为四川盆地(平原)区、盆周深—极深切割山地区、深—极深切割高寒山地区、丘状高原区、沼泽化

表2-6 四川省铜矿主要含矿层位含矿建造特征表

含矿层位		沉积厚度/m	含矿建造		岩相	建造名称	矿化赋存部位	矿体形态及富集特点	典型矿床
统	组		岩石组合	结构、构造					
河口群	落岮	1191	石英钠长岩、斑状石榴长岩、石榴黑云母片岩、白云母黑云石英片岩、炭质板岩及大理岩透镜体	粒状结构为主，次为交代包含结构，具浸染状、条带状及纹状构造	浅海—滨海远源火山混杂沉积	下元古界河口岩群绿片岩、细碧角斑岩岩建造	产于落岮组上段	不规则似层状、透镜状	拉拉
	淌塘	1539	凝灰千枚岩、炭质千枚岩、砂质板岩及白云质大理岩、含铜白云石大理岩、结晶灰岩	中细粒不等粒粒状变晶结构，交代残余，浸染状、条纹状，条带状及薄膜状构造，次为团块状构造	近海—浅海相，碳酸盐湖坪沉积	中元古界理理群硅质、泥质黑色页岩建造	淌塘组二段	呈层状、似层状	淌塘
会理群	落雪	>1000	灰白—乳白色中粒一白云石石大理岩、含铜白云石大理岩	不规则似粒状、嵌、似岛状、隐晶结构，次生交代，他形粒状结构，网脉状、似斑状层状、条带—土状构造等	近海—浅海相，碳酸盐湖坪沉积	中元古界会理群硅质、泥质黑色页岩建造	落雪组中段	似层状、透镜状	黑箐、箐沟
黄水河群	黄铜尖子	528.7	绿片岩、石英角斑质凝灰岩、角质质斑质凝灰岩等	自形—半自形粒状变晶结构，他形粒状结构，斑状，似斑状结构，变余层状构造，变余凝块状构造等	前南华纪（中元古代）海相火山沉积岩岩相	中元古界黄铜尖子组绿片岩、石英角斑岩岩建造	黄铜尖子组中、上段	层状、似层状、透镜状	马松岭
李伍岩群	李伍段	1000~1300	石英岩变粒岩、长英质片岩组合等	半自形—他形粒状变晶结构、鳞片变晶结构等，以浸染状矿石为主，其次致密块状，角砾状及网带团团斑	中深海相相陆源碎屑+火山碎屑沉积建造	中元古界李伍岩群石英砂岩、粉砂岩变质建造	李伍段中上部和下部	似层状、透镜状	李伍
上白垩统	小坝	536~595	杂色砂砾岩	细晶粒状及溶蚀结构，浸染状、条带状构造等	冲-洪积扇顶—中扇河流河道亚相	复成分碎岩建造、杂砂岩建造	白垩系小坝组下段 K_2x^1	呈似层、透镜状	大铜厂

平坦高原区等 6 个景观地球化学分区(图 2-6)。

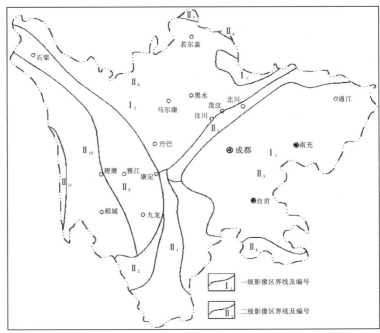

图 2-6　四川省遥感影像地貌分区示意图

2.地球化学分区

　　根据元素的地球化学分布特征，将四川省地球化学场划分为成都平原地球化学分区、龙门山地球化学分区、川西高原地球化学分区(黑水—理塘地球化学分区和阿坝—红原—

若尔盖地球化学分区、川主寺—九寨沟地球化学分区）、新龙—雅江地球化学分区、乡城—巴塘地球化学分区、盐源—棉沙湾地球化学分区、攀枝花—冕宁地球化学分区、宁南—汉源地球化学分区、华蓥山地球化学分区、大巴山—米仓山地球化学分区等 10 个地球化学分区（表 2-7）。

表 2-7 不同地球化学区特征元素

地球化学分区	地区化学子区	高背景/正异常	低背景/负异常
乡城—巴塘		Ag、As、Au、Be、Ca、Cd、F、W、La、Li、Na、Nb、Pb、Sb、Th、U、Zn	—
新龙—雅江		Al、B、Be、La、Li、U、W	Ag、Ba、Ca、Cd、Cu
川西高原	黑水—理塘	Al、As、B、Be、Bi、W	Cd、Hg 等
	阿坝—红原—若尔盖	Na$_2$O	Au、Bi、Ca、Cd、Co、Cr、Cu、F、Fe、Hg、La、Mg、Pb、Ti、U、V、Zn
	川主寺—九寨沟	Ag、Au、Ca、Cd、Co、F、Hg、Mg、Mo、Sb、Sr、Zn	Zr、Al、Ba、Co、Fe、K、La、Si、Ti
龙门山		Ag、Al、Au、B、Ba、Be、Bi、Ca、Cd、Cu	Zr、As、Sb、Si、U、W
攀西	盐源—棉沙湾	Zr、Au、Cd、Co、Cr、Cu、Fe、K、Mn、Mo、Nb、Ni、P、Pb、Sn、Ti、V、Y、Zn	B、Ba、Bi、F、Hg、K、Na、Si 等指标以低背景为主，局部负异常显著
	攀枝花—冕宁	Zr、Co、Cr、Fe、Mn、Ti	As、B、Bi、F、Hg、K、Li
	宁南—汉源	Zr、Cd、K、Nb、Pb、Si、Th、Y、Zn	Al、As、Au、Ba、Ca、Co、F、Fe、Na、Ni、P、Sr、Ti

（1）龙门山地球化学分区：Ag、Al、Au、B、Ba、Be、Bi、Ca、Cd、Cu 等指标在该区域为高背景和显著正异常，Zr、As、Sb、Si、U、W 等主要为低背景和负异常，其他指标分布较均匀。

（2）攀西地球化学分区：包括盐源—棉沙湾地球化学子分区、攀枝花—冕宁地球化学子分区、宁南—汉源地球化学子分区等四个子区。其中盐源—棉沙湾地球化学子分区：Zr、Au、Cd、Co、Cr、Cu、Fe、K、Mn、Mo、Nb、Ni、P、Pb、Sn、Ti、V、Y、Zn 等指标呈高背景和正异常，各指标分布以高背景为主，分布相对较均匀；B、Ba、Bi、F、Hg、K、Na、Si 等指标以低背景为主，局部负异常显著。

3. 主要指示元素区域分布特征

通过系统的地球化学编图，发现 Au、Mo、Cu、Ag、Pb、Zn 等指标及其组合对不同类型的铜矿有显著指示作用，可为找矿和资源潜力评价提供信息，为此分预测工作区编制了相应的图件。分区编图成果显示，采用适当的指标组合和信息提取方法，1∶20 万区域化探水系沉积物测量成果可以为铜矿资源潜力评价靶区优选提供有用的信息资料。

（二）铜元素分布特征

1.主要参数

铜含量为$(0.24\sim2950)\times10^{-6}$，背景平均值为$23.34\times10^{-6}$，略高于全国水系沉积物背景平均值$(23\times10^{-6})$，全域变异系数为1.28，显示为极不均匀分布特征，局部集中富集显著，成矿指示作用明显。

2.总体分布特征

四川省铜矿物异常27处，主要分布于上扬子地块和川西地区，另外辰砂异常76处，广泛分布于上扬子地块和康滇隆起及川西地区，铜异常57处，在扬子陆块上主要分布康滇隆起带一级晋宁—澄江期花岗岩接触带上，在川西巴颜喀拉地块和三江弧盆系分布区主要分布于印支期—燕山期花岗岩接触带，铜元素异常与目前已发现的大中型铜矿相吻合（图2-7）。

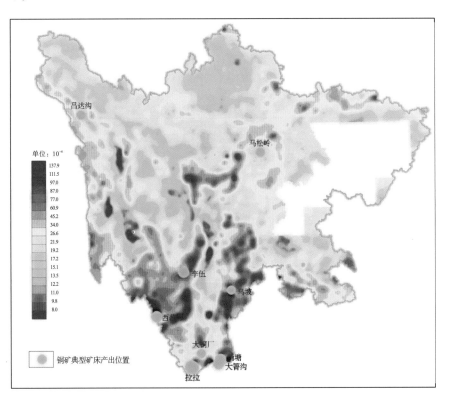

图2-7　四川省铜地球化学图

第三章 四川省铜矿类型

第一节 铜矿成因类型

一、成因类型划分

矿床成因类型反映人类对矿床成因和成矿过程的认识程度，也是人类对矿床研究成果的高度概括，正确地制定矿床成因分类对了解成矿作用的本质、指导生产实践都具有重要的意义。

由于矿床形成受多种不同的成矿作用控制，不同研究人员对一个矿床的成矿作用的认识程度不同或关注点不同，经过多种成矿作用的矿床就会有不同的成因解释，因而就出现不同的划分方案。目前，我国已知铜矿床的成因类型大体可划分为：岩浆熔离型、斑岩型、接触交代型、海相火山气液型、陆相火山气液型、热液型、海相沉积型、陆相沉积型、受变质型和表生型（黄崇轲等，2000）。其次，施林道（2013）将铜矿按照其成因分为 8 种类型：斑岩型、层状（层控）型、沉积（岩）型、火山岩（海相与陆相）型、基性—超基性岩型、矽卡岩型、脉状型、风化残积型，并对不同成因类型的铜矿成矿潜力作了详细的分析。

根据《四川省区域矿产总结》（张盛师等，1990），四川省铜矿成因类型可划分为 9 大类 16 个亚类，即火山变质矿床、沉积变质矿床、岩浆熔离分凝矿床、玄武岩矿床、斑岩型矿床、热液矿床、矽卡岩矿床、沉积矿床、风化淋滤矿床。主要根据：①成矿物质来源；②成矿作用的性质和方式；③成矿条件及主导因素；④成矿主岩及矿石建造；⑤矿床组合机制成矿系列等。

2010 年，陈毓川，王登红等在"全国重要矿产和区域成矿规律研究"项目系列丛书之《重要矿产预测类型划分方案》中，按照铜矿的产出特征，将中国铜矿床按照矿床成因划分为 10 个类型：即（火山）沉积变质型、基性—超基性铜镍硫化物型、斑岩型、海相火山岩型、陆相火山岩型、矽卡岩型、陆相砂岩型、海相砂岩型、岩浆热液型（狭义）、风化壳型。

笔者结合上述成因类型划分方案和四川省铜矿潜力评价研究成果，考虑不同矿床形成的特定的地质环境和成矿作用以及控矿因素，根据不同的成矿地质背景、不同成矿作用，将四川省以铜为主矿种的铜矿划分为四个主要成因类型，即火山沉积变质型、斑岩型、砂岩型和火山岩型，此外，还有热液型、矽卡岩型等共（伴）生铜矿。

二、主要成因类型基本特征

(一)火山沉积变质型铜矿

火山沉积变质型铜矿是指与海相火山沉积作用有关的铜矿床（陈毓川等，2010），四川省该类型铜矿矿体多呈层状、似层状、透镜状，与围岩近于整合产出，主要金属矿物为黄铁矿、黄铜矿、闪锌矿、方铅矿等，矿石结构主要以他形-自形晶粒结构、胶状结构及交代结构；矿石构造主要为条纹状、条带状、鲕状、浸染状、块状等。

大地构造位置：受康滇前陆逆冲带与龙门山前陆逆冲带的控制。

含矿地层：受下中元古界河口群、李伍群、会理群、黄水河群一套火山沉积岩建造控制，经历初期沉积作用，后期区域变质作用、侵入岩叠加作用而富集成矿。

含矿岩石组合：石英钠长岩与黑云片岩、细碧角斑岩-碎屑岩-碳酸盐建造、斜长角闪片岩-角闪片岩-阳起角闪片岩组合、炭质凝灰质绢云千枚岩、板岩-硅质白云岩-泥砂质白云岩。

分布区域：主要分布于会理—会东地区、九龙地区、龙门山地区。

(二)斑岩型铜矿

斑岩型铜矿是指与中酸性岩体有成因关系，铜及其伴生元素硫化物呈细脉浸染状赋存于斑岩体内及其围岩接触带中的铜矿床。四川省斑岩型铜矿一般呈岩透镜状、脉状，矿石矿物主要有黄铁矿、黄铜矿、斑铜矿、辉钼矿和金矿等，铜品位一般为 $0.2\%\sim0.5\%$，含钼 $0.01\%\sim0.05\%$。矿石结构主要以半自形-他形结晶结构、交代溶蚀结构以及交代残余结构，矿石构造以细脉浸染状为主，其次为浸染状和脉状构造，成矿蚀变往往具有分带性，由内而外依次为钾化带、石英-绢云母化带、泥化带、和青磐岩化带。

大地构造位置：处于盐源—丽江逆冲带中的木里—盐源推覆构造带和三江弧盆系义敦—沙鲁里岛弧德格—乡城弧火山盆地带。

成矿时代：分为印支期—燕山期与喜马拉雅期两个成矿时代

含矿岩石组合：花岗闪长斑岩、石英闪长岩等中酸性岩石组合。

分布区域：主要分布于四川省木里—盐源地区、德格—石渠地区和稻城—乡城地区。

(三)砂岩型铜矿

砂岩型铜矿是指在大陆盆地中以陆相沉积为主形成的矿床，又称陆相沉积型矿床。

四川省该类矿床绝大部分产于杂色岩系中紫色和灰色砂砾岩互层的灰色岩层中，矿（化）体严格受沉积相层位控制，一般呈层状、似层状、透镜状，并与围岩呈整合接触，主要矿石矿物有辉铜矿、黄铜矿、黄铁矿、铜蓝等；矿石结构为结晶粒状结构、交代溶蚀结构、格子状结构等；矿石构造主要有浸染状、条带状，以及环带状。成矿过程通常经历三个过程：古陆上含铜岩石风化、剥蚀形成含铜物源的阶段；含铜物源以碎屑、悬浮物通过机械搬运，沉积形成含铜沉积层阶段；含铜沉积层在成岩过程中溶解、迁移和富集形成矿体阶段。

大地构造位置：处于扬子陆块西缘康滇地轴中段会理断陷盆地内。

含矿地层：震旦系观音崖组、二叠系宣威组、三叠系飞仙关组、三叠系嘉陵江组、侏罗系飞天山组和上白垩统小坝组等均有铜矿产出，以上白垩统小坝组较为典型。

含矿岩石组合：矿体主要赋存于砂、砾岩。

分布区域：这类铜矿主要分布于会理地区、乐山、美姑、盐源地区、峨眉山—布拖地区。

（四）火山岩型铜矿

火山岩型铜矿又称陆相火山岩型，是指与陆相火山作用有关的含矿气液流体作用形成的铜矿。四川省火山岩型铜矿产于上二叠统峨眉山玄武岩中上部的玄武角砾岩、凝灰岩中，具有明显的次生富集、热液叠加的特点。矿体一般呈透镜状、扁豆状，矿石结构以半自形、他形粒状结构为主；矿石构造以角砾状、杏仁状为主。

该类矿床严格受晚二叠纪陆相喷发峨眉山玄武岩控制。峨眉山玄武岩一般由玄武质角砾凝灰岩-致密状玄武岩-斑状玄武岩-杏仁状玄武岩组成，分布于上部的旋回中，矿体围岩主要为每个旋回下部的玄武凝灰岩和角砾岩，含矿层位为峨眉山玄武岩组顶部玄武质火山角砾岩、凝灰岩，矿石矿物为黄铜矿、斑铜矿、辉铜矿、自然铜等，主要分布于昭觉（乌坡）、荥经（花滩）、洪雅（刘沟）峨眉山—布托、盐源盐塘—国胜等玄武岩分布区。

第二节 预 测 类 型

预测类型是指从预测角度对矿产资源的一种分类（陈毓川等，2010）。根据四川省铜矿资源潜力评价中铜矿的成因类型划分方案，为了便于矿床预测，将四川省铜矿划分为8个预测类型，即拉拉式火山沉积变质型、李伍式火山沉积变质型、淌塘式火山沉积变质型、彭州式火山沉积变质型、西范坪式斑岩型、昌达沟式斑岩型、大铜厂式砂岩型、乌坡式火山岩型，上述预测类型中，仅拉拉式、乌坡式纳入全国铜矿产预测类型中，各预测类型基本特征如表3-1所示。

表 3-1   四川省铜矿产预测类型基本特征表

预测类型名称	时代			典型矿床	构造分区名称	成矿构造时段	分布范围
	基底建造	成矿时代	叠加时代				
拉拉式火山沉积变质型铜矿	前南华纪变质岩建造	古元古代	晋宁—华力西	拉拉	攀西陆内裂谷带	基底形成阶段	会理地区
李伍式火山沉积变质型铜矿	前南华纪变质岩建造	中元古代	印支—燕山	李伍	雅江残余盆地	基底形成阶段	九龙地区
淌塘式火山沉积变质型铜矿	前南华纪变质岩建造	中元古代	华力西—燕山	淌塘	攀西陆内裂谷带	基底形成阶段	会理—会东地区
彭州式火山沉积变质型铜矿	前南华纪变质岩建造	中元古代	华力西—燕山	马松岭	龙门山前陆逆冲-推覆带	基底形成阶段	芦山—彭州地区
西范坪式斑岩型铜矿	古近纪侵入岩建造	始新世	喜山	西范坪	盐源—丽江前陆逆冲-推覆带	喜马拉雅期	盐源地区
昌达沟式斑岩型铜矿	侵入岩建造	三叠纪	燕山—喜山	昌达沟	义敦—沙鲁里岛弧带	燕山早期	德格—石渠地区
大铜厂式陆相砂岩型铜矿	晚白垩世陆相沉积砂砾岩建造	晚白垩世	喜马拉雅期	大铜厂	攀西陆内裂谷带	燕山晚期	会理地区
乌坡式陆相火山岩型铜矿	二叠纪火山沉积建造	晚二叠世	燕山	乌坡	上扬子南部陆缘逆冲-褶皱带	扬子陆块裂解阶段，华力西期	雅安—金沙江地区

第三节   矿床式及基本特征

矿床式指矿床成矿系列和亚系列之下一组相同类型的矿床，是一定区域内有成因联系的同类矿床的矿床代表(陈毓川等，2010)。根据四川省铜矿成因类型的划分方案，通过对全省铜矿床(点)的综合对比，总结出 8 个矿床式，并对各矿床式选择典型矿床进行研究和总结，四川省铜矿主要成因类型及矿床式的基本特征如表 3-2 所示。

表 3-2　四川省铜矿床主要成因类型及矿床式的基本地质特征

成因类型 / 地质特征	火山沉积变质型 拉拉式	火山沉积变质型 李伍式	火山沉积变质型 淌塘式	火山沉积变质型 彭州式	斑岩型 西范坪式	斑岩型 昌达沟式	沉积型 大铜厂式	火山岩型 乌坡式
控矿地层 层位	下元古界河口群中上部落凼组、长冲组	中元古界伍李群江浪组中段	中元古界会理群淌塘组第二岩性段、落雪组上部	中元古界黄水河群黄铜尖子组中段	喜马拉雅期中酸性斑岩体及接触带	燕山早期浅成（超浅成）花岗闪长斑岩体及接触带	上白垩统小坝组下段（K_2x^1）	晚二叠世峨眉山玄武岩
控矿地层 岩性	火山-沉积变质岩系、钠质变质火山沉积变质岩建造	石英岩-变粒岩、斜长角闪岩组合	炭质凝灰质千枚岩、炭质绢云质千枚岩、凝灰质绢云母千枚岩、白云质大理岩、炭质千枚岩	绿片岩、石英角斑质凝灰岩、变质角斑质凝灰岩	黑云石英正长斑岩、角闪石英二长斑岩、黑云母石英二长斑岩	花岗闪长斑岩	砂砾岩	玄武岩
控矿构造 类型	断裂、褶皱	穹隆、变质杂岩	褶皱、断裂	褶皱、断裂	断裂	断裂、褶皱	褶皱、断裂	层间破碎带
控矿构造 部位	北西西、北西、北北东断裂、东西向与南北向褶皱复合部位、褶皱两翼	多次韧性剪切滑脱带	油房沟向斜南端西翼、次级褶皱一翼	北西向大宝山复式背斜西翼的次级、花梯子向斜、新开洞背斜、松岭背斜、瓢儿顶向斜的两翼部	北西向、北东向断裂及断裂构造复合部位	北西向热叶巴东沿江断裂、折服柯断裂、资达弯背式向斜、娜布柯断裂及竹庆断层孜巴一翘柯复式向斜向斜翼部	南北向构造青蛙甲背斜、青蛙甲向斜、北东向、东西向断裂	北东向断裂为玄武岩喷发通道或区域裂隙复合部位
控矿构造 空间	层间	层间	层间	层间	蚀变带、接触带	蚀变带、接触带	层间	喷发旋回间
矿体特征 形态	层状、似层状、透镜状	呈层状、似层状和透镜状	呈层状、似层状、局部有分支现象、扁豆状、透镜状	复透镜状、透镜状、似层状和层状	透镜状	似层状、脉状	层状、似层状、透镜状	呈似层状、不规则则透镜状、薄饼状
矿体特征 产状	15°～40°，与地层产状一致	倾角20°波状起伏，与地层片理产状一致	走向近南北、向西陡倾、倾角平均79°，与地层产状一致	倾向北东、倾角平均50°～90°，与岩层片理产状一致	隐伏状、倾角中等	倾角51°，与地层体产状一致	倾角0°～18°，与地层产状一致	倾角27°～30°，与地层产状一致
矿体特征 主矿体长度×宽度	1950m×525m	1590m×118～390m	几百米不等	1774m×202m	(110～590)m×(10～320)m	467m×(170～155)m	2000m×(300～700)m	350m×(30～250)m
矿体特征 平均厚度/m	0.1～12.7	0.34～9.35		2.8	35～350	21.72	0.21～6.99	7.4

续表

成因类型 地质特征		火山沉积变质型				斑岩型		沉积型	火山岩型
		拉拉式	李伍式	滩塘式	彭州式	西范坪式	昌达式	大铜厂式	乌坡式
矿石特征	矿石类型	硫化矿、混合矿	硫化矿、混合矿	硫化矿、氧化矿	硫化矿、氧化矿	硫化矿、氧化矿	硫化矿、混合矿	硫化矿、混合矿	硫化矿、混合矿
	主要金属矿物	黄铜矿、黄铁矿、斑铜矿	磁黄铁矿、黄铜矿、闪锌矿	黄铜矿、黄铁矿、斑铜矿、辉铜矿、孔雀石	黄铁矿、黄铜矿、闪锌矿、磁黄铁矿	黄铜矿、孔雀石、铜蓝、蓝铜矿、辉铜矿、斑铜矿、辉钼矿	主要为黄铜矿、孔雀石、褐铁矿	辉铜矿、黄铜矿	辉铜矿、孔雀石、斑铜矿、黄铜矿、铜蓝、自然铜及少量自然铜
	主要脉石矿物	黑云母、钠长石、石英、石母	石英、云母、斜长石和绿泥石	褐铁矿、石英、石母、绢云母	石英、云母、方解石、阳起石、钠长石	斜长石、石英、黑云母、高岭石、伊利石、蒙脱石	长石、石英为主、方解石、闪石、黑云母、绿泥石	方解石、石英、微斜长石	绿泥石、方解石、绿帘石、其余为火山角砾及火山凝灰质胶结物
	结构	自形、半自形粒状结构、他形粒状结构	他形晶不等粒集合体、变晶结构	中细粒不等粒变晶结构、交代残余结构、充填结构、残余结构	自形粒状变晶结构、半自形他形粒状变晶、次要为斑状变晶结构	自形粒状、半自形-他形粒状、板片状叶片状、反应边、压碎、交代残余结构、交代穿孔状结构	他形粒状、交代残余、碎裂结构	变胶状结构、细结晶粒状结构、共生分离结构、溶蚀交代结构、次生结构	半自形晶、他形粒状结构
	构造	具浸染状、条带状及条纹状构造	浸染状、角砾状、网脉胶结状、致密块状	条带（纹）状构造、浸染状构造、块状构造、细脉状、斑染状构造、角砾状构造	变余层状、浸染状、条带状、镜状、细脉状、多孔状、松散状	星散浸染状、稀疏浸染、胶状网脉浸染、交代网脉状、细网脉浸染构造	脉状、细脉状、网脉状、不规则脉状、浸染状、块状构造	浸染状胶结构造、条带状构造、胶状构造	角砾状、杏仁状构造
	金属	Cu 0.799%	Cu 2.50%、Zn 0.75%	Cu 0.51%~1.97%	Cu 0.98%、Zn 1.34%、S 23%	Cu0.41%	Cu 0.69%	Cu 1.2%	Cu0.88%
	伴生组分	Co 0.021%、Mo 0.232%、TFe7.22%~23.04%	Ag 11g/t、Au0.478g/t、Co0.01%、S12%	Au0.01~4.01g/t	Fe、S、Zn、Cu、Mn、Ag、Au、Pb、Se、Cd、Ga、Ti、V、Co	Au0.00~2.67×10^{-6}、Mo0.00~0.33%、Ag0.56×10^{-6}~4.17×10^{-6}	Au、Ag、Pb、Zn	Ag 54g/t、Au 0.2g/t	Fe、S、Pb

续表

成因类型\地质特征	火山沉积变质型				斑岩型		沉积型	火山岩型
	拉拉式	李伍式	淌塘式	彭州式	西范坪式	昌达沟式	大铜厂式	乌坡式
围岩蚀变	磷灰石化、萤石化、硅化	磁黄铁矿化强烈、硅化、电气石化、黑云母化、绢云母化、绿泥石化	硅化、褐铁矿化	绿泥石化组合、绿帘石化、阳起石化、方解石化、白云石化	黑云母化、钾长石化、绢云母化、钠长石化、方解石化、绿泥石化	钾化、黑云母化、绿泥石化、硅化、碳酸盐化、绢云母化、高岭土化	总体弱蚀变	绿泥石、沸石化、碳酸盐化
代表产地	会理县落凼、红泥坡	九龙县、李伍、黑牛洞、挖金沟	会东淌塘、通安、大箐沟、洪发	彭州马松岭、新开洞、芦山黄洞头子	盐源县西范坪	德格县目达沟	会理县大铜厂、鹿厂	昭觉县乌坡

第四章 四川省铜矿典型矿床

按照《全国重要矿产和区域成矿规律研究技术要求》中预测矿床类型划分标准和《全国重要矿产和区域成矿规律研究项目系列丛书》之《重要矿产预测类型划分方案》(陈毓川等，2010)，结合四川省已有铜矿床资料，考虑不同矿床形成的特定地质环境和成矿作用以及控矿因素，根据不同的成矿地质背景、不同成矿作用，本书将四川省铜矿划分为火山沉积变质型、斑岩型、砂岩型、火山岩型 4 个预测类型，共包括 8 个矿床式。

第一节 火山沉积变质型铜矿

一、概况

火山沉积变质型铜矿是四川省最有远景的一种铜矿成因类型，约占全省铜矿总储量的 1/3，分布集中，规模大，目前已发现的该类型铜矿中，大型铜矿 1 处，中型 6 处，小型 11 处，主要分布在四川省会理、会东地区，其次为九龙、彭州、青川、宝兴地区。

该类型铜矿床的大地构造位置处于上扬子古陆块(I_1)中的康滇前陆逆冲带(I_{1-3})与龙门山前陆逆冲带(I_{1-1})，受深大断裂与有关的火山-沉积旋回控制，主要形成于元古代。成矿物质来源于上地幔海底火山喷发形成的钙碱性钠质火山岩，经沉积作用及变质改造作用最终富集成矿，赋矿层位严格受地层控制，自下而上从下元古界河口群(Pt_1HK)、中元古界会理群(Pt_2HL)、李伍岩群(Pt_2LW)、黄水河群(Pt_2HS)均有赋铜层位。

成矿作用和富集方式可分为近火山型和远火山型两类：近火山型是由火山喷气热液作用将矿液携带到火山口及通道附近进行充填交代成矿，并经区域变质使其富集，如拉拉式铜矿；远火山型是火山岩的原始沉积，以及富含大量经过海解作用的火山来源的矿质而形成的矿源或矿化层，经区域变质热液改造作用富集成矿，如李伍式铜矿、彭州式铜矿、淌塘式。

因此，本章按照全国资源潜力的评价要求，以预测类型为基础，研究四川省火山沉积变质型铜矿不同式的典型矿床，进而总结成矿要素、成矿规律，建立成矿模式与找矿标志，为后续该类型资源预测与评价提供依据。

二、拉拉式铜矿

拉拉式铜矿主要分布在四川省会理地区，共包括落凼、红泥坡、老羊汗滩沟、菖蒲箐、寨子箐、赵家梁子、新老厂、板山头、大劈槽等矿床（点）（图 4-1），截至 2013 年，累计已探获大型矿床 1 个，中型铜矿床 2 个，矿点 5 处，是省内最大的铜矿富集区。其中，落凼铜矿床位于会理县绿水乡，1983 年提交详勘报告，规模达到大型，工作程度较高，作为拉拉式铜矿的典型矿床。

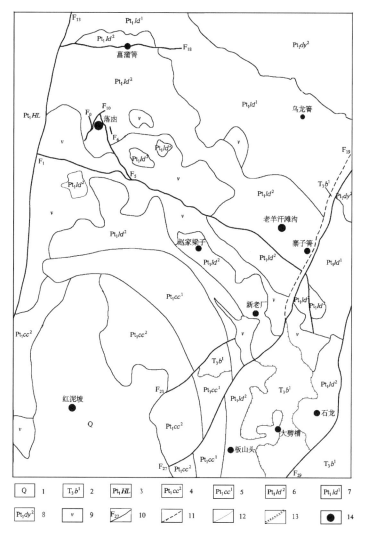

图 4-1　拉拉式铜矿地质略图
（据四川省地质矿产勘查开发局四〇三地质队资料修编）

1. 第四系；2. 三叠系白果湾组下段；3. 中元古界会理群；4. 下元古界河口岩群长冲组上段；
5. 下元古界河口岩群长冲组下段；6. 下元古界河口岩群落凼上段；7. 下元古界河口岩群落凼组下段；
8. 下元古界河口群大营山组上段；9. 辉长岩；10. 断层；11. 性质不明断层；12. 地质界线；13. 不整合界线；14. 铜矿

（一）落凼铜矿床特征

1. 矿区地质

1）地层

落凼铜矿床出露地层以下元古界河口群（Pt_1HK）为主，其次为上三叠统白果湾组（T_3b）、第四系（Q_4）。原地层划分方案将河口群（Pt_1HK）分为六组（四川省地质矿产勘查开发局四〇三队划分方案），由下至上分为白云山组、小铜厂组、大团箐组、落凼组、新桥组、天生坝组。依照最新《四川省岩石地层》划分方案，将河口群（Pt_1HK）划分为三个组：大营山岩组（Pt_1dy），对应原白云山组、小铜厂组；落凼组（Pt_1ld），对应原大团箐组、落凼组；长冲岩组（Pt_1cc），对应原新桥组、天生坝组（图4-2）。

大营山岩组（Pt_1dy）可分为下部沉积变质岩段（Pt_1dy^1）和上部火山变质岩段（Pt_1dy^2）。

大营山组下段（Pt_1dy^1）：岩性组合表现为上部为钠长质、角斑质糜棱岩；中部为白云石英片岩夹石榴二云片岩；下部为炭质板岩、绢云千枚岩，夹石榴黑云片岩及白云石大理岩。

大营山组上段（Pt_1dy^2）：岩性组合为变钾角斑岩，局部夹角闪黑云钠长片岩、白云石英片岩、石榴白云片岩，为主要的赋铜层位。

落凼组（Pt_1ld）可分为下部沉积变质岩段（Pt_1ld^1）和上部火山变质岩段（Pt_1ld^2）。

落凼组下段（Pt_1ld^1）：岩性组合上部为白云石英片岩夹绿泥绢云片岩；中部为石榴角闪黑云片岩、钙质白云片岩、炭质板岩；下部为钙质云母石英片岩夹大理岩、变砂岩。

落凼组上段（Pt_1ld^2）：岩性组合为上部为蚀变的碎裂-糜棱状钠长岩；中部为钠质火山岩，含铜、铁矿层；下部为糜棱岩、石榴黑云（角闪）片岩。

长冲组（Pt_1cc）可分为下部沉积变质岩段（Pt_1cc^1）和上部火山变质岩段（Pt_1cc^2）。

长冲组下段（Pt_1cc^1）：岩性组合为上部为石榴黑云片岩、石榴角闪黑云片岩；下部为白云石英片岩夹白云石大理岩和炭质板岩透镜体；中部为钙质白云石英片岩。

长冲组上段（Pt_1cc^2）：上部为钠角斑质熔岩；中部为炭质板岩夹石榴角闪黑云片岩；下部为钠角斑质熔岩，为赋铜层位。

根据火山沉积作用、岩相建造和含矿性，将河口群（Pt_1HK）划分出三个火山沉积旋回，其中第二、第三火山沉积旋回为主要的含矿层（图4-2），而落凼铜矿就赋存于第二火山沉积旋回上部，对应岩石地层为落凼组上段（Pt_1ld^2）。

赋矿层落凼组上段（Pt_1ld^2），皆为富钠质的岩石，岩性复杂、岩相不稳定，变化大，从而造成矿体主要分布在不同岩性相互交替频繁部位及犬牙状渐变过渡带中，似层状、透镜状。

2）构造

矿床位于河口复式背斜南翼的次级双狮拜象背斜南端西侧，区内以近东西向褶皱、断裂（F_1）和近南北向断裂（F_{13}、F_{27}、F_{29}）为主。矿床位于河口背斜南翼次级波状褶皱的近

地质时代	新岩石地层划分				老岩石地层	柱状图	厚度/m	岩性描述	含矿性	原岩建造	沉积构造	沉积环境	代表矿床
代	群	组		代号	划分方案								
古元古代	河口岩群	长冲组	上段	Pt_1cc^2	天生坝组 (Pt_1t)	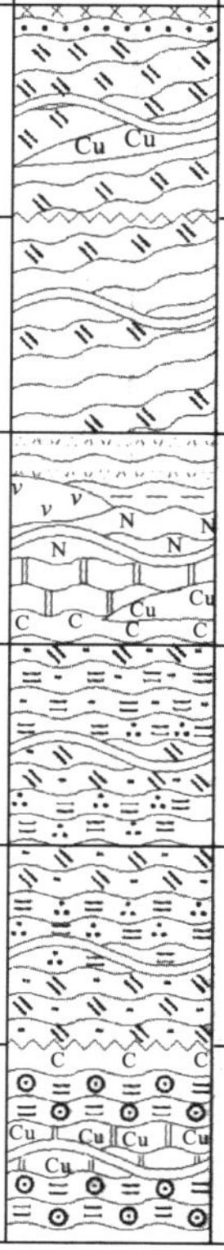	600	钠长岩、石英钠长岩、白云母石英片岩、石榴黑云片岩、石榴角闪黑云片岩夹炭质板岩、大理岩，中部为主要含铜层位	铜铁	远源火山喷溢(溢流)相(钠质火山岩为主夹炭质泥岩、灰央岩)	韵律层理重力流	(第三旋回)深水坡脚	红泥坡铜矿床 官地铁矿床
			下段	Pt_1cc^1	新桥组 (Pt_1x)		70~112	石榴角闪黑云片岩夹黑云片岩、角闪黑云钠长岩及少量白云母石英片岩		碎屑岩夹钠质火山岩			
		落凼组	上段	$Pt_{11}d^2$	落凼组 (Pt_1ld)		550~600	片岩及变酸碱性火山钠质岩、变熔岩、夹炭质板岩、大理岩，为主要含铜层位	铜铁	远源火山喷溢(溢流)相(钠质火山岩、碎屑岩夹云母片岩碳酸盐岩)	似层状、透镜状火山层流流纹层理	(第二旋回)海底火山沉积盆地	落凼铜矿床
			下段	$Pt_{11}d^1$	大团箐组 (Pt_1d)		404~601	上部白云母石英片岩、黑云角闪片岩、钙质片岩；中部绢云炭质片岩；下部白云石英片岩，具菱铁矿化		远源火山混生沉积相			
		大营山组	上段	Pt_1dy^2	小铜厂组 (Pt_1x)		720	变质酸碱性火山岩，变凝灰岩及白云母石英片岩		远源火山喷溢(溢流)相	水平层理沙波水平层理	(第一旋回)深—半深水盆地	
			下段	Pt_1dy^1	白云山组 (Pt_1b)		618~1270	以石榴石英白云母片岩为主，顶部为炭质绢云板岩，中部有含铜白云大理岩	铜矿化	以潮下浅海低能带沉积为主			

图 4-2　**落凼铜矿含矿地层建造图**

南北向的拉拉厂向斜中，拉拉厂向斜为北端扬起、南端撒开的不对称复式向斜，其西翼被北北东向断裂 F_{13} 破坏，以会理群地层（Pt_2HL）为界；东翼为落凼向斜、老虎山背斜、小厂向斜等依次出现，以 F_{27}、F_{19} 断层为东界，其中 F_{19} 断层使河口组直接与三叠系接触，故 F_{19} 与 F_{13} 两条北北东向断裂为拉拉铜矿东西两边的自然边界，矿区内断裂构造按其形成先后，有北西西、北西和北北东三组，均系成矿后构造，对铜矿体起破坏作用。区内褶皱构造早期为近东西向复式褶皱为主，后期有南北向宽缓向斜（红泥坡向斜）叠加，矿体（层）随褶皱变形展布，且在褶皱近核部出现富厚矿体。

　　3）岩浆岩

　　区内岩浆活动强烈，具多期次、多旋回特点，主要为晋宁早期钠质火山岩和晋宁中期基性岩，在华力西期和印支期则有小规模的超基性岩和酸性花岗岩的侵入。早期以海底火山喷发为主，属细碧角斑岩建造，钠长岩为矿区变质地层的主体。晚期以岩浆侵入为主，沿河口复式背斜核部呈大小不等的岩体、岩株、岩脉产出，主要为辉长岩，常吞蚀围岩，并破坏矿体，局部可能有热液叠加富集作用。

　　4）变质作用

　　落凼铜矿床变质作用有区域变质作用、接触变质作用和动力变质作用，其中区域变质作用对矿床的形成影响最大。

　　（1）区域变质作用

　　河口岩群变质岩的原岩，为一套远源火山凝灰、碎屑及正常成分砂泥质、炭质、钙质组成的岩石。板块汇集阶段，遭受到强烈的变质作用，生成绿泥石、阳起石、绿帘石、磁铁矿、黑云母、白云母、黄铁矿、黄铜矿、角闪石、斜长石、石榴子石等新生的变质矿物，形成片岩、板岩、变粒岩、变质砂岩、大理岩等变质岩石。根据对河口群 25 件白云母晶胞值测定（四川省地质矿产勘查开发局攀西地质队，1984），获得了变质压力资料，其平均值为 0.9023Pa，应属低—中压条件；根据河口群中硫化物的爆裂温度（四川省地质矿产勘查开发局攀西地质队，1984）：黄铁矿一般为 310～370℃，另一组温度为 250～260℃，黄铜矿为 250～270℃，属中—低温，即区域变质作用的温度。因此，河口岩群变质岩，应属中—低温、中—低压高绿片岩变质相。据同位素年龄测定为 17.25 亿年和 9 亿～8 亿年，应为小官河期—晋宁期。

　　（2）接触变质作用

　　辉长岩侵入引起的热接触变质作用，仅在某些地段较为明显。在岩体内外接触带同化混染现象明显。在辉长岩与围岩的接触带，辉长岩不但吞蚀围岩，而且在岩体的热力作用下，与围岩的物质组分有带入、带出的现象，引起和形成同化混染现象，致使岩体与围岩界线极不明显，似呈渐变过渡关系。同化混染范围取决于岩体的大小，岩体越大，同化混染的也较大，但一般为 1～5m，局部地段可达 20m。

　　围岩蚀度增强，在辉长岩捕房体或与围岩接触处及其外接触带中，常可见到铁质烘烤现象，并可见到赤铁矿化、黑云母化、碳酸盐化、绿泥石化等蚀变。

对铁、铜矿体，尤其是对铁矿体的富化作用，辉长岩及其岩脉，虽然穿切、破坏了铁、铜矿体，但在其接触处或捕房体中的磁铁矿、黄铜矿、黄铁矿颗粒有加大现象，说明对矿体有富化作用。

(3)动力变质作用

在矿区 F_1、F_{27} 断层带中，形成的断层角砾岩、糜棱岩、片理化等；并局部见到绿泥石等动力变质矿物。

2.矿床地质特征

1)矿体特征

落凼铜矿矿体分布在 F_1 断裂北部，赋存于河口岩群落凼组上段（Pt_1ld^2）石英钠长岩夹白云钠长片岩含矿层内，严格受层位控制，并受北西、北东向断裂控制在地表呈扁豆状、透镜状（图 4-3）。矿体在深部基本顺层平行分布，呈层状、似层状及透镜状，随围岩

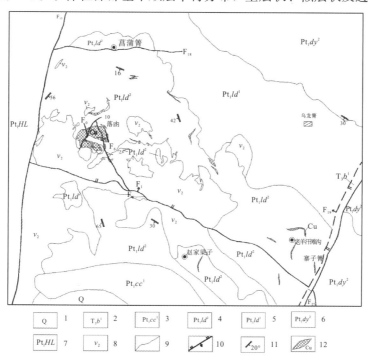

图 4-3　落凼铜矿矿区地质简图
(据四川省地质矿产勘查开发局四〇三地质队资料修编)

1.第四系；2.三叠系白果湾组下段；3.长冲组上段；
4.早元古代河口岩群落凼组上段石英钠长岩夹白云钠长片岩；5.早元古代河口岩群落凼组下段；
6.早元古代河口岩群大营山组上段；7.会理群；8.辉长岩；9.地质界线；10.断层；11.层产状；12.矿体

褶曲而同步起伏（图 4-4），在含矿母岩石英钠长岩、黑云片岩增厚或膨大的部位，多层矿体常集中分布而呈叠层状，单个矿体厚度和各矿体的累计厚度都明显增加；含矿母岩变薄地段，矿体数量减少，厚度减薄。矿体形态总的比较规则，个别有分支，倾角缓—中等。落凼有矿体 30 个，Ⅰ号主矿体长 1960m，宽 525m，平均厚度为 12.27m，倾角为

15°～40°，形态呈似层状，埋深 15～403m，近年来延续勘查证实已超过此深度。

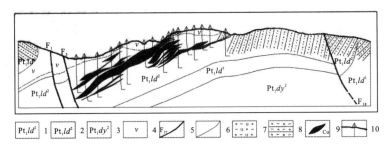

图 4-4　落凼铜矿勘查线剖面图
（据四川省地质矿产勘查开发局四〇三地质队资料修编）

1.下元古界河口岩群落凼组上段；2.下元古界河口岩群落凼组下段；3.下元古界河口群大营山组上段；
4.辉长岩 5.断层 6.地质界线；7.含矿地质体石英钠长岩夹白云钠长片岩；
8.石英钠长岩夹白云钠长片岩；9.铜矿体；10.钻孔位置

2）矿石特征

矿石矿物组合：黄铜矿、黄铁矿、磁铁矿、斑铜矿、辉铜矿、辉钴矿、自然铜、孔雀石、钠长石、黑云母、白云母、石英、方解石等。

脉石矿物：黑云母、石英、钠长岩。

矿石结构：自形、半自形、他形粒状结构，次之为交代残余结构、包含结构、压碎结构及叶片状、格状、乳滴状结构。

矿石构造：具浸染状、条带状及条纹状构造。

矿石类型：以构造划分为浸染状黄铁矿-黄铜矿矿石、层纹状黄铁矿-黄铜矿矿石、条纹-浸染状矿石、脉状-网脉状黄铜矿矿石、致密块状铜矿石。

矿石有益组份特征：根据矿石全分析结果表明，矿石的有用元素除 Cu 外，尚有 Co、Mo、Se、Ti、Te、Au、Ag、P、S、Fe、Ni、稀土等十二种元素等有益组分，Cu 为 0.15%～8.34%、Co 为 0.1%～0.21%、Mo 为 0.001%～0.232%、TFe 为 7.22%～23.04%、S 为 0.41%～8.25%、Au 为 0.021g/t～1.55g/t、Ag 为 0.30g/t～8.00g/t、P_2O_5 为 0.23%～1.83%、Se 为 0～0.0015%、Te 为 0～0.0025%、Re 为 0～0.0002%、Ni 为 0～0.027%、Re_2O_3 为 0.028～0.327%。

矿石中有害组分：As 为 0.001%～0.034%、Zn 为 0～0.016%、Mg（MgO）为 0.64%～2.42%、F 为 0.152%～2.862%。

3）围岩蚀变

矿体围岩蚀变种类较多，黑云母化、硅化、碳酸盐化与铜矿成矿关系密切，绿泥石化、钠长石化、电气石化、磁铁矿化则与铜矿化明显关系。

黑云母化：蚀变形成的黑云母呈棕褐、深褐色、绿色，黄铜矿石中棕色黑云母残余晶片边缘有一圈绿色黑云母，或绿色黑云母中有棕褐色黑云母残余晶片，说明绿色黑云母是矿化阶段褐色黑云母进一步蚀变所成。

硅化：形成不规则齿状镶嵌的集合体，赋存于黄铜矿、黄铁矿的粒间；黄铜矿中有时也有石英包裹体。

碳酸盐化：以铁白云石化、方解石化较为主，菱铁矿化少见，铁白云石呈粒状或粒状集合体充填于钠长石、石英粒间，或呈不规则细粒脉体充填于钠长岩裂隙中。黄铜矿常沿铁白云石粒间产出，并交代后者；铁白云石中时有磁铁矿、黄铁矿、黑云母、磷灰石包裹体；当黄铜矿周围有铁白云石时，则黑云母少见或无，均说明黄铜矿化与铁白云石化关系密切。

4）矿床微量元素特征、岩石化学特征

矿区内铜矿与富钠火山岩密切共生，根据矿床围岩、矿石微量元素分析结果如表4-1所示，含矿围岩、矿体及次火山岩均富 Na_2O。除此之外，其微量元素组合 Co、Mo、Ni、B 相似，仅含量上有所差异，矿体与围岩之间无明显界线，两者呈渐变过渡关系，因此落凼铜矿的形成与火山岩密切相关。

微量元素 Co、Mo 等在矿区的三个主要矿体中，其含量均较高，而以Ⅱ矿体尤为明显；铜的含量在矿体中部富，沿走向或倾斜方向则较为稳定。

同一个矿体的不同类型矿石的有用元素含量有差异：Ⅲ号矿体的片岩浸染型矿石 Cu、Co、Mo、Fe、S、P 的含量，较钠长石型矿石高；Ⅱ矿体的 Cu、Mo、Fe、S、P 含量，钠长岩型矿石高于片岩型矿石，而 Co 含量则相反；Ⅰ矿体片岩型矿石的 Cu、Mo 含量较高，钠长岩型矿石 Co、Fe、S、P 含量较高。

不同矿体的同类型矿石的有用元素含量对比表明：钠长岩型矿石中 Cu、Mo、Fe 以Ⅱ矿体为富，Co、S、P 以Ⅰ矿体片岩型矿石为富，Cu、S 含量以Ⅰ矿体为富，Fe、P 以Ⅲ矿体为富；而 Co、Mo 在三个矿体中近似。

表 4-1　落凼铜矿含矿围岩及矿石元素含量表（$\omega_B/\times10^{-6}$）

元素 \ 岩石类型	火山碎屑岩类	熔岩及次火山	条纹状黄铜矿	浸染状磁铁矿黄铜矿	块状黄铁黄铜	脉状黄铜矿
Co	42	10.2	108	63	134	37.6
Mo	11.5	17.1	153	102	26	26.3
Ni	93	0.46	98.7	26.3	193	55.3
Ag	0.68	3.8	2.56	2.28	10.8	1.21
Pb	13.6	28	14.8	14.8	20.4	13.4
Zn	68	41	40	41	111	99
V	140	3.8	71.7	140	23.5	67.5
B	5.7	479	10.3	4.1	7.2	6.5
Mn	627	40	767	1400	1320	1715
Nb	12	687	21	10.3	5.7	9.25
Zr	51	10.5	154	62	77	66
Ga	17.8	18	12.8	10.6	12.7	12.7
Sr	18	9.2	41	66	28	48
Cr	82.1	35.5	7.7	4.9	1.8	8
Y	12.3		70.1	39.2	37.5	40.9

3.矿床成因类型

落凼铜矿在成矿过程中，受海底火山喷发搬运沉积后形成初始矿源层，后经区域变质作用富集成矿，从成矿作用讲，成矿物质来自于火山喷发，后期变质作用对矿源层进行了改造富集，按照《四川省铜矿潜力评价 2012》矿床成因分类，落凼铜矿的成因类型为火山沉积变质型铜矿。

(二)区域成矿特征

1.区域成矿背景

拉拉式铜矿大地构造位置处于扬子地块西缘康滇轴部基底断隆带，南邻东西向构造带和川滇南北构造带交汇部位，处于区域性南北向大断裂安宁河断裂、绿汁江断裂之间。区域褶皱基底，由元古界河口群组成，呈近南北向展布，矿床受海底火山喷发作用、沉积作用、后期变质作用共同控制，且具有明显的时空富集规律，即受下元古界河口群火山沉积建造控制。赋矿地层河口群(Pt_1HK)自下而上可分为：大营山岩组(Pt_1dy)、落凼组(Pt_1ld)、长冲岩组(Pt_1cc)，河口群(Pt_1HK)(四川省地质矿产勘查开发局，1997)，顶部与会理群(Pt_1HL)整合接触。

拉拉式铜矿近年来取得重大找矿突破，以红泥坡铜矿床为代表。

2.红泥坡铜矿床特征

四川省地质矿产勘查开发局四〇三地质队(2009～2010 年)在红泥坡铜矿区中部实施了详查工作，共施工 45 个钻孔。

中国地质调查局与凉山矿业有限公司联合开展的"四川省会理县拉拉铜矿接替资源勘查(2012)"项目，对红泥坡矿区南部开展重点普查工作(图 4-5)，2012～2013 年共计施工 17 个钻孔，累计完成钻探 10900m，见矿 16 个，见矿率 94.1%，初步圈定了两条主矿体 Cu-Ⅰ、Cu-Ⅱ，其中 Cu-Ⅰ矿体新增 333 类铜资源量 20 余万吨，新增 334 资源量 30 余万吨，找矿取得了较大突破。

红泥坡矿区地表主要出露河口群落凼组(Pt_1ld)、河口群长冲组(Pt_1cc)，及大面积第四系覆盖(Q_4)(图 4-5)。矿体主要赋存在河口群长冲组(Pt_1cc)，为隐伏矿体，上部被大片第四系地层覆盖，含矿地层特征见图 4-2。

1)矿体特征

Cu-1 矿体：赋存于长冲组上段(Pt_1cc^2)的白云石英钠长岩、石英钠长岩、白云钠长片岩中，矿体均为隐伏矿体，呈似层状(图 4-6)，与围岩一致产出，总体倾向南西，倾角为 10°～20°。经工程控制，矿体长轴方向近南北，延长约 1440m，宽度为 50～410m，平均为 252m，埋深 313～496m。矿体平均厚 4.94m，铜平均品位为 0.59%。经 2013 年接

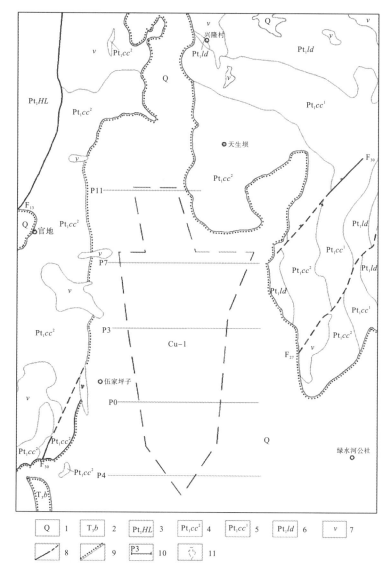

图 4-5　红泥坡矿区地质简图
（据四川省地质矿产勘查开发局四〇三地质队资料修编，2013）
1.第四系；2.上三叠统白果湾组；3.会理群；4.河口群长冲组上段；5.河口群长冲组下段；
6.河口群落凼组；7.辉长岩；8.断层；9.不整合接触界线；10.勘探线及编号；11.矿体投影范围

替资源勘查，矿体在南部延伸增加 1280m；在东南部矿体顶部埋深为地表以下 52～630m。矿体铅垂厚度 1.18～39.51m，真厚度 1.11～37.06m，平均真厚度 10.84m，铜品位为 0.30%～3.99%，平均铜品位 1.75%；矿区北部矿体顶部埋深为地表以下 560m，矿体铅垂厚度 5.32m，真厚度 4.61m，铜平均品位 0.74%。

Cu-2 矿体：赋存于落凼组上段（Pt_1ld^2）的白云石英钠长岩、二云钠长片岩、石英钠长片岩等变质火山岩中，Cu-1 矿体以下 200～250m，如图 4-6 所示，矿体均为隐伏矿体，产状与落凼组（Pt_1ld）产状基本一致，倾向南西，倾角 10°～20°；矿体厚 1.05～7.10m，平均 3.18m 铜品位为 0.42%～0.59%，平均品位 0.50%。经 2013 年接替资源勘查，

Cu-2矿体东西水平延伸约580~800m，南北延伸约480m。矿体顶部顶部埋深为地表以下约490~740m，平均厚度为1.38m；铜平均品位为0.65％。

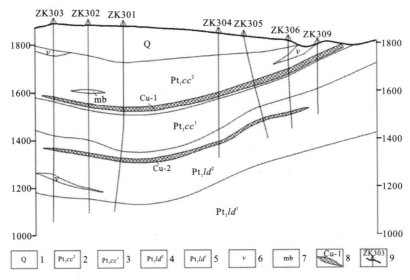

图4-6　红泥坡P3勘探线剖面图
（据四川省地质矿产勘查开发局四〇三地质队资料修编，2013）

1. 第四系冰水堆积层；2. 长冲组上段（磁铁）石英钠长岩、钠长岩、板岩白云石英片岩、二云片岩、大理岩；3. 长冲组下段含磁铁黑云片岩、含铜绿泥石英钠长片岩（磁铁）白云石英钠长岩、大理岩；4. 落凼组上段石榴角闪黑云片岩角闪黑云钠长岩；5. 落凼组下段石英钠长岩、二云石英钠长片岩石英钠长片岩、板岩、大理岩；6. 辉长岩（脉）；7. 大理岩；8. 铜矿体及编号；9. 钻孔位置及编号

2）矿石特征

（1）矿石的矿物成分及化学成分

矿石金属矿物主要为：黄铁矿、黄铜矿、磁铁矿，次要金属矿物为斑铜矿、辉钼矿、辉钴矿等；主要非金属矿物为钠长石、黑云母、白云母、石英、含铁白云石等，具体如表4-2所示。

表4-2　矿石的矿物成分表

元素 含量	金属元素		非金属元素	
	自然元素及硫化物	氧化物及其他	硅酸盐	氧化物及其他
主要的	黄铜矿、黄铁矿	磁铁矿	钠长石、黑云母、白云母	石英、含铁白云石
次要的	斑铜矿、辉钼矿、辉钴矿、硫铁镍矿	赤铁矿、褐铁矿	微斜长石、正长石、绿泥石、普通角闪石、阳起石、石榴子石、褐帘石、榍石	方解石、磷灰石、独居石、萤石
少见的	自然金、自然银、自然铜、辉铜矿、黝铜矿、方黄铜矿、磁黄铁矿、毒砂、闪锌矿、方铅矿	赤铜矿、蓝铜矿、碲金矿、镜铁矿、纤铁矿、磁赤铁矿、白钛矿、钛铁矿、金红石	透闪石、电气石、普通辉石、奥长石、滑石、绢云母、绿帘石、黝帘石、高岭土	胆矾、氟碳铈矿、锆石、重晶石、铅矾、刚玉、石墨

矿石中有用组分的含量为：Cu0.15%～8.34%、Co0.1%～0.21%、Mo0.001%～0.232%、TFe7.22%～23.04%、S0.41%～8.25%、Au0.021～1.55g/t、Ag0.30～8.00g/t、$P_2O_5$0.23%～1.83%、Se0～0.0015%、Te0～0.0025%、Re：0～0.0002%、Ni0～0.027%、$Re_2O_3$0.028%～0.327%。

根据矿区矿石全分析结果表明：矿石的有用元素除铜外，尚有钴、钼、硒、碲、铼、金、银、磷、硫、铁、镍、稀土等十二种元素可供回收利用。

（2）矿石结构

矿石结构以晶粒状变晶结构为主，按其晶粒形态又可分为自形粒状变晶结构、半自形粒状变晶结构和他形粒状变晶结构，次有交代残余结构、包含结构、压碎结构、固熔体分离结构及胶状结构等。

（3）矿石构造

矿石结构以浸染状构造、条带状构造和条纹状构造为主，次有角砾状构造、稠密浸染状构造、星点状构造、网脉状构造及蜂窝状构造。

3）围岩蚀变

围岩蚀变有黑云母化，其次是磁铁矿化、硅化、铁白云石化等，矿体多赋存在具这些蚀变的岩石中，萤石化代表矿体较富集的地段。

3. 区域成矿特点

1）区域成矿控制条件

拉拉式铜矿的形成受以下条件控制。

（1）海底偏碱性火山的喷发作用是矿床形成的物质来源和先决条件。

（2）拉拉式铜矿主要赋存在落凼组（Pt_1dy）和长冲岩组（Pt_1cc^2）上段（原天生坝组），赋矿岩性组合为一套石英钠长岩与黑云片岩，严格受层位控制。

（3）拉拉式铜矿床形成于海进层序的初期和中期阶段，是在火山物质与正常成分混生沉积的过渡带中，以火山凝灰与泥质混生沉积的过渡中最为有利；是弱碱性—弱酸性、弱氧化—弱还原环境下的沉积；后期经区域变质作用改造富集。

2）区域成矿作用

拉拉式铜矿成矿作用分三个阶段。①火山-沉积作用阶段，含矿建造或矿源层是河口群海相火山沉积建造，而与细碧-角斑岩系的熔岩，火山碎屑岩、次火山岩与火山作用有关的火山喷气（流）或热卤水应该是 Cu、Co、Mo、稀有、稀土元素及矿化剂和碱金属等物质的来源和成矿的基础。这些成矿元素是由细碧-角斑岩浆，沿深大断裂从上地幔喷溢到海底，以多种形式（独立矿物、化合物、类质同象代替各种包裹体及吸附物），分散在各种造岩矿物和其他矿物中，含各种有用组分的矿物在熔岩中，同时不同成分火山碎屑物喷发后，形成的火山碎屑流、火山泥石流、火山浊流等靠海洋环流或冷热海水对流作用，经搬运到海底盆地或斜坡上，在火山物质的搬运过程中，有部分成矿物质溶解在海水里呈真溶液或胶体状态形式搬运，并在适当条件下富集成矿，但绝大部分的成矿物质仍呈各种分散的固体形式赋存于含矿建造或矿源层中，经历沉积-成岩作用。②变质热液改造作用阶段，伴随会理—晋宁造山运动，含矿建造或矿源层发生了广泛的区域变质作用，在区域热动力作用下，出现了与变质作用有关的气化-热液活动，含矿建造或矿源层（矿层）中的成矿物质经过活化转移，富集成矿形成铜矿床。③剥蚀成矿阶段，造山运动后期含矿地层、含矿层遭受剥蚀作用，硫化物因氧化和溶解，形成了矿体的氧化带，生成极少量的次生铜矿物组合，主要以吸附物状态富集于云母与磁铁矿中。

3）成因类型

拉拉式铜矿矿体均产于火山沉积旋回中上部的变凝灰质沉积岩中，呈层状、似层状产出，产状与围岩一致，硫同位素 $\delta^{32}S/\delta^{34}S=22.134\sim22.22$，$\delta^{34}S=0\sim3.9$，接近于陨石硫，推测成矿物质来源于上地幔，由火山喷发作用带出，矿区含矿地层及矿体明显变质，成因类型属火山沉积变质成因类型。

(三)成矿要素及成矿模式

1. 成矿要素

通过拉拉式铜矿成矿规律研究，拉拉式铜矿成矿要素如表 4-3 所示。

表 4-3 拉拉式铜矿成矿要素

成矿要素	描述内容
大地构造位置	康滇地轴中段川滇南北向构造带（会理裂谷带），上扬子成矿亚省（Ⅱ-15B）康滇隆起（Ⅲ-76）康滇成矿亚带（Ⅲ-76-①）Ⅳ$_{32}$会理—会东地区早元古代火山沉积变质铁铜矿成矿区
沉积环境	弧后盆地中次级拉拉断陷海底钠质火山活动带
成矿时代	早元古代
含矿岩系	下元古界河口群落凼组上段(Pt_1ld^2)、长冲组上段(Pt_1cc^2)火山-沉积变质岩系
含矿建造	钠质火山沉积变质岩建造
沉积相	浅海—滨海远源火山混杂沉积
赋矿岩石组合	石英钠长岩、斑状石英钠长岩、石榴黑云母片岩、白云母石英片岩、炭质板岩及大理岩透镜体，为一套钠质火山沉积
物质来源	钠质火山活动
变质作用	区域变质作用，变质级别中—低绿片岩相
围岩蚀变	黑云母化、磷灰石化、萤石化、硅化
控矿条件	受基底断裂及火山机构控制，分布于钠质火山与辉绿辉长岩的接触带

2. 成矿模式

拉拉式铜矿的成矿共经历三个阶段：火山-沉积阶段、变质改造成矿阶段及后期剥蚀氧化阶段。

火山-沉积阶段：太古代时期大洋弧后盆地从上地幔和下地壳熔融侵入钠质火山岩，

这一火山活动延续时间较长，包括河口群和通安组，在火山活动过程中，钠质火山物质携带大量的铜质矿源，在弧后盆地与火山物质一起沉积，形成初始矿源层。

变质改造阶段：晋宁造山运动使已形成的矿源层和铜矿层发生广泛的后期改造富集作用，出现了与变质作用有关的气化-热液活动，矿源层中的成矿物质经过活化转移，富集成矿，最后形成铜矿床，整个变质热液改造作用大致可划分为三期。

早期：区域热动力变质作用为低中压和低温绿片岩-绿帘角闪岩相的变质环境，在岩石变质的同时，原岩中的水分、火山岩中富有的挥发组分以及钾、钠等碱金属，构成变质热液。

中期：变质热液使分散在岩石汇总的成矿元素铜、钴、钼、铁、金、银和稀有、稀土元素迁移，并对原岩进行改造，在适当的场所，特别是岩性复杂、孔隙度大的钠长岩和凝灰岩中形成矿体及其周围的浸染矿化。沉积阶段形成的硫化矿体，在变质作用过程中同样受到变质热液的改造，使其形态、产状、组构发生改变。

晚期：主要为构造变形作用，除了对已形成的矿体或矿源层造成破坏外，还对有用组分的活化、富集起到了明显的影响。构造变形所产生的褶皱、断裂，为变质热液的迁移提供了通道，并为有用元素提供了空间，形成现今所见到的，具有一定形状、产状和规模的矿体。主要矿床(点)均集中于河口岩群火山旋回上部，与火山活动最强烈的阶段相一致(图4-7)。

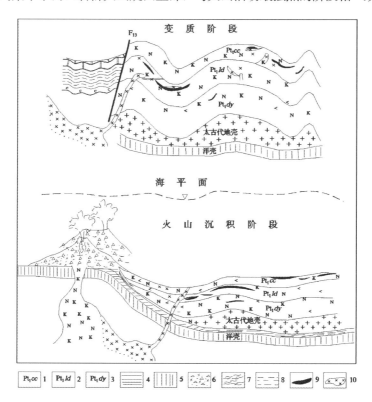

图4-7 拉拉式铜矿成矿模式图
(据四川省铜矿潜力评价，2012)

1.河口群长冲组；2.河口群洛凼组；3.河口群大营山组；4.海底沉积物；5.洋壳；6.海底火山碎屑岩；
7.弱碱性海底火山岩；8.上地幔；9.铜矿体；10.辉绿辉长岩

（四）找矿标志

1.地层标志

早元古代河口群落凼组（Pt_1ld）、长冲组（Pt_1cc）是拉拉式铜矿重要含矿层，铜矿体均分布在这两个层位中，沿这两个层位中的火山碎屑沉积岩石本类矿床的含矿层位。

2.岩石标志

钠质火山岩，特别是爆发强度高、厚度大、在地层中呈封闭状的火山碎屑堆积透镜体，是成矿有利岩性。拉拉式铜矿的大、中型铜矿均分布在此类透镜体中。

3.构造标志

拉拉式铜矿体主要赋存于向斜轴部和次级褶皱构造中，断层多形成于成矿后，一方面破坏矿体，其动力、热量又使矿体进一步富集。

4.火成岩标志

基性岩脉传切矿体，破坏矿体，但同时又因其热力作用使矿体加富。在基性岩发育并呈岩床、岩被覆于河口群落凼组（Pt_1ld）含矿层之上的地段，常有较富矿体分布。

5.蚀变标志

与成矿关系密切的蚀变有磁铁矿化、硅化、白云石化、萤石化，为主要的蚀变标志。

三、李伍式铜矿

李伍式铜矿分布于四川省甘孜藏族自治州九龙县境内，已发现有挖金沟、柏香林、笋叶林、上海底、白崖子、黑牛洞、白崖子、李伍、中咀等矿床（点），包括2个中型铜矿，1个小型铜矿。李伍铜矿位于四川省甘孜州九龙县魁多乡，勘查始于1958年，1975年提交勘探报告，规模达到中型，工作程度高，作为李伍式铜矿的典型矿床，对研究该类型矿产的成矿规律和成矿预测类比起着至关重要的作用。

（一）李伍铜矿床特征

1.矿区地质

1）地层

矿区地层为与晋宁期大陆边缘火山-沉积岩带有关的一套海相泥质、砂质、碳酸盐等沉积变质岩系和变质的基性火山岩、碱性火山岩组成，组成一个具有独特特征的丘状隆起构造，呈 NNE 向断续展布。根据《扬子地台西缘江浪变质核杂岩体变形变质作用及李伍式铜矿成矿模式研究》(宋鸿林，1995)，测得含矿岩系内斜长角闪岩 Sm-Nd 同位素年龄 1677Ma、片状石英岩锆石 U-Pb 同位素等时年龄 525Ma，并在确定该杂岩体"构造地层柱"的基础上，将其厘定为中元古界，并命名"李伍岩群"。

李伍岩群($Pt_2 L$)可分为上岩带($Pt_2 l^3$)、中岩带($Pt_2 l^2$)、下岩带($Pt_2 l^1$)，厚度约 1000m~1300m，李伍铜矿产于李伍岩群中岩带($Pt_2 l^2$)，其进一步可分为 8 个岩性段，其中第二岩性段($Pt_2 l^{2(2)}$)、第四岩性段($Pt_2 l^{2(4)}$)、第五岩性段($Pt_2 l^{2(5)}$)、第六岩性段($Pt_2 l^{2(6)}$)为含铜层位(图 4-8)。

地 层			地层柱状	厚度 /m	岩 性 描 述
界	系(统)	代号			
中元古界	李伍岩群	$Pt_2 l^{2(8)}$	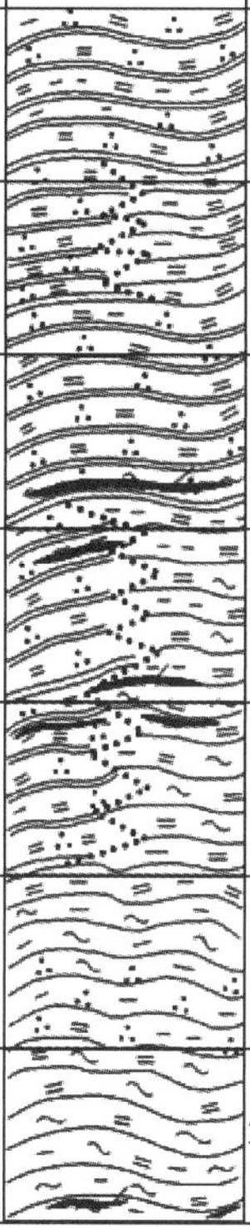	>35	含黑云绢云石英岩、绢云石英岩夹黑云绢云片岩
		$Pt_2 l^{2(7)}$		37~76	绢云石英片岩、黑云绢云石英片岩；绢云石英岩、含黑云绢云石英岩
		$Pt_2 l^{2(6)}$		133~185	片状含黑云绢云石英岩、片状绢云石英岩、片状含石榴绿泥绢云石英岩
		$Pt_2 l^{2(5)}$		91~137	含黑云绢云片岩、石榴绿泥绢云片岩；含黑云绢云石英岩、片状绢云石英岩
		$Pt_2 l^{2(4)}$		130~145	含石榴绿泥绢云片岩、含石榴绿泥绢云石英片岩、片状含黑云绢云石英岩、片状绢云石英岩
		$Pt_2 l^{2(3)}$		120~140	石榴绿泥黑云片岩、含石榴黑云绢云片岩、含黑云绢云石英片岩
		$Pt_2 l^{2(2)}$		230~250	含十字石、绿泥绢云片岩、含十字石榴绿泥绢云片岩，石榴绿泥黑云绢云片岩

图 4-8 李伍铜矿含矿地层柱状图

含矿建造主要有以下特点。①属于滨海—浅海相的砂质、泥砂质、泥质、碳酸盐和火山岩岩相组合，矿体呈条带状、浸染状，含矿围岩主要为片状石英岩类和石英片岩，局部见有片岩类，显示矿化与一定岩石类型有关。②岩石片理发育，片理与层理一致，变余层理、变余交错层构造，变余的砂状、泥状结构等揭示了原岩具沉积特点。③含矿建造岩石中普遍含炭质，呈两种形式产出：变质残留的炭质质点呈带状分布于岩石中；含炭质绢云片岩呈薄层或条带状产于含矿部位地层中，有利于铜质的聚集。④矿床范围内，在一些石英片岩中见有呈碎屑状钠长石，双晶发育，粒度粗大，可能为原始沉积火山碎屑。

2）构造

江浪穹隆是李伍铜矿特定含矿构造，核部长 20km，宽 12km，轴向北北西，向南西、北东两端倾没，由内核、滑脱构造带及盖层三部分组成。核部由前南华系变质杂岩李伍岩群（Pt_2L）形成的堆垛地层系统（颜丹平等，1997），翼部为由自内向外由老而新的震旦系、志留系、石炭系、二叠系、三叠系组成的褶皱地层系统，两套构造系统之间及各系统内部岩组、岩带之间均为剥离断层。剥离断层控制了矿体的形态及规模，在平面上围绕穹隆呈环形分布，在剖面上随褶皱的弯曲而弯曲（图4-9、图4-10）。

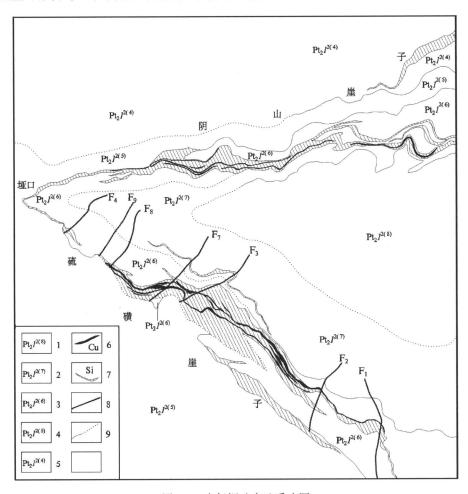

图 4-9　李伍铜矿床地质略图

1.李伍岩群第八岩性段；2.李伍岩群第七岩性段；3.李伍岩群第六岩性段；4.李伍岩群第五岩性段；5.李伍岩群第四岩性段；6.矿体及编号；7.含矿蚀变带；8.断层；9.实测、推测及岩层相变地质界线

3）岩浆岩

区内岩浆岩有晋宁期—澄江期、加里东期、华力西期基性、碱性火山岩，及燕山晚期酸性侵入岩。其中火山岩呈条带状、透镜体产出，为李伍铜矿提供了主要成矿物质来源；燕山期花岗岩的侵入和演化为江浪变质核杂岩穹隆构造的形成及成矿金属元素的活

化迁移富集成矿提供了热力和动力条件。

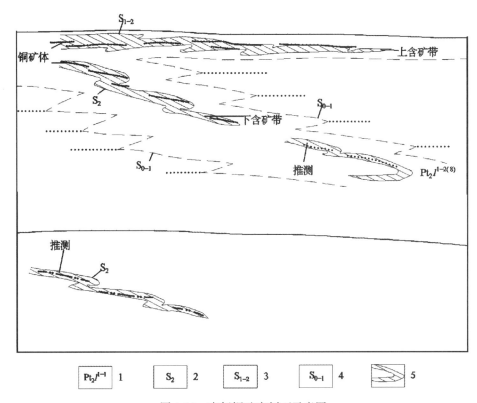

图 4-10　李伍铜矿床剖面示意图

1.李伍岩群第一岩性段；2.S_2变形面理褶叠层构造；3.S_{1-2}变形面理褶叠层构造；
4.S_{0-1}变形面理褶叠层构造；5.含矿带

4）变质作用

区内变质作用已达中等变质程度，属中压变质相系绿片岩-绿帘角闪岩相区域变质岩系，并具有变质分带。变质岩石组合以绢云石英岩、黑云绢云（长石）石英岩、黑云变粒岩、斜长角闪岩、黑云绢云石英片岩、黑云绢云片岩为主，为石英岩-变粒岩-斜长角闪岩-片岩组合。由于李伍岩群及其上覆盖层经受了多次变质作用，前期矿物被改造或消失，主变质作用的特征比较明显，而对前期变质特征多被后期变质特征掩盖。研究表明，李伍岩群原岩为含少量火山碎屑的海相沉积岩系。

李伍岩群（Pt_2L）上部以二云石英岩、二云石英片岩为主，夹二云片岩、绢云片岩等；中部以片状矿化绢云石英岩、二云石英岩为主，夹二云石英片岩、浅粒岩、斜长-钠长变粒岩、绿泥石英片岩、绿泥黑云石英片岩等；局部见有白云岩透镜体。下部以二云片岩、二云石英片岩为主，夹二云片状石英岩等。含矿岩系中夹有较多与成矿有关的变质基性火山岩透镜体（即斜长角闪片岩及透闪阳起石片岩）。矿体主要产于云母石英片岩、片状石英岩内或它们与二云片岩的过渡带中。

含矿蚀变带可分为矿化"退色"蚀变带和含矿"退色"蚀变带两种。

矿化"退色"蚀变带一般顺层间韧性剪切带分布，与 S_3 面理近于平行。在浅色的"退色"蚀变带中，岩石以绢云石英岩、石英片岩为主，暗色矿物颜色亦相对变浅，表现为黑云母色浅，折光率较低，铁质被交代；绿泥石色浅，折光率较低，铁减少，镁、铝相对增加；含钛铁矿减少，部分转变为金红石；含炭质较少或无；石英普遍被溶蚀，具净边结构。绿色"退色"蚀变带主要发育于富含绿泥石的各种石英片岩、绢云片岩中。绿泥石大多为铁绿泥石，少数为辉绿泥石，偶见含镁铁绿泥石，斜长石一般为更长石，角闪石为普通角闪石；石榴子石为铁铝-锰铝柘榴子石；绿泥石在 Bi-Ga 带内属稳定组分，并沿 S_3 片理分布，常与绢云母、黑云母平行连生。

含矿"退色"蚀变带是后期变质热液作用叠加蚀变的产物，一般发育于矿化"退色"蚀变带中或其附近。在李伍铜矿床共圈出两个含矿蚀变带，均产于李伍岩群中岩带。其产状与 S_3 面理基本一致。上含矿带长 2500m，厚 10~50m，最厚 120m，分布于矿化浅色"退色"蚀变带中。下含矿带长 1500m，厚 30~40m，最厚 100m，分布于绿色矿化"退色"蚀变带中，呈似层状和不规则透镜状产出。上含矿蚀变带主要受石英片岩层控制，下含矿蚀变带主要受下部逆冲剪切带约束。在矿区西部下，含矿带与岩层片理有一定交角，并有不同程度的穿层、分支、复合现象。

2.矿床地质

1)矿体特征

李伍铜矿床的空间产出形态，受层间构造控制，平、剖面上均成群成带，呈雁行状排列。上下两个含蚀变带均向南东倾斜，上含矿带倾角为 25°，下含矿带倾角为 30°，两矿带呈现向北东东撒开、南西西收敛靠扰之势，这种分布产出特征，应是受矿区 S_2 面理大型倒转褶叠层构造所控制。倒转的下翼可能为一冲断式韧性剪切带。褶叠轴向与江浪穹隆体轴向一致，倾向南东东，含矿热液即沿此褶叠层内 S_3 劈理带及其次级裂隙充填-交代而成矿。S_5 期挠褶常沿早期滑脱带发育，因而后期改造作用使矿体在挠褶的鞍部增厚加富。挠褶规模一般长数十至百余米，最大 300m 左右，幅宽 10~20m，幅高 10~35m，挠褶轴向 NNW 及 NNE。与 S_5 期相伴的北东向断层，规模小，对矿体的破坏不大。

在李伍群中段中部发现上、下两个矿化带(图 4-9)。上矿化带产于李伍群中段中部第 6 层中，厚 10~120m，岩石呈浅灰白色为其特征，多组成一个明显"浅色层"，为明显的找矿标志，下矿化带产于李伍群中段第 4、5 层中，系下部矿体和 C 矿体主要赋存部位，厚 30~100m，岩石呈浅灰绿色，成一个明显"灰绿色"层，亦为明显找矿标志。在矿化带内矿体成群出现，共圈定 26 个矿体，呈层状似层状和透镜状产出，与围岩产状基本一致，在横剖面上，矿体平行重叠，多层产出；在纵剖面上，相互超覆，呈雁行排列(图 4-10)。

矿体规模大小不一，主矿体长 1590m，宽 118~390m，平均厚度为 3.18~6.30m，矿体为似层状，倾角约 20°，占总储量为 30.09%(表 4-4)。

表 4-4 李伍铜矿主要矿体规模品位表

矿体号	形态	长度/m	平均厚度/m	平均品位/%	
				Cu	Zn
A_1	似层状	258	1.20	1.46	1.40
A_2	似层状	1250	1.45	1.42	0.57
B_1	似层状	345	1.56	2.25	1.73
B_2	层状	1590	2.68	2.28	1.18
B_4	似层状	375	3.08	2.62	0.19
D_2	似层状	560	2.77	3.87	0.39
E_3	似层状	550	1.92	1.72	1.62
E_4	似层状	490	2.40	1.94	0.17

2）矿石特征

矿石矿物组合：原生金属矿物以磁黄铁矿、黄铜矿、闪锌矿为主，次为方铅矿、黄铁矿和方黄铜矿。稀少矿物有黄锡矿、叶碲铋矿、赭碲铋矿、碲银矿、辉钼矿、铅铋矿和自然金等。次生矿物有铜蓝、辉铜矿、孔雀石、胶黄铁矿和褐铁矿矿等。脉石矿物主要为石英、云母、斜长石和绿泥石，次为电气石、锆石、石榴子石、闪石类矿物，磷灰石、十字石和榍石等。

矿石化学成分：矿石主要组分为铜、锌，品位较富，全矿区平均品位 Cu 为 2.50%，Zn 为 0.75%，矿石中伴生有益元素有 S、Se、Cd、Co、Au、Ag 等，矿石可选性实验表明，它们可以综合回收利用。

矿石结构：磁黄铁矿、黄铜矿、闪锌矿等几种主要矿物多呈他形晶不等粒集合体浸染分布于岩石中，形成变晶结构。

矿石构造：金属硫化物聚集成星点状、粒状、斑点状，不均匀分布于岩石与脉石矿物中，组成浸染状构造，当金属硫化物沿岩石片理（层理）浸染时，形成具有原生沉积特征的条纹、条带状构造，此外还有密集浸染、角砾胶结、致密块状、角砾状、网脉状-团块状等构造。

矿石类型：分为致密块状、角砾状、网脉-团块状、条带状和浸染状。致密块状、角砾岩矿石主要分布在层滑断裂中，两类矿石紧密相伴产出；网脉-团块状矿石主要产于沿层滑断裂分布的石英脉体中及接触带附近，或紧靠致密块状矿体下盘产出，该类矿石明显受岩石裂隙、节理控制，为动热变质作用产物；浸染状和条带状矿石，一种产于致密块状矿体的顶底板，两者密切共生，可能与致密块状矿体有成因联系，另一种为单独产出，条带状矿石中金属硫化物呈星点、斑点、粒状、片状、拉长状或长短不等的条带状分布于片状、粒状造岩矿物间，或沿石英片岩和云母片岩的片理分布呈定向排列，组成常见的条纹、细条带。

3）矿石同位素特征

硅同位素组成：根据不同矿石类型的石英及相关岩石的硅同位素组成进行分析，结果表明，块状铜矿石中石英的 $\delta^{30}Si$ 与含矿变质岩系中的斜长角闪岩的 $\delta^{30}Si$ 一致，均为 $-0.2‰$，也与矿体围岩中的石英脉中的石英（$-0.3‰$）相近，但与江浪变质穹窿核部的燕山期花岗岩有所不同，指示了矿床的大部分 Si 质并非来源燕山期花岗岩，来源于含矿变质岩系中的斜长角闪岩，指示了矿床中的 Si 质与含矿岩系中的火山-沉积作用密切相关。

铅同位素组成：姚鹏等（2008）将不同类型的矿石以及相关地质体的铅同位素数据投影在 Doe 等的铅同位素组成图中，显示块状铜矿石与层纹状铜矿石同位素组成相似，均集中分布在大陆边缘铅演化趋势线上，表明他们的矿质具有相同的来源，即来源于含矿岩系形成时的大陆边缘环境。

硫同位素组成：金属硫化物同位素统计表明，硫化物的 $\delta^{34}S$ 变化范围为 $+1‰～+10‰$，离散度为 $9‰$，平均值 $+7.4‰$，比较富集重硫同位素；不同硫化物按其 $\delta^{34}S$ 平均值大小顺序是黄铜矿（$+7.7‰$）＞磁黄铁矿（$+7.5‰$）＞闪锌矿（$+5.54‰$），为一异常顺序；各类型矿石同一种硫化物的硫同位素组成无明显差异。如磁黄铁矿 $\delta^{34}S$：含矿变质岩系（$+7.43‰$）；顺片理分布的浸染状、条带状矿石（$+7.8‰$）；块状矿石（$+7.24‰$）。对黄铁矿亦然，上述硫同位素组成特征表明李伍铜矿的矿石与含矿沉积变质岩系的硫是来自海水硫酸盐中所含的重硫与海底火山活动自深部带来的原始硫的混合源，在变质成穹过程中所产生的变质作用和地壳的局部部分熔融使硫同位素组成趋于均一化，并未给该成矿系统带入新的异源硫。

姚鹏等（2008）对李伍铜矿与团块状矿石密切相关的结晶粗大的黑云母晶片进行了 $^{40}Ar/^{39}Ar$ 激光阶段加热法的定年测试，黑云母的年龄值为（135.52 ± 0.82）Ma，等时线年龄值为（135.52 ± 0.77）Ma，这一年龄值与区域上，由韧性伸展拆离形成的变质穹窿阶段（傅昭仁等，1997；颜丹平等，1994，1997）一致，说明区域变质作用或成穹过程中的改造成矿作用发生在燕山期。

4）围岩蚀变

围岩蚀变以磁铁矿化为主，广泛分布于李伍岩群中岩带（Pt_2l^2）上、下两个含矿层位，含矿带近矿围岩除磁黄铁矿化强烈外，还具有硅化、斜长石化、电气石化、黑云母化、绢云母化、绿泥石化、电气石化。

5）控矿条件

区域构造控矿：李伍铜矿受区域构造控制极为明显，产于西昌—滇中地区新元古代大陆边缘陆弧体中西侧的火山-沉积变质岩带中，由火山沉积变质岩系李伍岩群组成一个个具有独特特征的江浪穹窿构造。

断裂构造控矿：含矿层受穹窿构造层间滑脱断裂控制，是上部矿体重要控矿断裂，断裂沿两种不同岩性界面形成，其形成时间晚于区域变质作用。致密块状、角砾状、网脉-团块状等富矿石，多产于层间滑脱断裂或层控断裂中及其接触带附近，表明断裂构造不仅提供了容矿空间，而且随变动的动热变质作用促使矿质进一步改造富集。

褶曲控矿：沿含矿层常发育规模不大的牵引褶曲，呈连续背向斜，褶曲强烈地段的上下层虚脱部位，往往有金属硫化物的富集，形成富而厚的矿体。

地层、岩性控矿：李伍铜矿床及其矿化带主要赋存于上元古界李伍岩群中部岩带$(Pt_1 l^2)$一套沉积变质岩夹变质火山岩中。

3. 矿床成因类型

早期认为李伍铜矿床是中温热液成因，20世纪70年代，有学者认为其属沉积变质成因，后来又提出了"火山喷流沉积-变质改造矿床"其主要依据如下所述。

(1)矿床具同生原始沉积特点，产于海进沉积旋回的下部泥砂质交替沉积变质岩夹变质火山岩中，严格受层位控制；矿体具多层性，呈层状、似层状、透镜状产出，产状与围岩基本一致；矿石结构构造中沉积特征的标志明显。

(2)铜矿化与火山活动有成因关系，含矿层位中富含有海底喷发的基性、碱性(钠质)火山岩及钠长石晶屑，矿化带与火山岩空间关系十分密切。江浪组中段中部含铜量较其他层位高，特别是其中的变质基性、碱性(钠质)火山岩普遍含金属硫化物，有时本身就构成铜矿体，显示铜来源火山活动，沿矿体顶底及其附近广泛分布有含电气石石英脉和电气石脉，产状与岩石片理基本一致，多已被矿化，这种脉体可能为海底火山喷流岩。

(3)矿床具有某些变质改造成矿特征，矿床中某些矿体中心为致密块状矿石，向西侧渐变为条带状、浸染状矿石。矿石与围岩界线呈过渡关系。含矿层中褶皱发育的地段和背斜轴部矿体厚大，品位富，而向翼部变薄，品位贫化。矿石呈他形粒状变晶结构，斑状变晶和粗条带、弯曲构造等。矿石内脉石矿物与围岩中的变质矿物基本一致。

(4)含矿层内铜质有局部迁移、富集、改造原来变质层状铜矿体的现象。在层滑断裂带及其附近产生致密块状、角砾状，网脉-团块状等富矿体，这是断裂使变质层状铜矿铜质发生重熔、迁移、富集，并再沉淀，显示了一定程度的改造富集作用。

(5)对区内3件黄铁矿的电子探针分析，黄铁矿中Co含量为0.065%～0.307%，Ni含量为0.005%～0.012%，$\omega(Co) > \omega(Ni)$，对24件磁黄铁矿中$\omega(S)/\omega(Se)$计算结果为2000～12000，均显示内生成因特点。

(6)闪锌矿单矿物分析统计表明，$\omega(Fe)/\omega(Cd)$为19～81，$\omega(Ga)/\omega(In)$为改造、迁移、富集，最终形成了工业矿床。矿床内某些矿体的变质分异，塑性流动和变质成因的矿石结果构造等现象的存在足以佐证。

(7)岩石的硅同位素、铅同位素及硫同位素特征表明，矿床形成于海相火山-沉积成矿作用，经历了变质作用改造富集成矿。

因此，李伍铜矿成因类型属火山沉积变质型。

(二)区域成矿特征

1.区域成矿背景

李伍式铜矿处于羌北—扬子板块(YZB),松潘—甘孜造山带(SG)南部,木里—锦屏山弧形推覆断裂带(MC),锦屏山断裂西侧的江浪穹窿中(图4-11)。根据《中国成矿区带划分方案》(徐志刚等,2008),李伍式铜矿处于Ⅰ级特提斯成矿域,Ⅱ级巴颜喀拉—松潘成矿省,Ⅲ级南巴颜喀拉—雅江—九龙 Li-Be-Au-Cu-Zn 水晶成矿带,Ⅳ级九龙地区加里东—印支构造及火山活动有关的铜、锌、金、稀有矿成矿带。

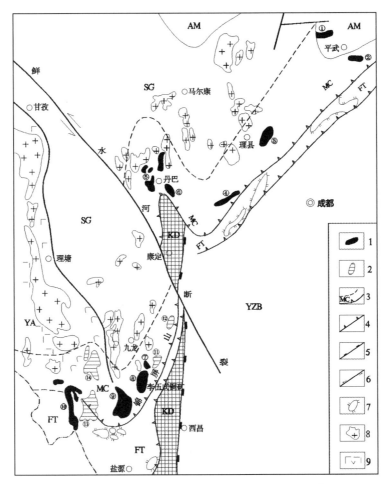

图 4-11 李伍式铜矿区域地质简图
(据许志琴等,1992)

1.变质核杂岩;2.隐伏的变质核杂岩;3.大陆斜坡变质核杂岩;4.逆冲推覆带;5.古裂谷边界断层;6.走滑断层;7.飞来峰;8.花岗岩体;9.三叠纪岛弧钙碱性火山岩

YZB.扬子板块;KD.康滇地轴;FT.前陆逆冲推覆带;SG.松潘—甘孜造山带;YA.义敦岛弧带;AM.若尔盖地块;MC.木里—锦屏山弧形推覆带

①.摩天岭;②.轿子顶;③.雪隆包;④.雅思德;⑤.公差;⑥.格宗;⑦.踏卡;⑧.江浪;⑨.长枪;⑩.恰斯;⑪.三娅;⑫.田弯;⑬.瓦厂;⑭.唐央

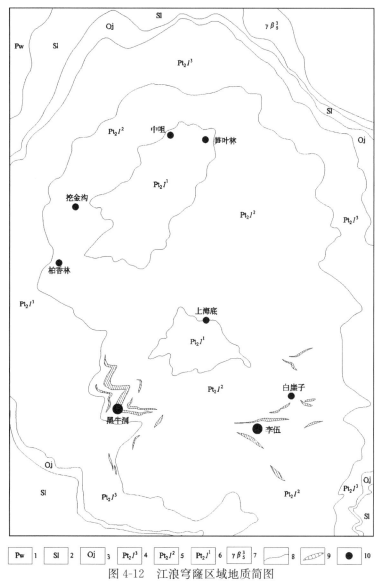

图 4-12　江浪穹窿区域地质简图

1.二叠系乌拉溪岩组；2.志留系甲坝岩组；3.奥陶系江浪岩组；4.中元古界里伍岩群上岩带；
5.中元古界里伍岩群中岩带；6.中元古界里伍岩群下岩带；7.燕山期黑云母花岗岩；
8.地质界线；9.矿（化）体；10.铜矿床

　　木里—锦屏山弧形推覆断裂带内分布有江浪穹窿、长枪穹窿、踏卡穹窿（图 4-11）。江浪穹隆是李伍式铜矿的控矿构造，变质杂岩内部形成有多层次韧性剪切滑脱带，控制了含矿岩地层的分布。李伍式铜矿赋矿层位属中元古代李伍岩群中岩带（Pt_2l^2）、上岩带（Pt_2l^1）中一套变质基性—碱性火山杂岩中。在江浪穹窿上已发现的李伍式铜矿床（点）有：挖金沟、柏香林、笋叶林、上海底、白崖子、黑牛洞、白崖子、李伍、中咀等（图 4-12），均出露在江浪穹窿的核部（图 4-13）。近年来，开展的危机矿山接替资源勘查项目，该类型矿床取得较大突破。以黑牛洞铜矿为代表，研究李伍式铜矿的成矿条件、成矿要素及成矿模式，对指导寻找该类型矿床十分有益。

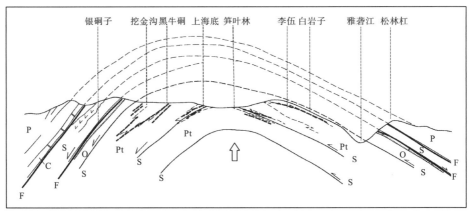

图 4-13　江浪穹窿剖面示意图
(据四川省地质构造与成矿，2015)

2.黑牛洞铜矿床特征

四川省里伍铜业股份有限公司与成都地质矿产研究所(2008～2011 年)开展的李伍铜矿接替资源勘查项目，在李伍铜矿西侧的黑牛洞矿区(图 4-12)，累计完成机械岩心钻探 25539m，坑探 855m，新增 331+332++333 铜金属量 31 万余吨，锌金属量 20 万余吨。黑牛洞铜矿床与李伍铜矿床均赋存在中元古界变质杂岩李伍岩群中岩带(Pt_2l^2)，含矿岩层特征见图 4-8，矿体产状受江浪穹窿环状滑脱构造带控制，呈似层状、薄透镜状、脉状产出。

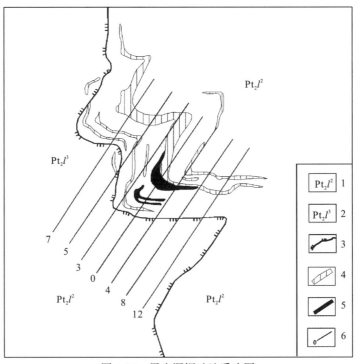

图 4-14　黑牛洞铜矿地质略图
(据成都地质矿产研究所资料，2011 修编)

1.李伍岩群中岩带；2.李伍岩群上岩带；3.岩带分界线；4.蚀变带；5.平面投影矿体；6.勘查线及编号

1)矿床地质

（1）矿体特征

在黑牛洞矿区，共圈定了 4 个工业矿体（I_3、II_4、II_{5-1}、I_{1-1}），其中矿体 I_3 为主矿体。矿体在平面上呈雁列状展布，受江浪穹窿构造中层间滑脱断裂控制，矿体平面展布方向同滑脱断裂走向一致（图 4-14）。

I_3 矿体：为黑牛洞—大水沟矿段的主要矿体（图 4-15），呈似层状产出，走向北西—南东，倾向南西，倾角为 20°～41°，地表出露长度 1450m，控制矿面延伸宽度为 915m，埋深 0～596m。矿体主要由块状含黄铜矿磁黄铁矿矿石组成，仅见少量为浸染状、条带状矿石。矿体厚度为 1.03～17.54m，平均厚度为 6.02m。矿体以铜、锌矿化为主，矿体平均品位 Cu 为 2.83%、Zn 为 1.56%，单矿体资源量达中型规模。

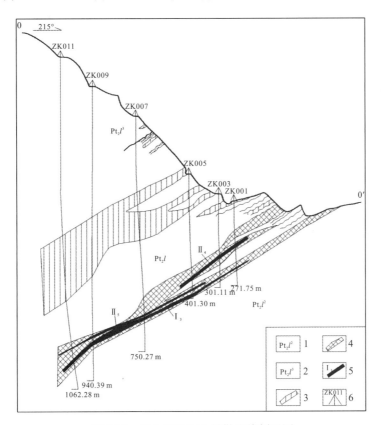

图 4-15 黑牛洞矿区 0 号勘查线剖面图
（据成都地质矿产研究所资料，2011 修编）

1. 李伍岩群中岩带；2. 李伍岩群上岩带；3. 蚀变带；4. 矿化带；5. 矿体及编号；6. 钻孔及编号

I_{1-1} 矿体：呈似层状，位于 I_3 矿体下部，多由块状含黄铜矿、磁黄铁矿矿石组成。矿体呈似层状产出，走向北西，倾向南西，倾角为 20°～41°，矿体走向长 252m，倾向长 338m，矿体最大铅直厚度为 13.33m，最小厚度为 2.06m，拼接厚度 7.05m。矿体平均品位：Cu 为 4.20%、Zn 为 0.71%。

Ⅱ₄矿体：呈似层状展布，总体走向北西，倾向南西，倾角为 20°～41°，呈层状、似层状。矿体走向长 656m，倾向长 715m，埋深 537m。矿体主要由浸染状、条带状含黄铜矿闪锌矿磁黄铁矿矿石和块状硫化物矿石组成，块状矿石较Ⅰ₃号矿体少。矿体平均厚度 2.66m，平均品位：Cu 为 0.60%、Zn 为 3.37%。

Ⅱ₅₋₁矿体：分布于Ⅱ₄矿体与Ⅱ₃矿体之间，范围小，矿体呈似层状展布，总体走向北西—南东，倾向南西，倾角为 20°～41°，走向长 251m，倾向长 221m，矿石为浸染状-条带状。矿体厚度为 1.14～6.48m，厚度变化大，矿体品位：Cu 为 0.22%～0.98%、Zn 为 0.05%～0.35%。

（2）矿石特征

矿石成分较为简单，各矿段矿石成分差异不大，原生金属矿物以磁黄铁矿、黄铜矿、闪锌矿为主，其次有少量黄铁矿、方铅矿。次生金属矿物不发育，仅在地表氧化带见有褐铁矿、孔雀石、铜蓝以及铁、铜、锌、铅的硫酸盐矾类矿物。非金属矿化以石英、白云母、黑云母、绢云母、绿泥石为主，其次为石榴子石、角闪石、电气石、长石等。

矿石结构主要有他形粒状结构、片状变晶结构、溶蚀残余结构、交代残余结构、固溶体分离结构。矿石构造均较为简单，以致密块状为主，其次为条带状、浸染状构造，少数为网脉状、团块状构造和角砾状构造。

矿石类型分为致密块状、浸染状矿石、脉状、团块状石英脉型矿石和角砾状矿石。

2）围岩蚀变

蚀变类型主要有黑云母化、电气石化、斜长石化、硅化、绢云母化、绿泥石化。根据野外及镜下观察，蚀变作用经历了早期黑云母化、斜长石化，中期电气石化、硅化到晚期绢云母化和绿泥石化的演化，成矿与晚期蚀变作用关系密切。

3. 区域成矿特点

1）区域成矿作用

火山-沉积、韧性剪切塑性流变和脆韧性滑脱，是形成李伍式富铜矿床不可或缺的成矿作用。火山-沉积为富铜矿带来了重要的矿源；剪切塑性流变使矿质发生活化、迁移；而脆韧性的滑脱使富矿最终形成定位。因此，这三种成矿作用通过不同的时间，在同一地域进行叠合，构成了独特的"三位一体"的叠加成矿模式。

2）矿源层与成穹构造的关系

李伍式铜矿床的形成与中元古界李伍岩群这一特定的矿源层有关，与穹窿构造内先期堆垛层的后期成穹构造作用有关。继印支期末区域褶皱造山后，燕山期进入陆内碰撞造山阶段，锦屏山推覆构造形成并持续向南—南东逆冲叠置，进一步发展导致后缘出现伸展，并伴有深部重熔花岗岩侵位上拱，早期堆垛层面理 S₃发生褶皱变形形成具有背形形态的热穹窿，后期沿平行 S₃面理出现重力滑脱及部分挠曲虚脱构造，在有岩浆热液参与的中高温成矿流体萃取围岩中含矿物质沿重力滑脱-拆离构造发生充填，工业矿体最终形成。李伍、黑牛洞、中咀等铜矿床的形成受江浪穹窿构造的控制。在四川省境内中生代扬子陆块边缘裂谷系形成的穹窿构造还有长枪、踏卡，其地质背景与江浪穹窿相似，形成在长枪、踏卡穹窿构造发育区域，有寻找李伍式铜矿床的良好背景。

3）区域成矿期次及成矿阶段划分

根据野外观察和室内矿物共生组合及矿石组构特征研究，李伍式铜矿形成定位的主成矿过程可划分为中高温热液成矿期和中高温热液蚀变、中低温硫化物沉淀两个阶段，前一个成矿阶段以形成黑云母化为特征的蚀变，伴有少量磁黄铁矿形成，后一成矿阶段以发育中低温绢云母、绿泥石化和大量硫化物沉淀为特征。

4）成因类型

根据《四川省铜矿潜力评价 2012》对矿床成因类型的划分，李伍式铜矿床属于火山沉积变质成因，成矿环境具有中高温、封闭还原、流体富挥发分等特征。

(三)成矿要素及成矿模式

1.成矿要素

通过李伍式火山沉积变质型铜矿成矿规律研究，李伍式铜矿成矿要素如表4-5所示。

表 4-5　李伍式铜矿成矿要素

成矿要素		描述内容
特征描素		产于中元古界李伍岩群李伍段的火山沉积变质型铜矿床
区域成矿地质环境	地质构造背景	扬子陆块西缘与三江系所属巴颜喀拉地块（Ⅱ级）结合部，上扬子陆块西侧雅江残余盆地南部边缘隆起带（Ⅲ级）南缘的九龙残余地区火山沉积变质铜矿成矿带（Ⅳ级），江浪穹窿核部杂岩内
	成矿地质环境	穹窿状杂岩是李伍式铜矿特定含矿构造，变质杂岩内部以多层次韧性剪切滑脱带为特征，并控制了含矿岩石-地层的分布和含矿带的产出
	成矿时代	中元古界李伍岩群($Pt_2 l^{1-2}$)
	含矿地层及岩石组合	李伍岩群($Pt_2 l^{1-2}$)绢云石英岩、黑云绢云（长石）石英岩、黑云变粒岩、斜长角闪岩、黑云绢云石英片岩、黑云绢云片岩为主，即石英岩-变粒岩-斜长角闪岩-片岩组合
	火山沉积与成矿	前南华纪李伍岩群沉积期海底基性火山喷发+喷气（热液）沉积，形成原始矿源层
	变质作用与成矿	含矿岩系经历多期变形变质作用，达绿帘-角闪岩相，属中压变质相系，并形成顺层剪切滑脱带及 S2 变形面理褶叠层构造，S3 主片理置换 S2 形成 S3 主片理密集滑脱层及多层次滑脱带
区域成矿地质特征	控矿构造	变质杂岩内部以多层次韧性剪切滑脱带为特征，并控制了含矿岩石-地层的分布和含矿带的产出
	岩矿石类型	云母石英片岩为主，部分为片状石英岩、黑云绢云片岩或石英片岩与它们的过渡带，部分矿体产于斜长角闪岩旁侧
	物质来源	钠质火山活动
	变质作用	以区域变质作用为主，变质级别为低绿片岩相
	围岩蚀变	磁黄铁矿化、黄铜矿化、闪锌矿化，硅化、斜长石化、电气石化、黑云母化、绢云母化、绿泥石化

2.成矿模式

李伍式铜矿成矿经历两个阶段，即喷发-沉积阶段和变质改造阶段。

喷发-沉积阶段初期，扬子陆块西缘海底基性、碱性火山岩浆携带大量成矿物质（富含 Cu、Pb、Zn 等热液流体），随火山喷发一起进入海水中，呈悬浮状态。在后期，在适宜的条件下，大部分 Cu、Pb、Zn 与 S 结合沉淀，形成黄铁矿、闪锌矿、方铅矿、磁黄铁矿与砂泥质浊流沉积层、基性熔岩等沉积下来，形成初始矿源层（图 4-16）。

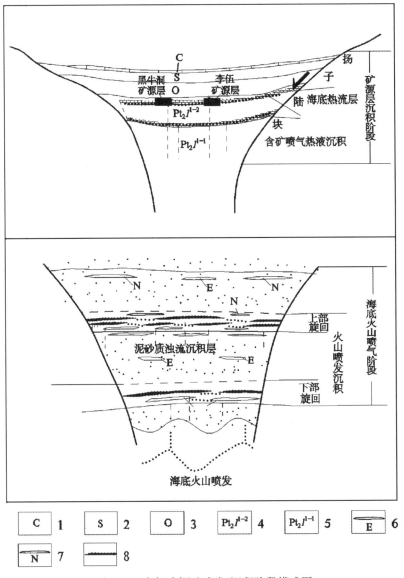

图 4-16　李伍式铜矿喷发-沉积阶段模式图
（据四川省铜矿潜力评价资料，2012 修编）

1.泥砂质浊流沉积层；2.喷气热液沉积层（原始矿源层）；3.间隙性喷气热液；4.火山碎屑浊流沉积层
（具韵律）；5.火山沉凝灰岩及钠质熔岩；6.变基性岩；7.变基性岩（熔岩）；8.初始矿源层

变质改造阶段，经海底火山喷发-沉积后形成初始矿源层，经晋宁、澄江等运动，初始矿源层随着江浪变质穹窿的形成，李伍岩群同生矿源层受区域变质作用成矿。燕山晚期穹隆成穹→矿源层矿质活化形成浸染状矿，并在燕山后期顺层剪切机制持续控制下，部分沿片理密集滑脱层及剪切滑脱带充填形成富矿体，（图 4-17）。

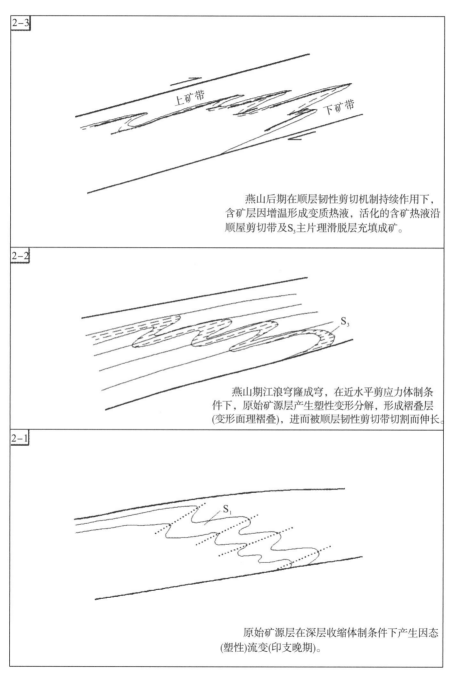

2-3

燕山后期在顺层韧性剪切机制持续作用下，含矿层因增温形成变质热液，活化的含矿热液沿顺屋剪切带及S_3主片理滑脱层充填成矿。

2-2

燕山期江浪穹窿成穹，在近水平剪应力体制条件下，原始矿源层产生塑性变形分解，形成褶叠层（变形面理褶叠），进而被顺层韧性剪切带切割而伸长。

2-1

原始矿源层在深层收缩体制条件下产生因态（塑性）流变（印支晚期）。

图 4-17　李伍式铜矿变质改造阶段模式图
（据四川省铜矿潜力评价资料，2012 修编）

(四)找矿标志

1. 层位标志

赋存火山岩和火山碎屑沉积变质岩的层位,是最有利的含矿层位。

2. 蚀变标志

蚀变标志有浅色层、绿色层、深色层和浅色绿泥石带。

(1)浅色层常与含矿层紧密伴生,特别是上矿化带尤为显著,它不仅是确定含矿层的标志层,也是明显直接的找矿标志。

(2)绿色层(近矿绿泥石石英片岩、片状绿泥石英岩明显增多)呈明显的浅灰绿色,多与含矿层相伴产出,特别是下矿化带尤为明显,也是确定含矿层的一个明显标志。

(3)浅色绿泥石带(去铁绿泥石)厚达30～200m,延长较连续,分布范围与含矿层大体一致,因此也是一个明显标志。

(4)深色层,在含矿部位有薄层或条带状含炭质绢云母片岩。

3. 矿物标志

含电气石石英脉和电气石脉常与含矿层相伴产出,特别是在层间滑动断裂或层控断裂中和其附近更为显著,它无疑是确定含矿层位的一个明显标志。

四、淌塘式铜矿

淌塘式铜矿密集分布于会理、会东地区,共包括淌塘、大箐沟、洪发、黎溪、黑箐等矿床(点)(图4-18),累计探明2个中型铜矿床。淌塘铜矿床位于会东县南东方向约30km,勘查、科研工作始于1958年,2006年提交了地质报告,共圈定了7个工业矿体,铜平均品位为1.10%、金平均品位为0.30g/t,探获铜金属资源量五万余吨,伴生金资源量1400kg,矿床规模为小型,工作程度较高,作为淌塘式铜矿的典型矿床。

(一)淌塘铜矿床特征

1. 矿区地质

1)地层

矿区出露地层为中元古界会理群淌塘组(Pt_2tt)、第四系(Q_4)。淌塘组(Pt_2tt)自下而上可分为Pt_2tt^1、Pt_2tt^2、Pt_2tt^3三个岩性段(图4-18),含矿地层主要为淌塘组第二岩性段(Pt_2tt^2),各岩性段特征如下所述。

　　淌塘组第一岩性段（Pt_2tt^1）：下部灰色凝灰千枚岩夹灰岩透镜体，细粒变晶结构、千枚状构造，含少量钙质夹青灰色结晶灰岩透镜体；上部灰—灰白色砂板岩与灰白色凝灰千枚岩互层夹白云质大理岩透镜体，板理发育。

　　淌塘组第二岩性段（Pt_2tt^2）：下部紫红色含铁凝灰千枚岩，细粒鳞片变晶结构、千枚状构造，中部为炭质凝灰质千枚岩夹凝灰质千枚岩、板岩等，含层状、似层状铜矿体；上部为凝灰千枚岩夹粉砂岩。

　　淌塘组第三岩性段（Pt_2tt^3）：杂色（紫红、灰白、黄灰色为主）凝灰质千枚岩，主要成分为凝灰质，次为铁质、炭质、绢云母等，构成淌塘向斜的核部地层。

地层系统				代号	柱状图	厚度/m	岩性描述
界	系	群	组	段			
中元古		会理群 Pt_2HL	淌塘组 Pt_2tt	第三岩性段	Pt_2tt^3	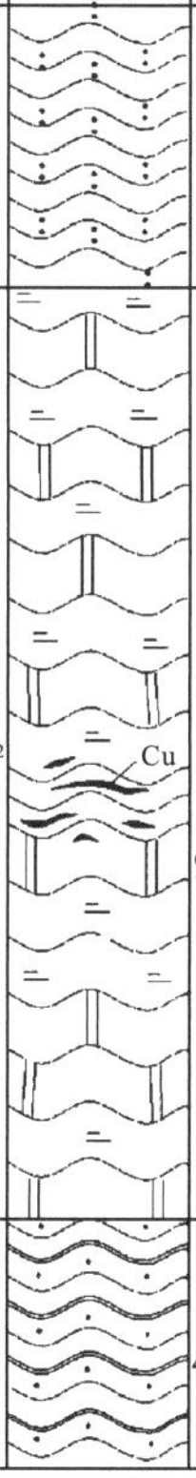	220	杂色凝灰千枚岩颜色主要有紫红色、灰白色、黄灰色，细粒鳞片变晶结构，千枚状构造。主要物质成分：凝灰质、铁质、炭质及少量绢云母
古				第二岩性段	Pt_2tt^2 Cu		928.10	上部： 灰色凝灰千枚岩，灰—深灰色，具鳞片变晶结构，千枚状构造。主要成分：凝灰质、炭质、绢云母，少量铁质，夹褐黄色砂质、粉砂质板岩。 中部： 炭质凝灰质绢云千枚岩，炭质凝灰千板岩；深灰色—灰黑色炭质绢云千枚岩；铜矿赋存部位。 下部： 紫红色含铁凝灰千枚岩细粒鳞片变晶结构，千枚状构造主要成分为凝灰质、铁质及少量绢云母。
界				第一岩性段	Pt_2tt^1		494.82	凝灰千枚岩夹炭质砂质板岩、灰岩透镜体灰白色，细粒变晶结构，鳞片变晶结构；千枚状构造，含少量钙质。

图 4-18　淌塘铜矿含矿地层柱状图

　　2）构造

　　区内构造线方向以南北向为主，其次为北西向、北东向（图 4-19）。

　　南北向组：由淌塘向斜及一系列断层组成。淌塘向斜，轴向近南北，核部为会理群淌塘组第三岩性段（Pt_2tt^3），矿区范围内主要出露东翼，由淌塘组（Pt_2tt^1）、（Pt_2tt^2）组成，东翼产状 65°∠40°。与矿体关系较密切的主要有 F_2、F_3、F_4、F_5 断裂带，其次为 F_1、F_9 断裂，性质为韧脆性—脆性，总体倾向西，倾角为 65°~85°。

　　北西向组：见于矿区南部，有 F_6 断裂带，走向北西，倾向北东，倾角为 60°，断层性质为压扭性，可见构造角砾岩，局部见滑劈理。断层对工业矿体的南延有破坏作用，同时亦对矿体产生后期改造富集。

北东向组：总体走向45°左右，倾角较陡，有 F_{12}、F_{13} 断层，为张性断裂。

3）岩浆岩

在矿区北部有一北东走向石英钠长岩体分布，基性岩脉偶有出露，主要为辉绿辉长岩脉，辉绿岩脉，见于北东部。

石英钠长岩体呈岩株产出，地表长4100m，宽110～320m，总体走向北东，沿 F_{13} 张性断裂破碎带侵入，划分为边缘相、过渡相、中心相。

边缘相：角砾岩，灰色，角砾状、块状构造，角砾成分主要为泥晶灰岩、结晶灰岩、千枚岩、砂质板岩、钠长岩、次为石英，少量方解石角砾，角砾呈棱角状，少数呈次棱角状，大小不一，一般为5～10cm，最大可达15cm，含量为60％左右；胶结物为长英质，金属矿物为镜铁矿、黄铁矿，镜铁矿呈细粒结晶结构，含量约3％左右。

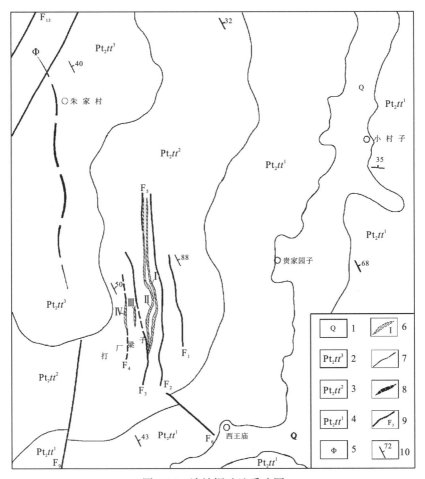

图 4-19　淌塘铜矿地质略图
（据四川省地质矿产勘查开发局四〇三队资料）

1.第四系；2.会理群淌塘组第三岩性段；3.会理群淌塘组第二岩性段；4.会理群淌塘组第一岩性段；5.钠长岩(脉)；6.平面投影矿体及编号；7.地质界线；8.向斜；9.断层及编号；10.岩层产状

　　过渡相：灰色、肉红色角砾状石英钠长岩。角砾状、块状构造，角砾成分主要为钠长岩，次为结晶灰岩、大理岩、石英，少量方解石。次棱角状—浑圆状，大小一般为1~4cm，最大可达15cm，含量约20%左右；具黄铁矿、镜铁矿、黄铜矿化，镜铁矿呈短柱状浸染状分布，黄铁矿呈细粒星点状分布，晶形主要为五角十二面体，次为立方体，黄铜矿多沿黄铁矿边缘分布，总体含量小于1%。

　　中心相：石英钠长岩。灰白色略带紫红色，中细粒结晶结构，块状构造，主要成分为钠长石、石英、具弱黄铁矿化。

　　4) 变质作用

　　区内变质作用早期经历区域变质作用，泥质岩石变成千枚岩、片岩或板岩；碳酸盐岩结晶为大理岩。后期热动力变质叠加，使各类岩石蚀变加强，岩石的矿物组合趋于复杂，矿体富集程度增高，在有利部位形成富矿体。

　　2. 矿床地质

　　1) 矿体特征

　　淌塘铜矿床共有7个工业矿体，主要系隐伏盲矿体，将Ⅰ、Ⅱ、Ⅲ、Ⅳ其投影于地表(图4-19)。其中Ⅰ、Ⅱ号矿体为主矿体，工程控制程度较高。各矿体剖面上呈层状、似层状，局部有分支现象(图4-20)。矿体受构造影响呈"S"状弯曲。其余矿体延伸短，厚度薄，大多呈扁豆状、透镜状，规模较小。

　　Ⅰ号矿体为最大的工业铜矿体，赋矿岩石为炭质千枚岩、石英脉较发育，硅化、碳酸盐化较强，主要为隐伏的铜矿体，呈层状、似层状，局部呈分支复合。倾向延伸较大，矿体总体走向近南北，向西陡倾，倾角为68°~89°，平均为79°，矿体长760m，最大厚度为35.9m，平均厚8.3m，铜平均品位为1.17%。

　　Ⅱ号矿体位于Ⅰ号矿体上部，走向近南北向，走向长850m，倾向延伸210m，赋矿岩石为炭质凝灰质千枚岩，矿体呈层状、似层状，出现分支，走向上呈稳定的层状延伸，向西陡倾，倾角为74°~81°，矿体最大厚度为15.4m，平均厚度为4.75m，铜平均品位为0.91%。

　　2) 矿石特征

　　矿石矿物主要有黄铜矿、斑铜矿、辉铜矿、蓝辉铜矿、铜蓝、黄铁矿，次为辉钴矿、硫镍钴矿、辉钼矿、针镍矿、闪锌矿、针铁矿、磁铁矿、假像赤铁矿等。氧化矿物主要为蓝铜矿、赤铜矿、孔雀石及自然铜。脉石矿物为石英、绢云母、炭质、铁白云石、方解石、绿泥石、长石等。

　　矿物共生组合：辉钴矿-黄铁矿-黄铜矿-石英、辉钼矿-黄铜矿、硫镍钴矿-黄铜矿、针镍矿-黄铜矿-长石、自然铜与赤铜矿紧密共生。

　　矿石结构：中细粒不等粒粒状变晶结构、交代残余结构、充填交代结构、残余假像结构、微晶结构。

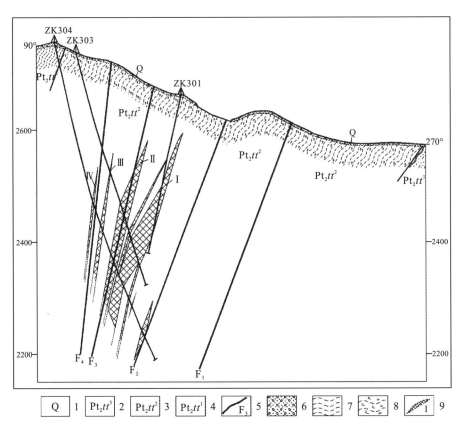

图 4-20　淌塘铜矿 3 号勘查线剖面图
（据四川省地质矿产勘查开发局四〇三队资料修编）

1.第四系；2.淌塘组第三段；3.淌塘组第二段第二层中亚层；4.淌塘组第二段第二层下亚层；
5.断层；6.坡、残积及冲洪积堆积层；7.千枚岩；8.炭质千枚岩；9.铜矿（化）体

中—细粒不等粒粒状变晶结构：主要金属矿物黄铁矿、黄铜矿、斑铜矿、辉钴矿等呈半自形-它形粒状，它们常以单晶或集合体形式嵌于脉石矿物之中。

交代残余结构：黄铁矿、闪锌矿被黄铜矿、针镍矿等交代。

充填交代结构：黄铜矿沿黄铁矿颗粒缝充填交代，呈网脉状分布。

残余假象结构：黄铜矿交代赤铁矿而留下赤铁矿的假象。

矿石构造：主要为浸染状、条纹状、条带状及薄膜状构造，次为团块状构造。

浸染状构造：金属矿物黄铁矿、黄铜矿、铜蓝、斑铜矿、辉铜矿等呈细小的他形粒状或集合体，稀疏地沿脉石矿物的间隙或裂隙呈浸染状分布。金属矿物含量为 10％～20％，多者达 30％，为区内铜矿体的主要构造。

条纹状构造：黄铁矿、少量黄铜矿等粒状集合体顺炭质千枚岩千枚理富集并与脉石矿物相间平行构成条纹或条带，条纹宽 0.01～0.02cm，条带宽 0.3～0.5cm，为①号矿体的主要构造。

角砾状构造：金属矿物黄铁矿、黄铜矿、铜蓝、斑铜矿等胶结构造角砾岩，形成角砾状矿石。

细网脉状构造：斑铜矿、黄铜矿等金属硫化物呈细小粒状集合体沿网脉状裂隙充填而形成。

薄膜状构造：孔雀石等次生氧化矿物沿炭质千枚岩千枚理、劈理面、裂隙面呈薄膜状分布而形成。

3）围岩蚀变

与矿化有关的围岩蚀变主要有硅化、铁白云石化、碳酸盐化、钠化、石墨化、褐铁矿化。

硅化：石英呈不规则脉状、网脉状、团块状，多沿断裂破碎带和裂隙充填，在石英脉体中或边缘富集。

碳酸盐化：与硅化相伴，少数单独出现，在碳酸盐脉或团块处黄铜矿、黄铁矿化较发育。

钠化：由含钠质热液沿构造破碎带运移，交代围岩而成，在钠质热液使围岩中铜质活化迁移富集。

3.矿床成因类型

淌塘铜矿成矿大致分为火山-碎屑岩沉积阶段和褶皱变质阶段两个阶段。

火山-碎屑岩沉积阶段：淌塘铜矿处于小街岛弧区，在火山活动期，强烈的火山爆发喷出的物质被带入火山活动中心外围，快速堆积形成海底隆起，其边缘近岸浅水环境的淌塘-岩坝弧后盆地是火山沉积的有利场所，火山物质通过分解和火山气液活动可提供丰富的矿质来源。在封闭的还原环境下，赋矿围岩中的铜矿物、黄铁矿成岩后形成初始矿源层，局部聚集形成含铜层。

褶皱变质阶段：随着区内褶皱、断裂构造活动较为强烈、频繁，经区域变质作用、后期热动力变质、岩浆活动等作用，使得成矿物质活化迁移，矿物组合更加复杂，矿化富集程度增高。构造期后含铜热液的运移，使成矿物质产生交代作用；同时发生蚀变作用，主要有绢云母化、铁白云石化、钠化、硅化、褐铁矿化等，表现出明显的后期改造特征，如Ⅰ、Ⅱ号工业矿体。矿体形态受贮矿空间形状影响呈层状、似层状、透镜状，局部膨大。

根据矿体产出部位、矿体形态、产状、赋矿岩石、矿石类型、控矿因素等，淌塘铜矿严格受地层层位、岩性、岩相控制，总体特点有层位、多层位含铜建造的分布的特征，按照四川省铜矿潜力评价（2012）矿床成因类型的划分，淌塘铜矿矿床成因类型属火山沉积变质型铜矿床。

（二）区域成矿特征

1.区域成矿背景

淌塘式铜矿大地构造位于康滇前陆逆冲带中段东缘，北东东向踩马水断裂、麻塘断裂、新铺子—因民断裂及近南北向次级断裂所夹地带(图 4-21),该类型矿床产于中元古界会理群(Pt_2HL),会理群自下而上分为:因民组(Pt_2y)、落雪组(Pt_2l)、黑山组(Pt_2h)、青龙山组(Pt_2ql)、淌塘组(Pt_2tt)、力马河组(Pt_2lm)、凤山营组(Pt_2fs)、天宝山组(Pt_2tb)。淌塘式铜矿主要含矿层为中部的淌塘组(Pt_2tt)与下部的落雪组(Pt_2l),赋矿岩性为一套与海底火山喷发活动有关的火山沉积变质建造。

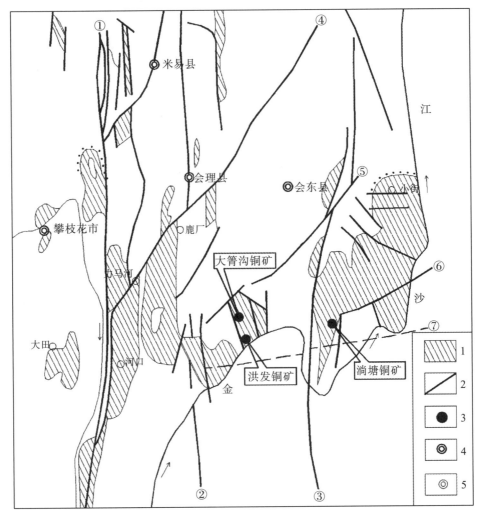

图 4-21　会理—会东地区地质略图
(据晏子贵,刘增达等资料,2009 修编)

1 早—中元古界地层;2 区域断裂;3 铜矿床;4 市(县)位置;5 乡(镇)位置;①昔格达断裂;
②安宁河断裂;③德干断裂;④会宁断裂;⑤踩马水断裂;⑥麻塘断裂;⑦新铺子—因民断裂

淌塘式铜矿受地层、构造-岩浆活动及变质作用控制,多期、多阶段构造-岩浆活动及变质作用,构创了该类矿床良好的成矿地质背景,为成矿提供了有利条件,其中,地层为主要控制因素,含铜建造的分布又与各时期不同地区的岩相古地理密切相关,而不同的含矿地层,每一个地区有各自固定的 1 或 2 个含矿层,如淌塘铜矿严格受会理群淌塘组(Pt_2tt)控制，大箐沟铜矿、洪发铜矿则受会理群落雪组(Pt_2l)、黑山组(Pt_2h)控制，并严格受岩性组合的控制，具明显的时控、层控和岩控特征。以下对会理群落雪组控制形成的大箐沟铜矿床、洪发铜矿床的特征逐一介绍。

2. 大箐沟铜矿床特征

大箐沟铜矿床位于四川省会理县通安镇，地处川滇南北构造带中段与南秦岭东西构造带西延复合部位。出露地层以会理群(Pt_2HL)中下部为主，为一套巨厚的浅变质岩系，包括四个岩组：因民组(Pt_2y)、落雪组(Pt_2l)、黑山组(Pt_2h)、淌塘组(Pt_2tt)，属浅海相复理石建造，其中黑山组(Pt_2h)底部有少量铜矿化，而落雪组(Pt_1l)为区域性含铜层位，控制了本区铜矿的产出及空间分布位置(图 4-22)。区内岩浆岩活动经历四个期次影响，其中晋宁运动早期(同位素年龄 804Ma，1979)的岩浆活动形成的火山岩、次火山岩为本区铜矿的形成提供了主要成矿物质来源。

原四川省冶金地质勘探公司六〇三队(1975)对该矿床提交了普查报告，共圈定 20 个矿体，其中主矿体两个，矿床规模达到中型。

1)矿区地质

(1)地层

矿区主要出露地层为会理群浅变质岩系的因民组(Pt_2y)、落雪组(Pt_2l)、黑山组(Pt_2h_1)，呈北西—南东向展布，会理群上亚群淌塘组(Pt_2tt)角度不整合于黑山组(Pt_2h_1)之上，青龙山组(Pt_2ql)被剥蚀该矿区不出露(图 4-22)，其特征由下至上详述如下。

因民组(Pt_2y)：主要岩性组合为浅肉红色、深灰色条带状含磁铁矿白云质粉砂岩，粉砂质白云岩与绢云母粉砂质板岩互层，含火山凝灰物质，夹薄层变余长石石英砂岩数层，局部夹灰色砂泥质白云岩透镜体含铜，普遍含铁质及磁铁矿晶粒，是矿区次要含铜层，地层厚度 20～120m。

落雪组(Pt_2l)：上部主要以青灰色中厚层状含藻白云岩，顶部夹含炭板岩，变白云-炭质角斑层凝灰岩，灰色、灰黑色薄层炭质白云岩，地层厚度 20～196m，为矿区主要含铜地层；下部主要为灰白色、黄白色薄至中厚层状泥砂质白云岩，局部夹薄层粉砂质板岩。

黑山组下段(Pt_2h_1)。上部($Pt_2h_1^3$)以灰色薄层厚层状白云岩、黑色炭质板岩为主，夹变余粉砂岩及凝灰角砾岩、深灰色薄层状粉砂质绢云母板岩与变余泥质长石石英粉砂岩互层，夹绢云母板岩和变余泥质微粒白云岩薄层，局部见角斑质层凝灰岩，为次要含铜层。中部($Pt_2h_1^2$)为深灰色—青灰色厚层块状白云岩，硅质条带呈网状分布，局部夹薄层灰色粉砂质板岩，厚 30～268m。下部($Pt_2h_1^1$)为灰黑色薄层至厚层炭质板岩，绢云母板岩夹薄层砂泥质白云岩互层，厚 10～138m。

群组段					厚度/m	柱状图	岩性描述	矿产	备注
界	系	统	阶	带					
中生界	白垩系	下统		小坝组	>150	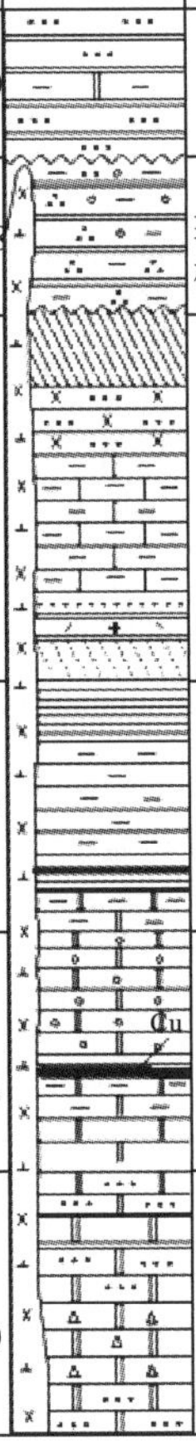	紫红色中—细粒含长石石英砂岩夹同色钙质泥岩，砂岩中斜层理发育，底部有0.5 m的底砾岩	砾岩具铜矿化	
							角度不整合		
中元古界	会理群	下亚群		淌塘组 Pt₂tt 下段	>158		上部为紫红色厚层铁质砂砾岩，下部为紫红色铁质砂岩，含铁凝灰质砂岩，横向变化较大，层理不发育	底部或顶部有透镜体状赤铁矿	
							角度不整合		
			黑山组 Pt₂h	上段	345～500		灰色黄绿色千枚岩，片状变质粉砂岩，钙质千枚岩，局部夹泥质白云凝灰质砂岩		
				下段	340		上部为灰色板岩，灰黑色千枚状板岩夹炭质板岩，下部为黑色板岩夹灰色薄—中厚层状白云岩，局部夹条带状晶屑板岩	底部有铜矿化	
			落雪组 Pt₂l		20～196		灰—青灰色厚层状硅质粉—细晶白云岩，含藻白云岩，上部局部夹板岩，底部内灰色含晶屑泥砂质白云岩，普遍有铜矿化，含迭层石	底部为区域性含铜层位	
			因民组 Pt₂y		20～120		灰色条带状白云质砂板岩，夹大理岩或白云岩，局部夹角砾岩，此层普遍含火山晶屑，具韵律构造，斜层理，局部见冲刷	矿区南部大沙坝一带有赤铁矿	

图 4-22　大箐沟矿区地层柱状图

（据原四川省冶金地质勘探公司六〇三队资料，1975）

（2）构造

矿区以北西向构造为主，被后期北北东向构造错断，同时将矿体错断，区内主干构造为一紧闭倒转背斜，核部为因民组，两翼分布为落雪组及黑山组，地层走向北西—南东，倾向北东，轴面向南西倒转。区内断裂以北西向为主，该组断裂近于平行，也见分枝复合，控制了区内辉长岩体的空间分布，对矿体和含矿层的连续型起严重破坏作用，其次为北北东、北东向次级断裂，该组断裂以中等倾角向东倾斜，使含矿地层及矿体的连接产生短距离位移（图 4-23）。

（3）岩浆岩

区内岩浆岩主要为辉长岩、辉绿岩及闪长岩等，受断裂构造的控制，往往出现在两组断裂的复合相交部位，呈岩脉、岩床、岩墙以及不规则形状产出。

火山岩及次火山岩，主要有角斑岩、细碧岩及变火山角砾岩等火山喷发碎屑物质，大量散布于区内沉积变质岩石中，与铜矿成矿关系密切，是本区铜矿主要成矿物质来源。

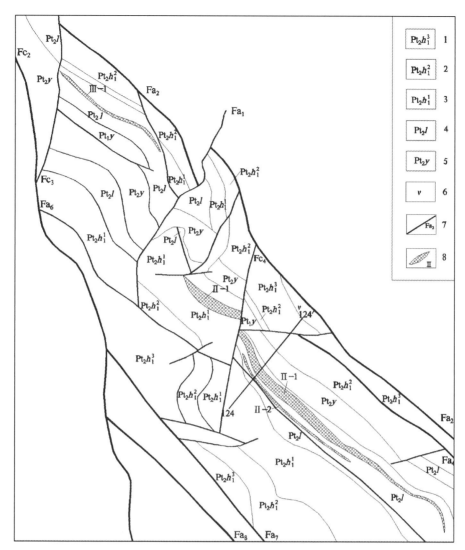

图 4-23　大箐沟铜矿区地质略图

（据原四川省冶金地质勘探公司六〇三队资料，1979）

1.会理群黑山组上段；2.会理群黑山组中段；3.会理群黑山组下段；4.会理群落雪组；
5.会理群因民组；6.辉长岩；7.断层及编号；8.矿体及编号

2）矿床地质

（1）矿体特征

矿区共圈定 20 个矿体，包含两个主矿体，分别为Ⅱ-1、Ⅱ-2，其中以Ⅱ-1 矿体规模
最大，矿体主要赋存在落雪组白云岩中，沿矿体走向方向层位略有变化（图 4-23）。

Ⅱ-1 矿体：产于紧闭倒转背斜东翼落雪组白云岩中，矿体北西段赋存层位偏上，紧
靠黑山组含炭板岩，南东段随含矿白云岩厚度的增大而分枝，形成三个支矿体，赋存层
位偏下靠近因民组（图 4-23）。矿体与围岩产状一致，倾向北东，倾角约为 70°，深部稍有
变缓，受北东向断裂影响，发生错断。矿体长 750m，控制斜深 832m，平均厚度为

4.64m，最厚为 21.52m，铜平均品位为 1.04%，最高达 1.68%。

Ⅱ-2 矿体：与Ⅱ-1 矿体平行，矿体赋存层位较Ⅱ-1 矿体稍高，产状及矿石结构构造等与Ⅱ-1 矿体相同。矿体长 270m，控制斜深 766m，厚度为 1.07～9.42m，铜品位为 0.33%～0.99%（图 4-24）。

其他矿体特征如表 4-6 所示。

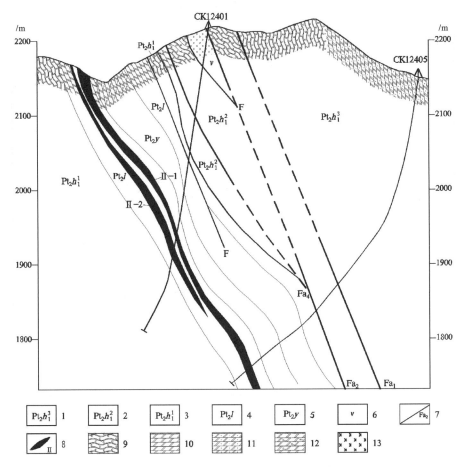

图 4-24 大箐沟铜矿 124 号勘查线剖面图
（据原四川省冶金地质勘探公司六○三队资料，1979）

1. 会理群黑山组上段；2. 会理群黑山组中段；3. 会理群黑山组下段；4. 会理群落雪组；5. 会理群因民组；
6. 辉长岩；7. 断层及编号；8. 矿体及编号；9. 炭质板岩；10. 白云岩；11. 砂质白云岩；
12. 绢云母白云岩；13. 辉长岩

表 4-6 大箐沟矿区矿体特征一览表

序号	矿体编号	矿体长度/m	矿体延伸/m	产状/(°)		矿体形态	矿体厚度/m			矿体品位/%		
				倾向	倾角		最大	最小	平均	最高	最低	平均
1	Ⅱ-1	750	832	81	67	层状	21.52	1.60	4.64	1.68	0.59	1.04
2	Ⅱ-2	270	766	81	68	层状	9.42	1.07	2.59	0.99	0.33	0.78
3	Ⅱ-4	45	55	81	82	层状	1.55	1.00	1.18	1.83	0.53	1.09

序号	矿体编号	矿体长度/m	矿体延伸/m	产状/(°)		矿体形态	矿体厚度/m			矿体品位/%		
				倾向	倾角		最大	最小	平均	最高	最低	平均
4	Ⅱ-7	100	355	55	68	扁豆状	2.19	0.72	1.46	1.08	0.42	0.75
5	Ⅱ-8	100	172	55	69	扁豆状	2.36	1.00	1.27	0.52	0.39	0.47
6	Ⅱ-9	100	176	55	69	扁豆状	2.53	1.00	1.31	0.81	0.81	0.81
7	Ⅱ-3	98	256		80	条带状	1.16	0.62	0.84	0.58	0.52	0.55
8	Ⅱ-6	50	100		65	层状	0.56		0.56	1.26		1.26
9	Ⅱ-10	48	30	174	70	似层状	10.37	1.00	3.34	0.89	0.89	0.89
10	Ⅱ-11	26	20	174	70	似层状	4.44	1.00	1.86	0.60	0.60	0.60
11	Ⅱ-12	100	100		68	扁豆状	1.20	1.00	1.04	0.55		0.55
12	Ⅲ-1	112	50	5	45	似层状	2.32	1.00	1.35	0.85	0.50	0.65
13	Ⅲ-2	318	370		78	扁豆状	1.46	1.00	1.32	0.48	0.38	0.44
14	Ⅲ-3	20	20	273	30	似层状	2.03	1.00	1.26	0.58		0.58
15	Ⅲ-4	20	20	273	30	似层状	1.18	1.00	1.05	0.80		0.80
16	Ⅳ-1	40	10	33	41	条带状	0.81		0.81	0.78		0.78
17	Ⅱ-13	215	61	204	67	条带状	11.55	1.00	3.78	0.59	0.50	0.58
18	Ⅱ-15	40	15	182	60	条带状	3.92	1.00	1.73	0.51	0.51	0.51
19	Ⅱ-14	40	15	182°	60	条带状	1.75	1.00	1.19	0.58	0.58	0.58
20	Ⅱ-16	100	72		52	扁豆状	1.48	1.00	1.12	0.54		0.54

注：数据来源于原四川省冶金地质勘探公司六〇三队资料，1979

（2）矿石特征

矿石矿物组合：铜金属硫化物以黄铜矿为主，其次为斑铜矿、辉铜矿；氧化物有孔雀石、蓝铜矿；伴生矿物主要是黄铁矿、闪锌矿。

脉石矿物：白云石、方解石、长石、石英、黏土及炭质岩屑。

矿石结构：原生结构有不规则微粒结构，隐晶结构，镶嵌结构，似岛状结构，他形粒状结构及次生的为次生交代结构。

矿石构造：主要有层状、浸染状、网脉状、块状、薄膜状构造。

3）围岩蚀变

围岩蚀变主要以绢云母化、碳酸盐化、硅化、绿泥石化、绢云母化、白云石化等为主。

4）矿床成因类型

本区矿体的赋存受岩相变化、沉积古地理环境所制约，具有明显的层控特征，与围岩具有同生性，铜元素的富集程度与火山凝灰质物质的丰度密切相关，后与围岩同时经历区域浅变质作用，进一步改造富集，根据四川省铜矿潜力评价（2012）对矿床成因类型划分，大箐沟铜矿床应属于火山沉积变质型。

3. 洪发铜矿床特征

四川省冶金地质勘查局六〇一大队承担的《四川省会理县芭蕉乡洪发铜矿普查》取得找矿新进展(2012~2014)，累计完成钻探 6840m，槽探 4800m³，共圈定 4 个铜矿体，初步估算 333+334 铜资源量 6 万余吨，具有中型矿床的成矿潜力。

1)矿区地质

(1)地层

矿区主要出露地层为中元古界会理群(Pt_2HL)下亚群：因民组(Pt_2y)、落雪组(Pt_2l)、黑山组(Pt_2h)，含矿层位为落雪组(Pt_2l)，同大箐沟铜矿属同一层位，落雪组(Pt_2l)控制含矿建造空间特征(图 4-24)，含矿岩石为白云岩。

(2)构造

矿区整体为一单斜构造，地层向南东倾斜(图 4-25)。主要构造为北西向、北北西向、北东西向、近南北向断裂构造，其中 F_1、F_2、F_4、F_5 断裂造成矿体沿走向方向不连续。

(3)岩浆岩

矿区岩浆岩为辉长岩，岩体的分布与构造线的展布方向基本一致，呈岩床、岩墙、岩脉产出，分布如图 4-25 所示。

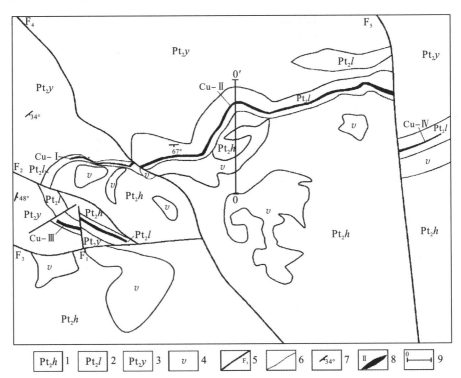

图 4-25　洪发铜矿区地质略图

(据四川省冶金地质勘查局六〇一队资料，2014)

1.会理群黑山组；2.会理群落雪组；3.会理群因民组；4.辉长岩；5.断层；6.地质界线；
7.地层产状；8.矿体及编号；9.剖面位置及编号

辉长岩：为晋宁期侵入岩，呈飘带状，长约 1400m，宽约 12～162m，走向北东，侵位于黑山组灰绿色炭质板岩中，呈黄绿色，辉长结构，块状构造。矿物成分有拉长石、普通辉石、含钛铁矿、磁铁矿、锆石、金红石等。主要发育蚀变有黝帘石化、绿泥石化、碳酸盐化。

（4）变质作用

矿区变质作用以浅变质作用为主，主要形成板岩、千枚岩、细晶白云岩等低级变质岩。

2）矿床地质

（1）矿体特征

Cu-Ⅰ号矿体：矿体产于落雪组中部，呈层状产出，含矿岩石为灰白色细晶白云岩或泥质白云岩，围岩为白云岩。矿体长 870m，厚 4.09m，铜品位为 0.31%～1.67%，平均品位为 0.72%；矿体总的产状 185°∠45°，控制倾向最大延深 450m。

Cu-Ⅱ号矿体：矿体产于落雪组上部，含矿岩石为灰白色细晶白云岩或泥质白云岩，围岩为白云岩。矿体长 750m，厚 3.92m，铜品位为 0.32%～1.34%、平均为 0.78%；矿体产状 145°∠58°，呈层状产出，控制最大斜深 450m（图 4-26）。

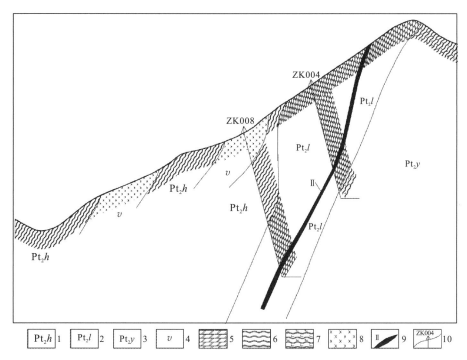

图 4-26 洪发铜矿 00 线勘查线剖面图
（据四川省冶金地质勘查局六〇一队资料，2014）

1.会理群黑山组；2.会理群落雪组；3.会理群因民组；4.辉长岩；5.白云岩；6.板岩；
7.钙质板岩；8.辉长岩；9.矿体及编号；10.钻孔位置及编号

Cu-Ⅲ号矿体：矿体产于落雪组中部，呈层状产出，含矿岩石为灰白色细晶白云岩，围岩为白云岩。矿体长 500m，真厚 3.29m，延深 80m，铜品位为 0.22%～1.67%、平均品位为 0.79%；矿体产状 36°∠61°。

Cu-Ⅳ号矿体：该矿体为ⅡCu号矿体的东延部分。矿体赋存于落雪组中部细晶白云岩或泥质白云岩中，呈层状产出。矿体长 1400m，真厚 1.12～9.92m，平均为 3.56m，铜品位为 0.29%～0.88%，平均为 0.67%。矿体产状 172°∠70°，控制最大深度 110m。

（2）矿石特征

矿石矿物：铜矿石主要金属矿物为黄铁矿、黄铜矿、孔雀石、铜蓝等；脉石矿物主要为白云石、石英等。

铜矿石结构：以他形粒状为主。

矿石构造：以稀疏浸染状为主，次为星点状、团块状、细脉状等。氧化带矿石为皮壳状、葡萄状构造等。

3）围岩蚀变

围岩蚀变主要有硅化、绿泥石化、褐铁矿化、碳酸盐化等，其中硅化与成矿关系密切，但只有具中等强度硅化的岩石才含矿，硅化太强或太弱对成矿均不利。

4. 区域成矿特点

淌塘式铜矿的形成过程，是贯穿于沉积层的形成、成岩及成岩后一系列变化的整个发展过程，其成矿特点具有多阶段性、长期性和复杂性。但是，万变不离其宗，既沉积成因是主要的，是基础，成岩和成岩后的变化主要是使原始沉积物中的物质产生富集、迁移。

1）区域成矿控制条件

矿床赋存于由浅海向深海的过渡部位，赋矿岩相为浅色白云岩与深色白云岩的过渡部位以及由碎屑沉积向化学沉积的过渡部位；铜的富集与藻类关系密切。矿床的形成经历以下两个阶段：①海底火山喷发-沉积期阶段，早期海底火山（中酸性）喷发，从深部带来 Cu 等有益组分，在适宜的条件下，大部分 Cu 等与混合硫结合沉淀出黄铜矿、黄铁矿，形成层状"胚胎矿"或"贫矿层"；②变形变质改造阶段，区域变形变质作用，促使"胚胎矿"或"贫矿层"活化改造，并富集形成变质层状铜矿，但基本保持原来沉积面貌。

2）成因类型

淌塘式铜矿床的成矿物质来源于海底火山喷发沉积，后经区域变质作用改造富集，其成因类型属火山沉积变质型铜矿。

（三）成矿要素及成矿模式

1. 成矿要素

通过对典型矿床成矿规律综合研究，总结出淌塘式铜矿成矿要素如表 4-7 所示。

表 4-7 淌塘式铜矿成矿要素

成矿要素		描述内容
特征描述		产于中元古界会理群淌塘组、落雪组的火山沉积变质型铜矿床
区域成矿地质环境	大地构造背景	扬子古大陆边缘会理裂谷带
	成矿区带	上扬子成矿亚省（Ⅱ-15B），康滇隆起成矿带；康滇成矿亚带（Ⅲ-76）；会理—会东地区元古界火山沉积变质铁铜矿、沉积变质铜矿、铁矿、晋宁期沉积改造铅锌矿及华力西期铜矿成矿区（Ⅳ32）
	成矿时代	中元古代
	沉积相	近海—浅海相，碳酸盐湖坪沉积
	沉积环境	弧间淌塘断陷盆地
区域成矿地质特征	变质作用	区域变质为主，局部热动力变质
	岩矿石类型	富钠质火山岩-次火山岩，黑云母片岩、石英片岩、炭质凝灰质千枚岩、炭质绢云千枚岩、凝灰质绢云千枚岩。炭质绢云板岩、石英绢云千枚岩、石英大理岩、石英白云石大理岩
	赋矿层位	中元古界会理群淌塘组、落雪组
	同位素年龄	K-Ar 年龄值为 1165Ma
	围岩蚀变	硅化、褐铁矿化、绢云母化、碳酸盐化

2.成矿模式

根据淌塘式铜矿的矿床特征研究，成矿物质来源于小街岛弧区强烈的火山爆发喷出的物质，快速堆积形成海底隆起，火山物质通过分解火山气液提供了丰富的成矿物质。在封闭的还原环境下，赋矿围岩中的铜矿物、黄铁矿成岩后形成了初始矿源层，局部聚集形成含铜层。

由于区内褶皱、断裂构造活动较为强烈、频繁，经区域变质作用、后期热动力变质、岩浆活动等作用，使得成矿物质活化迁移，矿物组合更加复杂，矿化富集程度增高。构造期后含铜热液的运移，使成矿物质产生交代作用；同时发生蚀变作用，主要有绢云母化、钠化、硅化、褐铁矿化等，表现出明显的后期改造特征。矿体形态受贮矿空间形状影响呈层状、似层状、透镜状，局部膨大。结合典型矿床特征，淌塘式铜矿的成矿模式如图 4-27 所示。

(四)找矿标志

层位标志：严格受中元古界淌塘组中段的炭质凝灰质千枚岩、落雪组中的凝灰质千枚岩、细晶白云岩等层位控制。

生物标志：铜草发育及老窿密集分布区。

蚀变标志：围岩蚀变强烈地段可提供重要的地表找矿线索。

构造标志：断裂及褶皱构造（或次级）及其交汇部位和转折端。

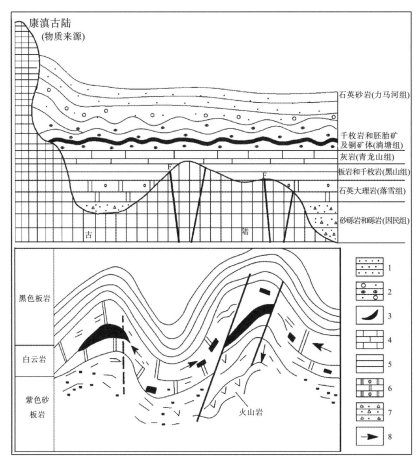

图 4-27　淌塘式铜矿成矿模式图

1.石英砂岩(力马河组)；2.炭质凝灰质千枚岩和胚胎矿；3.铜矿体(淌塘组)；4.灰岩(青龙山组)；
5.板岩和千枚岩(黑山组)；6.石英大理岩(淌塘组)；7.砂砾岩和砾岩(因民组)；8.矿化水运动方向

五、彭州式铜矿

彭州式铜矿主要分布在四川省彭州市、大邑县、芦山县、青川县等地区，共包括马松岭铜矿、通木梁铜矿、黄洞尖子铜矿等矿床，目前已发现小型铜矿床 2 处，矿点 5 处，矿化点 11 处，共探明铜金属量 20 余万吨。马松岭铜矿床位于彭州市北西大宝镇，距市区 40km，矿区面积为 11km²。根据《四川省地质志》，马松岭铜矿在清代开采盛行，是四川省铜矿开采最早的矿区之一。该矿床勘查始于 1951 年，截至 2008 年，累计探明铜资源量 3 万余吨，规模为小型矿床，工作程度高，作为彭州式铜矿的典型矿床。

(一)马松岭铜矿床特征

马松岭铜矿床地处后龙门山推覆造山带中段的彭灌杂岩体内，矿床产于中新元古界黄水河群(PtHS)，为一套海相变质火山岩建造，主要岩性为绿片岩相斜长云母片岩-长英变粒岩-变质熔岩-斜长阳起片岩-绢云石英绿泥片岩-长英片岩，原岩为中基性喷出岩-碎屑复理石岩系，为成熟岛弧环境(刘肇昌等，1996)。根据黄水河群地层年龄数据，硫同位素成分、金属硫化物特征及微量元素反映了马松岭铜矿区存在海相火山活动与海水参与下的沉积作用(杨钻云等，2009)，经历后期区域变质作用，从而形成了马松岭铜矿。

1. 矿区地质

1) 地层

中新元古界黄水河群($PtHS$)由老至新可分三个组：干河坝组(Pt_2gh)、黄铜尖子组($Pt_{2-3}ht$)、关防山组($Pt_{2-3}gf$)，马松岭铜矿产于黄铜尖子组($Pt_{2-3}ht$)，为一套海底火山喷发沉积变质建造，即浅变质的海相砂质、粉砂质、泥砂质沉积岩与海底火山喷发的酸、中、基性凝灰岩频繁交替组成，厚度为 792.1m，可分为四个岩性段，自下而上分为：半截河段、马松岭段、干岩窝段、长岩窝段，其中马松岭铜矿赋存于黄铜尖子组马松岭段($Pt_{2-3}ht^2$)(图 4-28)，地层总厚度为 3202m，各岩性段特征详述如下。

半截河段($Pt_{2-3}ht^1$)：变质岩建造类型属绿片岩建造，原岩为碎屑岩、凝灰岩建造。该段可分下、中、上部：下部以灰色、深灰色片状石墨石英片岩和变粒岩、浅粒岩组成，含少量黄铁矿、磁黄铁矿、黄铜矿、闪锌矿等；中部为深灰绿色钠长阳起绿片岩和钠长角闪岩、片岩，片理不发育，含少许磁铁矿；上部为灰至深灰色块状、纤维状粒状，变粒岩、浅粒岩、钠长阳起绿泥片岩及大理岩组成，岩石均有不同程度金属矿物浸染，大理岩不等粒结构，在该层发育有半截河矿层，厚度为 445m，为第二旋回(图 4-28)。

马松岭段($Pt_{2-3}ht^2$)：变质岩建造类型属绿片岩、变火山岩建造，原岩建造属碎屑岩、沉凝灰质砂岩、沉凝灰岩建造，该段可分为下、中、上部：下部以灰白、浅灰至深灰色块状变粒岩、浅粒岩为主及数绢云石英片岩组成，夹三层石墨石英片岩，金属矿物以浸染状存在，在该层发育有花梯子矿层；中部以灰白、浅灰色、块状、片状变粒岩、浅粒岩、云母、绿泥石英片岩互层，以变粒岩、浅粒岩为主，一般为变余砂状结构，具备具压碎角砾构造，炭质层中含少许金属矿物；上部为浅灰、灰绿色，绿片岩、变粒岩、变质熔岩，包括石英角斑质凝灰岩、变质角斑质凝灰岩、透闪石大理岩、变质凝灰质砂岩、变质凝灰岩，为主要赋矿层位，下部产花梯子铜矿，中上部产马松岭铜矿，总厚度为 698m，为第三旋回，在矿体顶部往往普遍见有一层绿泥蚀变岩、石墨石英片岩，为一标志层。

干岩窝段($Pt_{2-3}ht^3$)：变质岩建造类型属绿片岩建造，原岩为碎屑岩建造，亦可分为下、中、上部。下部为绿色，块状、片状、层状绿泥变质长石砂岩，绢云绿泥石英片岩，绢云片岩、钠长阳起片岩、变粒岩等，中夹薄层石墨钠长石英片岩，新二矿矿层就赋存于下部中；中部以浅灰色、灰绿色、灰色、块状及片状绿泥、绿帘、阳起、斜长、角闪等斜长片岩、石英片岩，变粒岩、片理不发育，新开洞矿层赋于中上部酸性凝灰岩中；上部为浅灰色、灰绿色、块状及片状绿泥、绿帘、阳起、斜长、角闪等石英片岩组成，夹薄层黑云、绿泥变粒岩及阳起片岩、片理发育程度不一，炭质片岩中含金属矿物，地层总厚度为648m，为第四旋回。

长岩窝段（$Pt_{2-3}ht^4$）：主要为中酸性凝灰岩夹炭质灰岩、灰岩、石英岩组成，总厚度为400m，为第五旋回。

图 4-28　含矿地层变质岩建造柱状图

2)构造

马松岭铜矿床总体处于北西向大宝山复式向斜西翼，总体产状 40°～70°∠45°～75°，主要由一系列北西向近平行的紧闭次级褶皱组成，自西向东主要有：老鹰岩向斜、马松岭背斜、瓢儿顶向斜控制含矿地层黄铜尖子组马松岭段（$Pt_{2-3}ht^2$）的展布，如图 4-29 所示，并伴有多条近东西向的横断层，切割错断含矿层，个别见铜矿化。

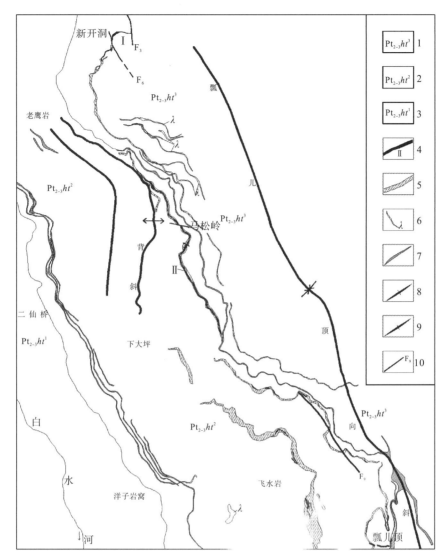

图 4-29　马松岭铜矿地质略图
(据四川省冶金地质勘查局六〇六大队资料修编，2008)

1. 中元古界黄水河群黄铜尖子组干岩窝段；2. 中元古界黄水河群黄铜尖子组马松岭段；
3. 中元古界黄水河群黄铜尖子组半截河段；4. 铜矿体及编号；5. 铜矿化带；6. 变辉绿(玢)岩；
7. 石英片岩；8. 向斜核部位置；9. 背斜核部位置；10. 断层及编号

3）岩浆岩

矿区火山岩分布与黄水河群黄铜尖子组马松岭段（$Pt_{2-3}ht^2$）和干岩窝段（$Pt_{2-3}ht^3$）一致，侵入岩为晋宁期花岗岩，火山岩以晋宁期变质基性辉绿岩为主，对应时代应属晋宁中期或更早，主要为一套海底喷发基性火山岩，该套火山岩为铜矿形成提供了初始物质来源，经后期成岩-成矿作用，形成块状硫化铜矿床。

4）成矿物质来源

马松岭铜矿床的成矿物质来源于火山的喷发，特别是在第三、第四两个大的喷发旋回中，形成了主要的含矿层——马松岭含矿层和新开洞含矿层。

（1）马松岭含矿层：位于本区古火山活动喷发的第三大旋回中，马松岭段的上部，其下盘为变质酸性凝灰岩（变质的石英角斑质凝灰岩，即以白云母石英片岩为），亦即含矿层本身，而矿体是紧位于变质酸性凝灰岩的顶部，与变质中—基性凝灰岩，（即石英绿泥片岩、绿泥片岩、绿泥阳起片岩等）的过渡部位，矿层的远矿围岩向上或向下则逐渐为无矿化的凝灰质砂岩、长石杂岩及粉砂岩。在马松岭主矿体的南端，含矿层则相变为基性凝灰岩含网脉状黄铜矿。

（2）新开洞矿层：位于火山喷发的第四个大旋回之中，含矿属变质酸性凝灰岩，其顶、底板均属同一岩性。

（3）花梯子含矿层与马槽含矿层分属于火山喷发的第三大旋回的第一和第四亚旋回，其岩性基本与新开洞含矿层相似。

马松岭含矿层属酸性凝灰岩，矿体位于顶部与中—基性凝灰岩的交界处，含矿性最好，其中有中酸性凝灰岩中的脉状黄铜矿矿体，品位较高。

4）变质作用

含矿地层中新元古界黄水河群，在晋宁期发生区域变质作用，变质程度达中—高绿片岩变质相，变质作用类型属区域动力热液变质作用，变质岩矿物组合为绿片岩-角闪石英片岩-变粒岩-变火山岩。原岩建造为碎屑岩建造，凝灰质砂岩建造，变质岩建造为绿片岩建造、变火山岩建造。马松岭铜矿主要矿体主要赋存在变质凝灰岩（尤其是酸性凝灰岩）、变质凝灰质白云质灰岩和变质硅质岩中（包括各种过渡类型岩石）。含矿变质凝灰岩在垂直方向和水平方向上均分布较厚、较广。变质凝灰质、白云质灰岩和变质硅质岩则局限于变质凝灰岩中部（垂向上）和中心部位（水平方向），是海底火山活动时的产物，并经海水作用沉积形成，与块状硫化物矿层密切共生（表4-8）。

表4-8　马松岭铜矿含矿层及围岩变质作用一览表

原岩	变质岩	与矿层关系			
		底板	夹层	顶板	距矿层一定距离
变质酸性凝灰岩	白云母石英长石片岩、白云母长石石英片岩、钠长石白云母石英片岩、含绿泥白云母长石石英片岩、浅粒岩、白云母绿帘石石英片岩、白云母变粒岩	√	√	√	√
变质中性凝灰岩	黑云绿泥变粒岩、钠长阳起片岩、石英长石绿泥片岩、绿泥石英片岩、绿帘钠长岩、白云母绿泥片岩	√	√	√	√
变质基性凝灰岩	绿泥片岩、含钛铁矿斜长绿泥片岩、长石石英绿泥片岩		√	√	
变质凝灰质、白云质灰岩	透闪石大理岩、阳起石大理岩		√		
变质硅质岩	石英岩		√		
变质中酸性凝灰岩	变粒岩、二云绿泥石英片岩、阳起石石英片岩	√		√	√

续表

原岩	变质岩	与矿层关系			
		底板	夹层	顶板	距矿层一定距离
变质中基性凝灰岩	黑云绿泥片岩、斜长阳起片岩	√	√	√	√
变质沉凝灰岩	方解绿泥片岩、方解白云母长石石英片岩、长石白云母石英片岩、变粒岩	√		√	√
变质泥质、铁质、炭质杂砂岩	黑云长石石英片岩、含黑云白云母石英片岩、浅粒岩、变粒岩				√

2. 矿床地质

1) 矿体特征

马松岭铜矿床含矿带长达数千米,总体呈北北西向展布,厚度为几米至十几米(图4-29)。含矿带中的工业矿体主要呈复透镜状、透镜状、似层状和层状,局部见有不规则的断块状和脉状等规模很小的矿体。矿体沿走向、倾向均有膨缩、分支复合、尖灭再现等现象,含矿带中共发育两条矿体,各矿体特征详述如下。

Ⅰ号矿体为新开洞矿体,平面呈北东向弧形展布。

Ⅱ号矿体为马松岭矿体,走向北西向,倾向北东东,为主矿体,倾角一般为45°~60°,平均为50°,长1774m,平均宽202m,厚度为2.8m,埋深25~350m,已知矿层的最大延深可达400m,主要赋存在中元古界黄水河群黄铜尖子组马松岭段上部,赋矿岩性为绢云石英片岩(图4-30)。矿石中金属矿物以黄铁矿为主,占金属矿物含量的90%左右,多呈浸染状分布,闪锌矿在矿石中的含量一般为1%~4%,黄铜矿一般为0.8%~3%。

2) 矿石特征

矿石矿物组合:硫化矿物主要有黄铁矿、黄铜矿、闪锌矿、磁黄铁矿,少量斑铜矿、黝铜矿、辉钼矿,方铅矿。

矿石化学成分:矿石中化学元素主要有Fe、S、Zn、Cu、Mn等,其他含有Ag、Au、Pb、Se、Cd、Ga、Ti、V、Co等元素。

矿石结构:主要为自形粒状变晶结构、半自形粒状变晶、他形粒状变晶,次要为斑状变晶、似斑状变晶。

矿石构造:变余层状、浸染状、条带状、透镜状、细脉状、脉状以及多孔状、松散状。

3) 围岩蚀变

矿体围岩主要为绿片岩、变粒岩、变质凝灰岩,包括石英角斑质凝灰岩,透闪石大理岩、变质凝灰质砂岩。围岩蚀变主要有绿泥石化组合、绿帘石化、阳起石化、方解石化及白云石化。

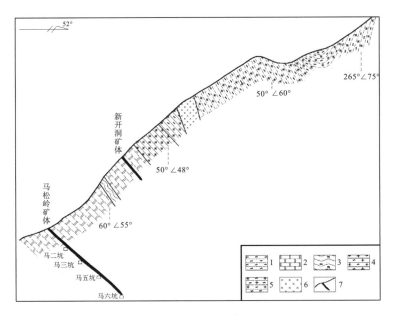

图 4-30　马松岭矿段剖面图

1.绿泥变粒岩　2.白云变粒岩　3.石墨石英片岩　4.绿泥阳起片岩　5.绿泥阳起变粒岩　6.变辉绿岩　7.铜矿体

4)矿床微量元素特征、岩石化学特征

矿床中各金属微量元素的含量与矿物晶体构造、晶格类型、键性、离子电位、负电性、离子半径、离子的极化能力及其他晶体化学特性密切相关，指示了矿床形成的环境（表4-9）。

表 4-9　金属硫化物中成矿元素和微量元素含量（据单矿物定量化学分析）（单位：10^{-6}）

元素	黄铁矿			黄铜矿			雌黄铁矿		
	最高	最低	平均	最高	最低	平均	最高	最低	平均
Ag	60.5	8.0	45.0	201.0	46.5	124.0	13.0	11.0	12.0
Se	162.0	62.0	121.0	975.0	156.0	566.0	78.0	45.0	61.5
S	49.3	46.7	48.375	34.17	32.34	33.255	34.74	28.49	32.11
Te	60.0	1.0	16.40	10.70	2.20	6.45	3.50	2.50	3.00
Mn	209.0	110.0	188.0	289.0	225.0	250.0	415.0	353.0	384.0
In	0.26	0	—	28.0	1.0	14.50	0.55	0.12	0.335
Ga	0.60	0.06	0.33	2.00	0.50	1.25	4.00	1.00	2.50
Co	600.0	<30	—	100	<50	—	200	<10	—
Ni	200.0	<10	—	500	<10	—	50	10	—
Ti	0.5	0.3	0.4						
As	300	0	125						
$\omega(S)/\omega(Se)$	7.195	3.204	4.669	2.073	354	1214	6331	4325	5328
$\omega(Co)/\omega(Ni)$	40.00	1.00	11.39	10.00	0.20	2.89	10.00	2.00	5.67

注：据四川冶金地质勘查局六〇六大队资料，1977

Ag：在方铅矿中含量最高（0.25%），黄铜矿中次之（0.0124%），其他硫化物中含Ag均较低，按其降低的顺序为闪锌矿（0.015%）、黄铁矿（0.0045%）、磁黄铁矿（0.0012%）。据分析结果可知，黄铁矿型矿床（物质来源自地下深处）中各种硫化物所含的Ag远大于生物沉积成因的。在同一矿层中，其中心部位，即接近喷气孔中心一带又较矿层的边缘部位高，Ag显然是一种内生来源的近矿金属元素。

S/Se：在黄铁矿中最高，磁黄铁矿次之，黄铜矿最小。矿层中心部位占的比值较高，这与其他地区的热液矿床相同，说明成矿物质为深部来源，即火山来源。

Co/Ni：以黄铁矿为最高，其次为闪锌矿，然后为磁黄铁矿，最低为黄铜矿。各单矿物中Co/Ni均大于1，说明成矿物质为深部来源。

5）矿床同位素年龄特征

黄水河群地层年龄已有一批同位素年龄数据，用颗粒锆石法获得龙门山地区的钠长阳起片岩的年龄为1917Ma和1993Ma，获得马松岭细碧角斑岩的全岩Sm-Nd等时线年龄为1180Ma；黄水河群的时代为1990Ma～1000Ma。前人曾获得马松岭矿区马五坑含矿层3件样品的矿石Pb模式年龄分别为1045Ma、1190Ma、1212Ma，花梯子矿层矿石Pb模式年龄为1440Ma，表明主体属中元古代，并且马松岭铜矿床的成矿时代与地层时代基本一致。

6）控矿条件

彭州式铜矿床在海底喷发沉积后，后经区域变质及多期次的岩浆侵入的改造，最终在次级断裂、复背向斜构造等低压区富集成矿。

3. 矿床成因类型

对马松岭铜矿床成因类型的认识从20世纪70年代至今基本一致，又略有区别，主要有两种观点，即火山喷流或火山成因块状硫化物矿床（VMS矿床）和火山沉积变质型矿床。

1）火山喷流或火山成因块状硫化物矿床

元古代到早古生代早期的海相火山活动和火山岩特征对铁、铜多金属块状或浸染状硫化物矿床的形成十分有利（姜福芝等，2005），研究区的地层年龄数据、硫同位素成分、金属硫化物特征及其微量元素含量均证实了川西龙门山地区元古代海相火山岛弧活动的发生和海水参与下沉积作用的存在，确定川西龙门山地区变质火山碎屑岩系中发育的一系列黄铁矿型铜矿床属于火山喷流或火山成因块状硫化物矿床，即VMS矿床，通过研究个测试数据和分析典型矿床红果特征，得出以下结论。

（1）矿体顺层产于黄水河群黄铜尖子组中，严格受层位控制。

（2）铜矿体及围岩中有较多的火山物质，主要来源于火山岛弧构造环境中产出的彭灌杂岩。

（3）成矿年代和地层年代一致，同位素年龄为1440Ma～1045Ma，即产于中元古代。

（4）Ag、Se、Te、Ga、Mn、In等元素显示了较好的水平分带，这一现象可能与元素本身的活动性和火山活动及海水同时参与的作用有关。

2)火山沉积变质型

20 世纪 70 年代,四川省冶金地质勘查局六〇六大队、成都理工大学研究认为是火山喷发沉积变质矿床,主要依据如下所述。

本区六大含矿层,自上而下从铜厂坡至核桃坪 $\delta^{34}S$ 为 13.2~6.39,说明喷发出的 S 同位素成分在海底沉积是一定程度上受了重硫较多的古海水作用(前寒武纪古海水 $\delta^{34}S$ 为 3.0~1.0,说明成矿物质来自地壳深部内生源和外生沉积作用)。

本区 6 个含矿层均无例外赋存于海相沉积的火山碎屑岩(凝灰岩)或沉凝岩中,其次赋存在火山喷气-喷流并经沉积作用的镁质灰岩和硅质岩中,均赋存火山-沉积旋回的中下部,火山熔岩、次火山岩和正常沉积的砂岩、灰岩中均无矿,说明矿层形成与海底火山活动和海底沉积作用紧密相关。

矿体受层位、地层层理整合,层状、似层状、复透镜状产出,或沿层理方向规则叠置彼此平行(不含局部后期贯入脉状矿),矿层中有较多沉积岩薄层,具有变余层状构造。

矿石中非金属脉石矿物,在矿物种类、粒度上与围岩完全相同,矿石中金属硫化物百分含量、非金属矿物间的比例(按组成岩石的比例)总是不变,说明金属硫化物是在沉积时机械地混入成岩的沉积物中,非热液交代形成。

元素的原生分散晕狭长,沿走向为 2.5~2.75km,一般宽小于 20m,且与一定层位一致,从剖面上看顶板晕发育宽阔,底板很窄,也是火山沉积作用的特点,即含矿气液喷出前,先沉积的岩石,很少或不含成矿元素,故底板晕狭窄;含矿气液喷出后,分散在海水中,成矿物质呈胶状沉积,故顶板晕很宽。

变质特点明显,矿体大都为规模的与片理面整合一致的透镜状、复透镜状,围岩以片理与块状矿体接触,随围岩片理弯曲而弯曲;紧贴矿体的围岩中的矿物,均绕矿体表面作定向排列,矿石中金属硫化物都具定向性,(与围岩片理方向平行一致)并与矿石中的平行片理的非金属矿和围岩中的平行片理的造岩矿物彼此平行一致;矿石中皱纹状、显微片麻状、肠状、鞍状、条带状、透镜状和复透镜状、角砾状、椭球状、浑圆状构造发育,各种变晶结构、压力结构、定向压碎、定向裂纹发育,金属硫化物晶粒定向压扁(拉长)、定向裂纹节理等发育,说明这是区域变质的特点。

(二)区域成矿特征

1. 区域成矿背景

彭州式铜矿地处扬子陆块与松潘—甘孜褶皱系结合的的龙门山推覆造山带,汶川—茂县断裂与北川—映秀大断裂所夹持的龙门山推覆造山带中段。龙门山推覆构造带中包括三大杂岩体,即南段宝兴杂岩体(A)、中段彭灌杂岩体(B)、北段的轿子顶杂岩体(C)(图 4-31),杂岩体内岩性主要有基性辉长岩、中性闪长岩、酸性花岗岩为主,零星出露前南华纪火山沉积变质岩,从而构成一条北东向的海相火山沉积变质型铜多金属矿成带。从彭灌一直到广元一带，铜矿床均赋存在杂岩体内，呈北东向展布，形成了马松岭铜矿、通木梁铜矿、黄铜尖子铜矿、槽子沟铜矿等彭州式铜矿床。

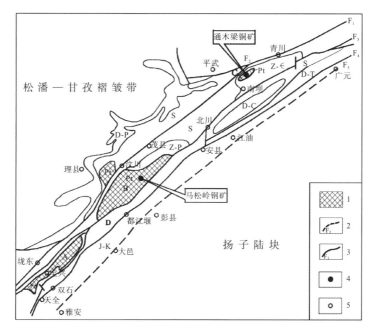

图 4-31　龙门山推覆造山带区域地质简图（据四川省区域地质志，1994 修编）

1.元古界地层；2.区域隐伏断裂；3.区域断裂；4.铜矿（点）床；5.城镇

A.宝兴杂岩体；B.彭灌杂岩体；C.轿子顶杂岩体

F_1.青川—平武断裂；F_2.汶川—茂汶断裂；F_3.北川—映秀断裂；F_4.安县—马角坝断裂；

F_5.前缘隐伏广元—大邑断裂

龙门山推覆构造带是彭州式铜矿的区域控矿构造，该带是由不同时代、构造环境、类型的若干地体组成，其成因与板块俯冲作用有关（黎功举等，1995），以一系列中—晚元古界变质-岩浆杂岩核、古生界、三叠系以来构成的规模巨大的逆冲推覆构造为特征，具有中元古界海底火山喷流成矿和印支—燕山期热液叠加-动力改造的复杂成因类型（杨钻云等，2009）。

2.区域成矿特点

1）区域成矿控制条件

（1）火山沉积建造

区域内已发现的铜矿床（点）均赋存于中元古界黄水河群，为一套海底火山喷发沉积变质建造，主要岩性为绿片岩相斜长云母片岩-长英变粒岩-变质熔岩-斜长阳起片岩-绢云石英绿泥片岩-长英片岩等。原岩为玄武质、安山质、英安流纹质凝灰岩-碎屑复理石岩系，为一套含铜火山沉积建造，为矿床的形成提供了物源。

（2）构造

彭州式铜矿产出区域，地质构造复杂，以北东向茂汶、映秀断裂等区域性深大断裂为主，其次伴随的各类次级褶皱、断裂构造也极为发育，为成矿物质的活化迁移并富集成矿提供有利的条件，同时控制矿床的形成与分布。

2）区域成矿作用

（1）岩浆作用

区域内晋宁—澄江期岩浆活动强烈。主要有超基性岩、辉长岩、辉绿岩、闪长岩、花岗闪长岩、斜长花岗岩、钾长花岗岩等。在彭灌杂岩的中南段，晋宁—澄江期中酸性侵入岩大面积分布，主要属形成于俯冲有关火山岛弧环境的 I 型及 S 型花岗岩。因此，区域岩浆活动为矿床形成提供了丰富的物质来源。

（2）变质作用

区域内元古界黄水河群与晋宁—澄江期超基性岩、辉长岩、辉绿岩、闪长岩、花岗闪长岩、斜长花岗岩、钾长花岗岩等岩体接触带附近，围岩蚀变主要有绿泥石化组合、绿帘石化、阳起石化、方解石化及白云石化等，与成矿关系密切的蚀变主要由硅化、绢云母化、碳酸盐化，是彭州式铜矿形成的重要要素。

3）成因类型

彭州式铜矿床的成矿物质来源于海底火山喷发沉积，后经区域变质作用改造富集，其成因类型属火山沉积变质型铜矿。

（三）成矿要素及成矿模式

1. 成矿要素

通过彭州式铜矿成矿规律研究，总结出彭州式铜矿的成矿要素如表 4-10 所示。

表 4-10　彭州式铜矿成矿要素

成矿要素		描述内容
特征描述		产于中元古代黄水河群黄铜尖子组的火山沉积变质型铜矿床
地质环境	成矿系列	前南华纪海相火山-沉积岩相铜多金属成矿系列
	成矿时代	中元古代
	构造背景	扬子西缘复杂地体构造带，上扬子成矿亚省（Ⅱ）龙门山基底逆推带（Ⅲ）都江堰火山沉积变质铜矿成矿区（Ⅳ）
	成矿环境	岛弧构造环境下海底火山活动使幔源含矿火山气液、含矿火山喷发（碎屑）在有利环境沉积形成铜多金属矿层，后经变质-构造热液改造富集成矿
	地层岩石建造	赋矿地层为中元古界黄水河群黄铜尖子组中、上段，岩性为绿片岩、石英角斑质凝灰岩、变质角斑质凝灰岩
矿体特征		矿体呈似层状、层状，平均厚度 2.8m，平均品位为 Cu 0.98%，Zn 为 1.34%
结构构造		自形半自形粒状变晶结构、他形粒状变晶结构、斑状、似斑状变晶结构；变余层状构造、变余凝块状构造、块状、次块状、稠密浸染状、条带状、透镜状构造
蚀变		硅化、绢云母化

2.成矿模式

马松岭铜矿床形成时代古老，经历了长期复杂因素的影响和改造，具有海底喷发沉积，经历沉降、成岩作用，后经区域变质、褶皱回返，以及多期次的岩浆侵入的复杂过程，最终致使含矿元素活化迁移，在褶皱及层间滑脱构造等低压区富集成矿（图4-32）。

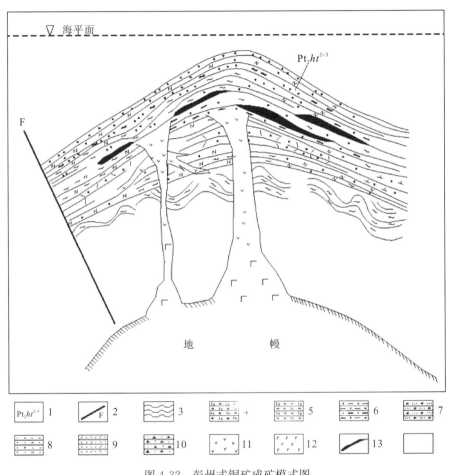

图4-32 彭州式铜矿成矿模式图
（据四川省铜矿资源潜力评价，2012）

1.中元古界黄水河群黄铜尖子组中、上段；2.断层；3.基底地层；4.斜长阳起片岩；5.钠长阳起绿泥片岩；
6.石墨石英片岩；7.绢云母石英片岩；8.斜长石英片岩；9.基-中基性火山岩；10.中酸性火山岩；
11.超基性岩；12.基性玄武岩；13.含铜、锌黄铁矿层

（四）找矿标志

含矿岩石经变质而成的变粒岩、浅粒岩、绿泥阳起片岩、绿泥石英片岩厚度大，分布于较稳定的地段。

构造破碎带背核部、断裂构造转折交汇处往往是该区成矿的有利部位。

矿物标志：金属硫化物的存在，黄铁矿色深、重结晶强等特征标志可能有矿且较好。

Cu 的富集与伴生元素含量变化标志：因 Ag、Co 与 Cu 呈正消长关系，故 Ag、Co 高对成矿有利，而 Se 与 Cu 呈反消长关系，故 S/Se 越低，越不利于成矿。

矿化蚀变标志：绢云母化、硅化、孔雀石化等蚀变与矿化关系密切，可作该区找矿的直接标志。

第二节　斑岩型铜矿

一、概况

斑岩型 Cu(-Mo-Au) 矿床（以下简称斑岩型铜矿）是世界范围内最重要的铜矿类型，其储量超过了世界铜金属储量的 50%；而在我国，已探明储量也占全部铜矿床储量的一半以上。

斑岩铜矿是指在成因上和空间上都与斑状结构的中酸性浅成侵入岩体有关，并具有钾化、青磐岩化蚀变矿物晕和铜、钼、铅、锌地球化学晕的岩浆期后中至高温热液形成的细脉浸染型硫化物矿床。四川省斑岩型铜矿主要分布在川西义敦—沙鲁里岛弧带，盐源—丽江前陆逆冲-推覆带。

该类矿床形成与造山期回返及构造期后的中酸性深—浅成侵入体密切相关。其成矿以印支期和燕山期为主，多属浅成的接触带式斑岩矿床。含矿岩体以花岗闪长斑岩、花岗闪长岩为主，次之为黑云母花岗岩和二长花岗岩，常呈岩株、岩脉侵位于二叠世、三叠世变质的砂岩、板岩及火山碎屑沉积岩中。四川省斑岩型铜矿根据产出的时代不同分为西范坪式和昌达沟式。

二、西范坪式铜矿

西范坪式铜矿主要分布在四川省盐源县、木里县、永宁县境内，包括西范坪、普尔地、萝卜地等矿床点，目前已发现中型矿床 1 个，含矿斑岩体 26 个。

西范坪铜矿床（又称马角石铜矿床）位于四川省盐源县桃子乡模范村所辖，分布范围北起大坪子一带，南抵模范村一线，西自 56 号岩体的达其，东止邻大黑依。南北长约为 1200m，东西宽约为 1100m，面积约为 1.391km^2。

四川省地质矿产勘查开发局攀西地质队（1995~1997 年）开展对该矿床开展普查工作，重点对 80 号岩体进行评价，1998 年提交普查地质报告，圈出了 3 个矿体，获得中型规模铜矿资源储量（333+334）级 14.03 万吨，综合研究不够，工作程度低。四川鑫顺矿业股份有限公司（2011~2012 年）对西范坪铜矿床（马角石铜矿床）进行详查，2013 年提交详查报告，矿床规模达到中型，工作程度高，作为西范坪式铜矿的典型矿床。

(一)西范坪铜矿床特征

西范坪铜矿床位于扬子地块盐源—丽江台缘拗陷与玉树—中甸地块义敦岛弧带的结合带，盐源中生代拗陷盆地西南边缘，木里—盐源推覆体前缘，隐伏的东西向与南北向构造交汇部位，产于拗陷构造边界断裂与基底构造交汇处。斑岩体成群产出，岩性主要为石英二长斑岩，少量正长斑岩与钾质煌斑岩相伴产出。成岩年龄集中在 $40Ma\sim30Ma$，岩性分带不明显，岩石蚀变强烈分带明显，铜矿化与钾长石-黑云母关系密切，含矿斑岩体为喜马拉雅期黑云母石英二长斑岩，主矿体产于巨—粗粒黑云母石英二长岩中。

1.矿区地质

1)地层

矿区出露地层主要为上二叠统及三叠系，地层走向北东—南西向，由于受斑岩体侵位，岩层均受到不同程度的接触变质(图 4-33)。

二叠系上统乐平组(P_2l)：上部主要为灰绿色凝灰质细砂岩与砂砾岩互层，下部深灰色砂页岩、灰黑色泥岩夹炭质岩互层，底部为黄褐色砂砾岩、细砂岩、砾岩，与下伏峨眉山玄武岩呈假整合接触，厚 500~830m。

三叠系下统青天堡组(T_1q)：该岩层为矿区斑岩岩浆的主要侵位围岩，亦是铜矿化富集的层位，分布于矿区的中、南部，为一套滨海相紫红色的碎屑岩、砂泥质岩。该岩层根据岩性可分为三段：砾岩段、中细粒砂岩段和细粒砂岩段，与下伏峨眉山玄武岩假整合接触，产砂岩铜矿，厚 500m。

2)构造

褶皱构造：主要为西范坪复式背斜，长大于 5km，宽 2~2.5km。轴部走向北北东向，向南倾伏。轴部为峨眉山玄武岩，翼部分别为二叠系上统乐平组及三叠系下统青天堡组，由于断层破坏而使西翼出露不全，控制 80、42 号等岩体的分布。

断层构造：主要为成岩成矿前断层构造，按其展布方向分为北北东向、北西向、北东向和东西向，其中前两组较发育。

北北东向断层：分布于矿区西部，有两条走向北东 5°~7°断层，断层间有一北西向分支断层与其相交构成"入"字断层。矿区的绝大部分岩体均位于该断层的东部。

北西向断层：有三条走向 300°~335°断层，一条位于矿区北部，该断层与北东断层交汇处有斑岩体分布，岩体展布方向与断层方向一致。一条位于矿区南部砂岩中，为后期断层，地表可见不含矿石英细脉。

东西向断层：矿区中北部，见有一条走向约 77°的断层，该断层西端有 87 号斑岩体沿断层分布。详查区内有一条近东西向断层位于 80 号岩体中部角闪石英二长斑岩内，可见构造破碎角砾，但未见有矿化现象。物探推断在西范坪至大黑衣屋基之间存在一条近东西向

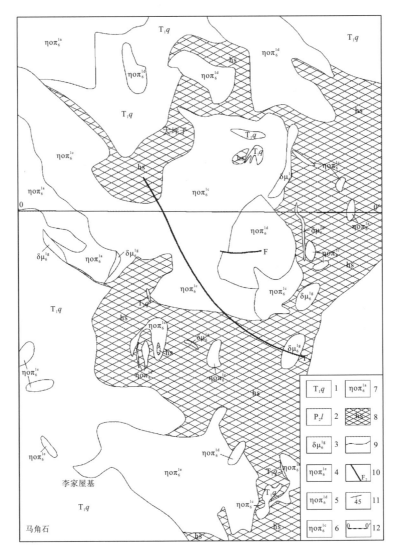

图 4-33　西范坪铜矿矿区地质略图
(据四川鑫顺矿业股份有限公司资料，2011 修编)

1.三叠系下统青天堡组；2.二叠系上统平乐组；3.闪长玢岩；4.中细粒黑云母石英二长斑岩；
5.中细粒(角闪)辉石、石英二长斑岩；6.巨(中)粗粒　黑云母石英二长斑岩；7.巨(中)粗粒角闪石英二长斑岩；
8.青磐岩化带(角岩带)；9.地质界线；10.断层及编号；11.岩层产状；12.实测剖面

的深大断裂，走向约 280°，矿化岩体主要分布在该断裂两侧，推测可能为矿化期断层。

　　3)岩浆岩

　　渐新世早期，区内岩浆活动频繁，中细粒斑状石英二长斑岩序列的各单元多次侵位，形成复式岩体。西范坪斑岩铜矿区在 $1.391km^2$ 范围内，已出露有 6 个岩体及部分 88-1、88-2、56 号岩体。其中以 80 号岩体最大，136 号岩体最小(表 4-11)，均侵入中下三叠统青天堡组地层中，呈岩株、岩脉、岩枝产出，为被动式浅成-超浅成侵入相。岩体的流面产状为 $40°\sim55°/70°\sim80°$，岩石类型以中粒黑云母石英二长斑岩($\eta o\pi E_2^d$)为主，次为细粒(角闪)辉石石英二长斑岩($\eta o\pi E_2^c$)，粗粒黑云母石英正长斑岩($\xi o\pi E_2^b$)及闪长玢岩等。斑岩中主要矿物有斜长石、钾长石、石英、黑云母、角闪石、辉石等，副矿物组合为磁铁矿、磷灰石、锆石、榍石、金红石、黄铁矿，具细—微粒，隐晶-细晶，细晶粒状镶嵌结构。斑岩具多期次特征，常形成复式岩体，据 K-Ar 法年龄测定，属喜马拉雅期（35.8Ma~31.0Ma）成岩，时代与玉龙斑岩铜矿带相当。

表 4-11 西范坪岩体分布特征表

岩体号	岩体代号	长度/m	宽度/m	岩石类型名称	含矿与蚀变
80	$\eta o\pi E_6^{c,d}$ $\xi o\pi E_2^b$	950	550	中细粒黑云母石英二长斑岩、细粒角闪石英二长斑岩、粗粒黑云母石英正长斑岩	主要含矿岩体
58-1	$\eta o\pi E_2^d$	180	60	中细粒黑云母石英二长斑岩	周边为角岩带
58-2	$\eta o\pi E_2^d$	120	25	中细粒黑云母石英二长斑岩	周边均为角岩，含矿岩体
58-3	$\eta o\pi E_2^d$	50	20	中细粒黑云母石英二长斑岩	周边均为角岩，含矿岩体
150	$\eta o\pi E_2^d$	120	10	细粒（角闪）辉石石英二长斑岩	蚀变角岩中，含矿岩体
136	$\eta o\pi E_2^d$	40	10	中细粒角闪石英二长斑岩	青磐岩化角岩中

区内岩浆活动的主要时期是喜马拉雅期，为中酸性的浅成—超浅成复式岩体，具斑状结构，岩石类型以石英二长斑岩为主，次为闪长玢岩。侵入顺序是巨（中）粗粒角闪石英二长斑岩→巨（中）粗粒黑云石英二长斑岩→中细粒角闪石英二长斑岩→细粒黑云石英二长斑岩→闪长玢岩。各类岩石间接触关系为脉动式。同一斑岩群中多有不同类型斑岩体相伴产出，形成复杂斑岩群，部分斑岩体由不同期次不同类型岩石组成复式斑岩体。除个别较大的斑岩体具分异外，一般斑岩体分异现象不明显，现分述如下。

巨（中）粗粒角闪石英二长斑岩（$\eta o\pi_6^{1a}$）：斑晶为巨（中）粗粒长石、石英、角闪石，其中可见石英次生加大现象。岩体总体含矿性差，蚀变微弱或无，个别可见弱褐铁矿化。

巨（中）粗粒黑云石英二长斑岩（$\eta o\pi_6^{1c}$）：斑晶为巨（中）粗粒长石、石英和黑云母，偶见角闪石。该类型岩石为 80 号岩体主要矿化岩石，出露于详查区中部两沟之间及其两侧。受剥蚀和风化，地表表现为硅化、高岭土化、绢云母化，地表矿化弱。

中细粒角闪石英二长斑岩（$\eta o\pi_6^{1d}$）：斑晶以中细粒长石、角闪石为主，少量石英，在接触带附近还可见少量黑云母斑晶。岩体中偶见弱角岩化，岩石致密，未见矿化。

细粒黑云石英二长斑岩（$\eta o\pi_6^{1e}$）：斑晶以细粒长石、石英为主，少量黑云母，偶见角闪石。岩石总体蚀变微弱，含矿性差。

闪长玢岩（$\delta\mu_6^{1g}$）：具较弱的绢云母化和硅化，个别围岩具弱角岩化。

4）变质作用

岩体围岩接触变质可分为：阳起石黑云母角岩带、阳起石绿泥石角岩带、板岩带，具中心式面型热液交代蚀变特点，由内至外为：石英-钾长石化带、石英-黑云母-钾长石化带、绢云岩化带、青磐岩化带（方解石绿泥石化带）、伊利石-蒙脱石化带（表生蚀变）。

2.矿床地质

1)矿体特征

西范坪铜矿床经详查，共圈出3个矿带16个矿体，Ⅰ矿带产于80号斑岩体中部，已圈出8个矿体，其中Ⅰ-1、Ⅰ-2、Ⅰ-3为主要矿体(图3-34)；Ⅱ矿带产于80号斑岩体东侧及南侧接触带，已圈出7个矿体，其中Ⅱ-1、Ⅱ-2、Ⅱ-3为主要矿体；Ⅲ矿带产于80号斑岩体西南侧角岩带中，已圈出1个矿体，(表4-12)。

表 4-12　西范坪铜矿带特征表

| 矿体编号 | 规模/m | | | 形态 | 产状 | 品位/% | 赋矿岩体与矿体类型 |
	长度	宽(厚)度	深度				
Ⅰ	450	350	350	椭圆形	292°/32°	0.46	80号岩体中细粒石英二长斑岩中
Ⅱ	220	35	340	透镜状	70°/70°	0.27	80号岩体外接触带的角岩中
Ⅲ	134	70	250	透镜状	292°/32°	0.40	58号岩体外接触带的角岩中

Ⅰ矿带：主要矿体产于80号岩体中部次生富集带中，矿体为隐伏状，矿体埋深25～220m，南、东埋深较小，北、西埋深较大；矿体长590m，东西宽265～613m，平均391m，呈似层状产出，矿体底界略向西倾，倾角一般为0°～30°。矿带从上到下可分为3个主要矿体，Ⅰ-1矿体长590m，分布在08～15线，厚度为4～157.99m，厚度变化系数为95.08%，平均品位铜为0.49%，金为0.10×10^{-6}，钼为0.02%，品位变化系数为70.89%；Ⅰ-2矿体长590m，分布在08～15线，厚度为3.5～60.0m，厚度变化系数为36.84%，铜平均品位为0.33%，金为0.09×10^{-6}，钼为0.01%，品位变化系数为51.07%；Ⅰ-3矿体长280m，分布在01～15线，厚度为5.3～83.96m，厚度变化系数为78.86%，铜平均品位为0.45%，金品位为0.17g/t，钼品位为0.02%。其余矿体基本情况如表4-13所示。

表 4-13　西范坪铜矿Ⅰ号矿带其他矿体特征表

| 矿体编号 | 南北长/m | 东西宽/m | 厚　度/m | 矿体品位 | | | 所处位置 |
				Cu/%	Au/(×10⁻⁶)	Mo/%	
Ⅰ-4	200	100～200	4.00～33.07	0.29		0.02	原生带
Ⅰ-5	150	100～200	4.00～8.00	0.27		0.03	原生带
Ⅰ-6	250	50～250	3.66～15.00	0.32		0.02	原生带
Ⅰ-7	100	200	4.00～6.00	0.28		0.02	次生富集带
Ⅰ-8	100	200	7.00～7.50	0.39	0.16	0.01	次生富集带

Ⅱ矿带：分布于80号岩体东侧及南侧外接触带的角岩带上部，投影地表总体形态呈反L形。南北向矿体长度为400m，倾向东，倾角为64°～76°；东西向西矿体长350m，

倾向南，倾角为 20°～60°。从上到下可分为 3 个主要矿体。Ⅱ-1 矿体厚度为 6.93～60.70m，厚度变化系数为 36.38%，铜平均品位为 0.34%，金品位为 $0.08×10^{-6}$，钼品位为 0.02%，品位变化系数为 49.24%；Ⅱ-2 矿体厚度为 3.95～93.35m，厚度变化系数为 54.64%，平均品位铜为 0.34%，金为 $0.09×10^{-6}$，钼为 0.02%，品位变化系数为 50.76%；Ⅱ-3 矿体厚度为 3.95～109.49m，厚度变化系数为 73.51%，平均品位铜为 0.31%，金为 $0.12×10^{-6}$，钼为 0.02%，品位变化系数为 55.93%。主要矿体旁侧有小矿体产出，这些小矿体基本情况如表 4-14 所示。

表 4-14　西范坪铜矿Ⅱ号矿带其他矿体特征表

矿体编号	南北长/m	东西宽/m	厚 度/m	矿体品位			所处位置
				Cu/%	Au/($×10^{-6}$)	Mo/%	
Ⅱ-4	150	100～200	12.12～18.85	0.28		0.02	外接触带
Ⅱ-5	150	100～200	6.00～30.31	0.26		0.01	外接触带
Ⅱ-6	150	87.50	21.40	0.58	0.24	0.02	外接触带
Ⅱ-7	160	160	112.00	0.33	0.13	0.02	外接触带

Ⅲ矿带：分布于 80 号岩体南西侧外接触带的角岩带上部，长 110m，走向近南北，产状近直立，厚 13.2～50.8m，平均为 28.4m，铜品位为 0.14%～0.55%，平均品位为 0.26%。厚度为 20.57m，铜平均品位为 0.34%，金为 $0.02×10^{-6}$，钼为 0.05%。

2）矿石特征

矿石矿物组合：次生富集带矿体中金属矿物主要有褐铁矿、孔雀石、铜蓝、蓝铜矿、辉铜矿、斑铜矿、黄铜矿、黄铁矿、辉钼矿，偶见赤铜矿、磁铁矿、赤铁矿、方铅矿、闪锌矿等。接触带中矿体金属矿物主要有褐铁矿、黄铜矿、黄铁矿、辉钼矿，偶见辉铜矿、磁铁矿、赤铁矿、方铅矿、闪锌矿等。脉石矿物以斜长石、钾长石、石英、角闪石、黑云母、绿泥石、高岭石、伊利石、蒙脱石为主。

矿石化学成分：有用元素 Cu 单样品位为 0.20%～3.80%，伴生有用组分金为 $(0.00～2.67)×10^{-6}$，钼为 0～0.33%，银为 $(0.56～4.17)×10^{-6}$，角岩型矿石中硫为 1.12%～8.06%，斑岩型矿石中 Re 为 0.00022%～0.00128%。

矿石结构：矿石结构有自形粒状、半自形-他形粒状、板片-叶片状、反应边，压碎、交代残余假象、交代穿孔结构。

矿石构造：星散浸染状、稀疏浸染状、胶状变胶状、交代细脉网脉状、细脉浸染状构造。

矿石类型：按含矿岩石种类可分为斑岩型和角岩型；按结构构造分为浸染状矿石、细脉浸染状矿石及网脉状矿石；工业类型属斑岩型。

3）围岩蚀变

西范坪铜矿伴随三期岩浆侵入活动，发生了三期热液蚀变作用，形成丰富的蚀变类

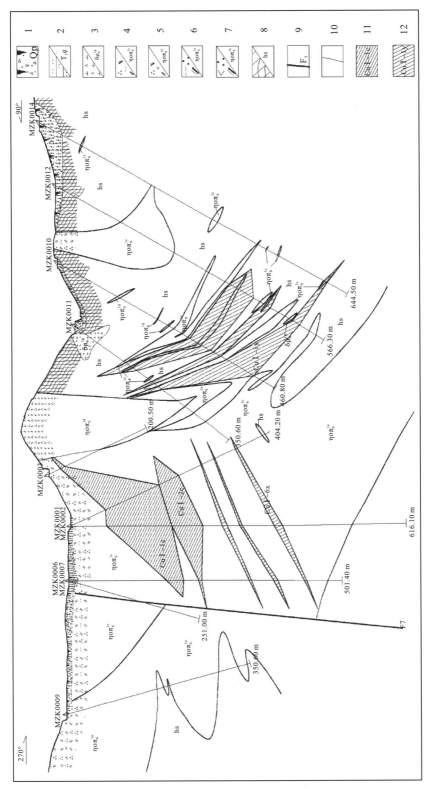

图 4-34　西范坪铜矿 00 线勘查线剖面图
（据四川鑫顺矿业股份有限公司资料，2011 修编）

1. 第四系坡积物；2. 三叠系下统青天堡组；粉砂岩；3. 闪长玢岩；4. 中细粒黑云母石英二长斑岩；5. 中细粒（角闪）辉石石英二长斑岩；6. 巨（中）粗粒黑云母石英二长斑岩；7. 巨（中）粗粒角闪石英二长斑岩；8. 角岩；9. 断层及编号；10. 地质界线；11. 次生富集带铜矿体及编号；12. 原生带铜矿体及编号

型，大致可以分为九类。这些蚀变类型在空间展布上的规律性构成了矿区的蚀变分带特征，并且马角石铜矿区由于不同期次蚀变作用造成了蚀变分带的叠加。

黑云母化：黑云母化在矿区中分布最广，按生成顺序及成因可分为两种形式。①早期黑云母，黑云母颜色较深呈棕黑色与巨粗粒黑云角闪石英二长斑岩的侵入有关。有呈鳞片状集合体交代原生角闪石；也有以黑云母-钾长石-石英所组成的团块状集合体出现；有呈镶边状交代原生黑云母；另有以黑云母-石英-黄铜矿-黄铁矿细脉状出现，黑云母分布于脉体两侧；以不规则状集合体在热液角砾岩的角砾中胶结物内出现。②晚期黑云母：晚期黑云母颜色较浅带有绿色调，与中细黑云角闪石英二长斑岩的侵入有关。有以阳起石-石英-黄铜矿-黄铁矿脉脉状形式产出，也有交代原生角闪石及辉石呈团块状产出；在角岩化砂、泥岩中呈细小鳞片状产出，也有呈石英-黑云母-黄铁矿-黄铜矿细脉状产出。

钾长石化：钾长石化在矿区主要产于斑岩中，闪长玢岩内较少发育，按照形成时间可分为3期。①岩浆期钾长石化主要为斜长石斑晶边缘被钾长石交代成环带状条纹长石，或生成内部薄片状钾长石；②巨粗粒黑云角闪石英二长斑岩侵入有关的钾长石化以不规则状交代斑岩的基质，也有以黑云母-钾长石-石英-黄铜矿脉形式产出；③中细粒黑云角闪石英二长斑岩侵入有关的钾长石化产于阳起石-石英中，脉侧具钾长石化。

硅化：矿区硅化发育，按照形态特征及形成时间可划分出4种。①以纯石英脉产出的被各种后期脉切割；②以石英-黑云母-钾长石-黄铜矿脉形式出现；③以浸染状出现交代斑岩的基质；④以团块状或细脉状产出，与方解石、绿泥石和黄铁矿共生，此类硅化与闪长玢岩的侵入有关。

绢云母化：绢云母化在矿区发育极为广泛，按形成时间、成因及共生矿物种类可分为3种。①弥漫状交代巨粗粒黑云石英二长斑岩的斜长石斑晶及基质；②石英-黄铁矿-绢云母细脉，与中细粒黑云石英二长斑岩侵入有关；③交代闪长玢岩中的斜长石斑晶，与绿泥石、石英共生。

阳起石化：阳起石化在矿区主要由中细粒黑云角闪石英二长斑岩的侵入引起，分布在其内部及周围，主要有2种。①呈网脉状充填在斑岩和角岩裂隙中，并胶结角砾；②呈石英-黑云母-黄铜矿-阳起石细脉产出，并交代原生角闪石、辉石、黑云母。

钠长石化：矿区钠长石化分布在斑岩体中，按形成时间可分为3种。①岩浆晚期钠长石化即钾长石具斜长石镶边且析出石英颗粒；②早期热液钠长石化在石英-黑云母-黄铜矿-黄铁矿细脉穿过斜长石斑晶时使其转变为钠长石；③晚期热液钠长石化紧随阳起石化发生，表现为呈钠长石-蒙脱石/伊利石-石英细脉，钠长石与黏土矿物一起交代基质或早期含钾矿物。

黏土化：矿区黏土化也分布在斑岩体中，表现为蒙脱石/伊利石交代斑岩中的原生角闪石或黑云母斑晶，部分交代长石斑晶或阳起石。

方解石化：矿区方解石化表现为2种形式。①产于斑岩体内，生长在石英-黑云母-黄铜矿脉的中央，表现为张裂隙的特性，反映拉伸的构造环境，这些脉切割了较早期的石英-黑云母-黄铜矿脉。②产于闪长玢岩中，方解石呈粒状，团块分布在玢岩的基质中，或斜长石斑晶。

绿泥石化：矿区绿泥石化分布于 80 号岩体东部中细粒黑云角闪石英二长斑岩及闪长玢岩中，形成时代较晚，表现为绿泥石交代黑云母及角闪石斑晶。

4) 矿床岩石化学特征

据微量元素分析，以 Sr、Ba、Cr、Ni 明显富集，Rb、Li、Nb 含量较低为特征。稀土总量为 $(190\sim480)\times10^{-6}$，LREE/HREE 为 8.88~38.25，具高度富集轻稀土特征。铕亏损不明显，δEu 平均为 0.76，Yb 为 $(0.69\sim1.79)\times10^{-6}$，$^{87}Sr/^{86}Sr$ 为 0.70527。

硫同位素值 $\delta^{34}S$ 为 $-3.37‰\sim2.65‰$，平均为 0.46‰，变化范围不大，接近陨石流，表明矿床中的硫主要来源于深部岩浆。石英 $\delta^{18}O$ 为 8.22‰~11.60‰，成矿热液的 $\delta^{18}O_{H_2O}$ 为 9.34‰~4.16‰，反映出主要由岩浆水组成；成矿晚期阶段的 $\delta^{18}O_{H_2O}$ 为 4.4‰~4.16‰，其值有所降低，表明有一定数量大气降水参与，这都同其他斑岩铜矿床相似。4 件铅同位素组成相当一致，说明成矿热液中铅来源均一，在图解上矿石铅同位素值更接近长石值，表明成矿组份铅以岩浆来源为主，建议可加上含矿岩体的同位素测年资料。

矿化岩体中石英含包裹体较多，以含子矿物(NaCl)晶体和黄铜矿的多相流体包裹体为主，表明成矿热液曾发生过沸腾作用。包裹体的均一温度集中于 470~530℃，说明成矿温度较高，并具有高的盐度，而集中于 55%~65%。可见，成矿流体是一种富含 Cu、Fe、S 的 $NaCl\text{-}H_2O$ 体系，具有高温、高盐度、高铜含量和沸腾的特点，这是成矿初期阶段的特点，要形成工业矿体还需要有高温→低温的多期次成矿叠加，以及硫化富集带的形成。

80 号岩体及围岩的岩石化学特征如表 4-15 所示，总体 $SiO_2>56\%$、$Al_2O_3>15\%$、$MgO<3\%$，稀土总量为 $(190\sim480)\times10^{-6}$、LREE/HREE 为 3.88~18.25，大多在 10 以上，具高度富集轻稀土特征；Yb 为 $(1.3\sim1.6)\times10^{-6}$（埃达克岩$\leqslant1.9\times10^{-6}$），δEu 为 0.60~1.01，平均为 0.76，铕亏损不明显，Sr $(1247\sim1251)\times10^{-6}$（埃达克岩$\geqslant400\times10^{-6}$），$^{87}Sr/^{86}Sr$ 为 0.70527，说明本区石英二长斑岩物源属埃达克岩浆。

表 4-15　80 号岩体及围岩岩石化学特征表

岩石名称	化学成分/%										
	SiO_2	TiO_2	Al_2O_3	Fe_2O_3	FeO	MnO	MgO	CaO	Na_2O	K_2O	P_2O_5
黑云石英正长斑岩	69.30	0.35	14.04	1.03	0.69	0.065	1.15	1.51	4.29	5.81	0.298
中细粒黑云石英二长斑岩	66.49	0.40	15.42	2.56	1.23	0.03	1.48	0.91	3.84	5.41	0.218
中细粒角闪石英二长斑岩	66.06	0.30	16.95	2.93	0.65	0.016	0.92	1.32	3.85	4.30	0.181
青磐岩化角岩	57.18	2.73	14.01	5.84	4.67	0.07	4.59	2.09	2.72	2.12	0.27
泥质粉砂岩	47.58	3.20	18.64	14.90	2.57	0.09	2.15	0.38	0.36	2.38	0.28

3.矿床成因类型

始新世中期(50Ma左右)，金沙江断裂带的分支宁蒗—南华断裂、矿区北北东向断裂被拉张，喜马拉雅期深源岩浆沿断裂侵位，形成黑云石英二长斑岩，当黑云石英二长斑岩岩体初步冷却后，在东西向的挤压作用下，岩体内形成两组共轭节理(NE向和NW向)。

始新世中期(40Ma左右)，黑云石英二长斑岩岩浆期后热液上升进入裂隙发育的岩体内，该岩浆在超浅成侵位过程中气液组分在岩体顶部聚集形成强大内压，经构造作用诱导气体流体沿上覆岩石的构造裂隙或脆弱带急剧释放并发生爆裂，并导致释放能量将通道上的岩石挤压成角砾，热液矿物质或随之上升的熔浆将其胶结成为角砾岩筒；同时在该岩体的西南部边缘形成热液角砾岩，为成矿物质提供空间和通道。

渐新世时期(35Ma～30Ma)，喜山运动Ⅱ幕构造运动引起中细粒斑状石英二长斑岩岩浆侵位，80号岩体中铜矿化带蚀变被置换，此期热液蚀变及矿化较弱。渐新世晚期(25Ma±)，喜山Ⅲ幕构造运动发生，黑云闪长玢岩岩浆的侵位蚀变更弱。

中新世时期(20Ma)，岩浆活动及斑岩成矿作用结束，该矿床进入表生成矿期。铜矿床暴露地表长期风化剥蚀，黄铜矿等原生硫化物先生成硫酸铜及硫酸亚铁，硫酸亚铁在氧化带形成褐铁矿，硫酸铜则在潜水面之下形成次生硫化物如辉铜矿、铜蓝等。

西范坪斑岩铜矿从产出地质环境，成矿机理，成矿时空演化等方面可与玉龙斑岩铜矿床、普朗斑岩铜矿床类比，成因类型属古陆缘与岩浆活动有关的斑岩铜矿床。

(二)区域成矿特征

1.区域成矿背景

西范坪式斑岩铜矿地处松潘—甘孜造山带与扬子地台西缘结合部的造山带一侧，甘孜—理塘断裂带南端，木里—盐源推覆构造体的后缘断裂带上，属金沙江—哀牢山钼铜成矿带的北分支(图4-35)。该区晚古生代为浅海碳酸盐台地环境，晚二叠纪经历了泛扬子陆块裂离成洋，晚三叠世洋盆闭合，产生洋陆碰撞，导致大规模中酸性岩浆岩活动，形成义敦岛弧，同时相伴大量热液活动，为成矿物质的运移，富集创造了良好的条件。新近纪强烈的陆内活动，形成木里推覆构造体系，同时导致该区富碱斑岩侵入，形成盐源西范坪、木里普尔地、永宁罗卜地等铜矿化石英二长斑岩群。

2.普尔地铜矿床特征

1)矿区地质

矿区处于盐源—木里推覆构造带内(图4-35)，区内地层以上三叠统曲嘎寺组地层为主，区内岩浆岩分布极为广泛，以印支期的玄武质火山岩、火山碎屑岩为主，其次为喜马拉雅期浅—超浅成侵入岩(石英二长斑岩、二长斑岩)(图4-36)。

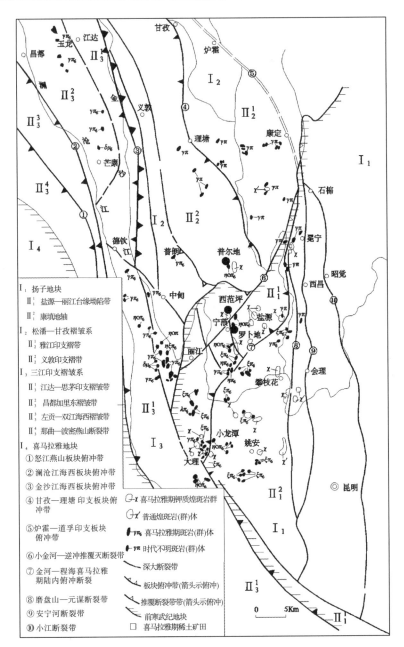

图 4-35　玉龙—冕宁地区喜马拉雅期岩体分布图
(据四川省地质矿产勘查开发局攀西地质队资料，2007)

(1)地层

上三叠统曲嘎寺组，由火山岩、火山碎屑岩组成。火山岩以玄武岩为主，在曲嘎寺组中呈似层状、透镜状分布，岩性主要有灰绿色致密状、杏仁状玄武岩、斜(辉)斑玄武岩等，具玻晶交织、斑状、杏仁状结构。

火山碎屑岩，以玄武质为主，在曲嘎寺组中呈似层状、透镜状分布，岩性较为复杂，主要为灰绿色-紫红色玄武质凝灰岩、玄武质角砾凝灰岩，其次为少量玄武质角砾集块

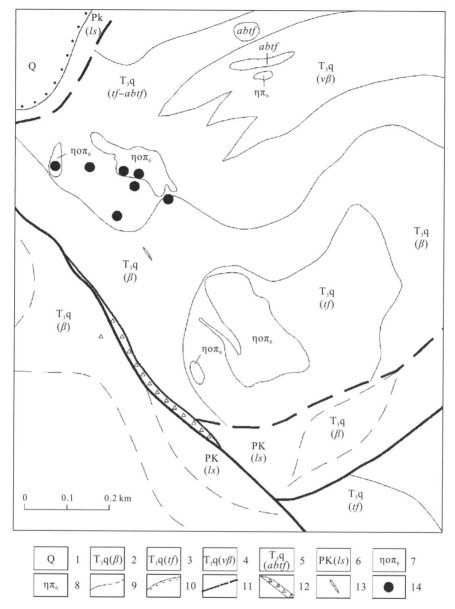

图 4-36　普尔地铜矿矿区地质略图
（据四川省地质矿产勘查开发局攀西地质队，1994）

1.第四系堆积物；2.上三叠统曲嘎寺组玄武岩；3.上三叠统曲嘎寺组紫色凝灰岩；
4.上三叠统曲嘎寺组斑状玄武岩；5.晚三叠世曲嘎寺组集块角砾凝灰岩；6.二叠系卡翁组细晶灰岩；
7.石英二长斑岩体及编号；8.二长斑岩体及编号；9.实测推测地质界线；10.不整合地质界线；
11.实测及推测断层；12.破碎带；13.铜矿化带；14.见矿钻孔

岩、玄武质集块岩、玄武质角砾集块熔岩等。

（2）侵入岩

矿区出露 5 个浅成、超浅成中酸性斑岩体，出露面积较小。经钻探证实，其下部可能连为一体，主要岩石类型有石英二长斑岩、二长斑岩，其中石英二长斑岩与铜矿化的关系最为密切，成岩时代为喜马拉雅期。岩体以岩床状产出，与上三叠统曲嘎寺组紫红色玄武质凝灰岩呈不规则侵入接触。围岩具有角岩化,岩体边缘常见捕虏体。石英二长斑岩岩体蚀变较为强烈,并具较典型的斑岩蚀变分带,由中心向外其矿化蚀变可分为:钠长石化带—绢英岩化带—青磐岩化带。

石英二长斑岩:灰白色,变余斑状结构,基质似粗面结构。矿物成分主要为钠-更长石(40%~45%)、钾长石(25%~30%),其次为少量的石英(5%)。岩石中斑晶含量为5%~12%,粒径为0.25~2mm,以单斑为主,少数为聚斑。斑晶成分为钾长石和钠-更长石,形状为自形板状。部分斑晶的边部被基质溶蚀交代呈圆状。斑晶内部常见有裂隙,沿裂隙有次生褐铁矿、绢云母分布。基质主要由微晶钠长石和霏细状正长石组成,含少量石英、绢云母、褐铁矿等。岩石具有绢云母化、褐铁矿化及少量的硅化。硅化石英多呈斑块状集合体,粒度变粗,在基质中呈渗透状交代。

(3)岩石化学特征及矿化

石英二长斑岩的岩石化学成分:SiO_2平均为65.55%,Al_2O_3平均为17.43%(一般16.10%~18.33%),K_2O平均为1.74%(一般0.83%~3.82%),Na_2O平均为6.89%(一般5.67%~8.58%)。与西范坪斑岩铜矿相比,TiO_2、Na_2O较高,而K_2O较低,其碱度指数为0.74,里特曼指数为3.24,为钙碱性系列,属Ⅰ型花岗岩类。

普尔地斑岩体中心部位具硅化-钠化带,节理裂隙强烈发育,面状铜矿化较强,中部的绢英岩化带具有线状弱铜矿化,而外缘的青磐岩化带则主要以褐铁矿化为主,具典型的斑岩铜矿化特征。

(4)围岩蚀变

普尔地围岩蚀变类型主要有钠长石化、硅化、绢云母化,绿泥石化、绿帘石化等。根据蚀变矿物组合及分布,从岩体中心向外可分为钠长石化带→绢英岩化带→青磐岩化带。钠长石化带:由绢云母、石英及钠长石组成,平均宽20~30m,其特征为石英细脉及团块较为普遍,有明显的钠长石出现,局部偶见黑云母。含铜矿物有孔雀石、斑铜矿、蓝铜矿、黄铜矿,是铜矿赋存部位之一,含铜品位为0.01%~1.39%。

绢英岩化带:由绢云母、方解石及少量的石英组成,带宽100~150m,主要表现是以褐铁矿化现象显著为特征(黄褐色薄膜或少量星点状黄铁矿),其次有少量的石英,偶见微量的黑云母。该带含铜矿物主要有孔雀石,偶见斑铜矿、蓝铜矿、黄铜矿,是铜矿体的赋存部位之一,含铜一般为0.01%~0.4%,最高为1.49%。

青磐岩化带:由绿泥、绿帘石、绢云母、黄铁矿及方解石等组成。蚀变带宽20~80m,与围岩呈渐变过渡关系。其主要特征是以黄褐色褐铁矿薄膜(偶见皮壳状)为主,很难见到含铜矿物,具弱铜矿化现象,含铜为0.01%~0.08%。

2)矿床地质

(1)矿体特征

普尔地铜矿的矿化产于石英二长斑岩内,矿化与蚀变紧随,在岩体中形成细脉浸染状矿石组成的似层状矿体。矿区已圈出2个工业铜矿体,其中②号矿体为主矿体。

②号铜矿体产于石英二长斑岩中心，呈似层状产出，向南西缓倾（图 4-37），长超过 400m，延伸大于 150m，厚 4.6～32.5m，平均厚 12.32m，铜品位为 0.2%～1.39%，平均为 0.38%；伴生有益组份 Mo(0.01%～0.067%)、Au(0.03～0.06g/t)、Ag(15.56～51.56g/t)、Cd(0.03%)、Ga(0.03%)，蚀变主要有钠长石化、硅化、绢云母化，个别地方有少量的铁白云石化、泥化。矿石自然类型以氧化矿为主，深部有少量硫化矿出现；矿石工业类型以石英二长斑岩型铜矿石为主，其次为少量的角岩型铜矿石。

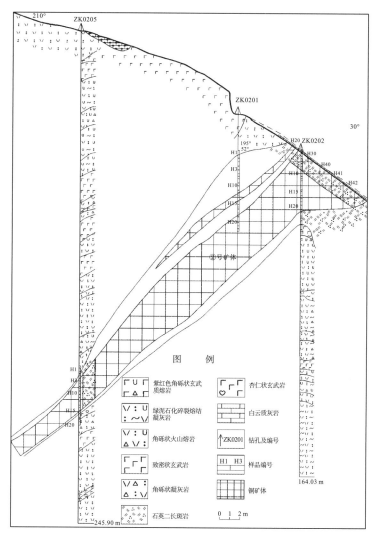

图 4-37　普尔地铜矿 2 号勘查线剖面
（据四川省地质矿产勘查开发局攀西大队资料，1994）

（2）矿石特征

矿石矿物有孔雀石、蓝铜矿、斑铜矿、黄铜矿、黄铁矿、磁铁矿、褐铁矿等。脉石矿物有长石、石英、绢云母、黑云母（偶见）、绿泥石、绿帘石、方解石。副矿物为磷灰石、锆石等。

矿石矿物与脉石矿物不均匀相混分布。矿石矿物呈半自形-他形柱粒状稀疏浸染状产出，部分相聚成细脉浸染状、团块状产出。氧化带中的黄铜矿多被斑铜矿或蓝铜矿交代，当含铜矿物被氧化成孔雀石后则多呈放射状集合体分布。铁质矿物呈细粒浸染状分布在岩石中，在地表多以褐色铁矿薄膜或皮壳状分布在岩石的节理或裂隙面上。

矿石结构有隐晶质结构、他形晶结构、半自形晶结构、交代残余结构，以他形晶结构为主，半自形晶结构次之。

氧化矿石构造以浸染状构造为主，其次为细脉浸染状构造和脉状构造、团粒状构造；硫化矿石则以浸染状构造为主。

(3)围岩特征

矿体围岩及夹石有石英二长斑岩、二长斑岩。顶、底板围岩具弱铜矿化，矿体与顶、底板围岩呈渐变过渡，其界线只能通过化学分析确定。矿体围岩含铜 0.005%～0.19%，平均为 0.097%；夹石多呈条带状、透镜状产出，与矿体无明显界线。

3)矿床成因类型

普尔地铜矿床侵位于上三叠统曲嘎寺组玄武质凝灰岩中，与破火口相的玄武质火山角砾岩、火山角砾集块岩相邻，地表露头零星，但钻孔资料证实，①、②号岩体在深部相连。

经与其相邻的西范坪斑岩铜矿床对比研究认为，始新世中期金河—程海深断裂在印支板块碰撞下复活，相伴的次级断裂交汇处的破火口为普尔地斑岩体的快速侵位提供了空间，形成了普尔地含矿斑岩体。古近纪—新近纪早期，受喜马拉雅造山带侧向构造逃逸作用而产生的木里—盐源推覆构造在区内形成的北西向构造为含矿热液的上升提供了通道，并在先期的含矿岩体上叠加富集成矿。第四纪时期的走滑构造在岩体上形成大量的节理裂隙构造，为次生富集带的发育创造了良好的条件，使铜矿品位在地表及其附近得到了更进一步的提高。因此，普尔地铜矿应为与喜马拉雅期有关的斑岩型铜矿。

3. 区域成矿特点

1)区域成矿条件

喜山期(35.8Ma～32Ma)岩浆活动十分频繁，形成石英二长斑岩、二长斑岩、石英正长斑岩、闪长玢岩、煌斑岩等大小不等的岩体 130 个，构成西范坪斑岩群。岩石具粗粒、中粗粒、中细粒、细粒结构，斑状、碎裂结构，是钙碱性-碱钙性侵入岩多期次活动的结果，为西范坪式铜矿的形成提供了物质来源。

西范坪式铜矿地处盐源—丽江前陆逆冲-推覆带内，构造活动频繁，褶皱、断裂强烈发育，为斑岩体的侵入提供了侵位空间。区内西范坪背斜构造呈北北东向展布，斑岩体分布于褶皱构造的西南隐伏端；断裂构造强烈发育，斑岩体多沿多组断裂交汇部位形成的脆弱空间侵入，因此，构造活动为西范坪式斑岩型矿床提供了成矿空间。

2)区域成矿机制

西范坪式铜矿的成矿受多期岩浆侵入，伴随发生多期次蚀变成矿作用，其成矿机制大致划分以下三个阶段。

始新世中期,大陆碰撞造山作用使区域内的罗汉松林断裂(F_6)、喇嘛沟断裂(F_2)及次级断裂活动加剧,钙碱—碱钙性岩浆被动侵位于含铜岩系地层中,首先为北东向的 56 号岩体。

渐新世早期,中细斑状石英二长斑岩序列的各单元多次侵位,形成复式岩体。岩浆后期含矿矿热液上升作用下,致使含矿岩体网状裂隙系统更为发育,斑岩体的碎裂化、片理化更为强烈,交代蚀变产生蚀变破碎带和含矿的碎裂岩,形成弱矿化的铜矿体。

中新世早期,岩浆活动及斑岩成矿活动结束,随着区域上的准平原化而遭受风化夷平,斑岩型铜矿化体进入表生成矿期,部分地段矿石得到次生富集,形成工业矿体。

3)成因类型

根据西范坪式铜矿的区域成矿环境、区域成矿条件及成矿机制,其成因类型属于与喜马拉雅期中酸性岩浆活动有关的斑岩型铜矿床。

(三)成矿要素及成矿模式

1.成矿要素

通过西范坪式斑岩型铜矿成矿规律研究,总结出西范坪式铜矿成矿要素如表 4-16 所示。

表 4-16 西范坪式斑岩铜矿成矿要素

	成矿要素	描述内容
	特征描述	喜马拉雅期石英二长斑岩有关的斑岩型铜矿床
地质环境	岩石类型	石英二长斑岩、闪长玢岩及砂岩、砂页岩、砾岩
	岩石结构	中细粒、细粒、斑状、碎裂结构
	成矿时代	喜马拉雅期(岩石年龄为 35.8Ma~31.0Ma,成矿期为 31.4Ma)
	成矿环境	钙碱性—碱钙性侵入岩多期次活动
	构造环境	近东西、南北向隐伏断裂不断活动,生成隐爆碎裂岩筒及伴随片理化、碎裂化。模范村断层(F_7)通过岩体、节理破碎裂隙发育,为富集创造条件
矿床特征	含矿岩系特征	中细粒黑云母石英二长斑岩为主体岩石,次为细粒(角闪)辉石石英二长斑岩,黑云母石英二长斑岩围绕(角闪)辉石石英二长斑岩作伴生环状分布,深部包裹辉石二长斑岩和黑云母石英正长斑岩,有隐爆碎裂岩筒和角岩带
	矿体特征	矿体呈隐伏、半隐伏产出,以透镜、环状为主,Ⅰ矿体平面呈椭圆形,倾向北东,倾角中等,长 100~412m,宽 10~324m,Ⅱ、Ⅲ号矿体产于角岩带中。铜平均品位为 0.45%,已探获 14.03 万吨铜资源量
	矿物组合	金属矿物以黄铜矿、斑铜矿、辉铜矿、黄铁矿为主,脉石矿物有长石、石英、黑云母、角闪石、绿泥石、绢云母等
	矿石结构构造	粒状、板状-叶片状、反应边、压碎、交代残余、假象结构,浸染状、交代细脉状、网脉状构造
	围岩蚀变	岩体中心为钾长石化,向外有硅化、绢云母(绢英岩化)及高岭土化、青磐岩化,常有黄(褐)铁矿化
	控矿条件	受深断裂次级构造及隐爆碎裂岩筒控制,在开放环境生成多期次复式岩体,相伴的富矿气液上升与蚀变聚集成低铜矿体,多次成矿及次生富集作用形成工业矿体
	风(氧)化	地表有氧化淋滤的风化-半风化岩石,有褐铁矿、辉铜矿、斑铜矿、孔雀石、蓝铜矿等矿物,风化后形成特有的"火烧皮"景观

2.成矿模式

西范坪式斑岩型铜矿成矿模式，在金河—程海的深大断裂的次级断裂交汇处，为斑岩体快速侵位提供了空间。近东西向、南北向隐伏断裂相续发生活动，岩浆再次被动侵位，生成80号等含矿岩体，并有岩枝穿入围岩，而围岩有悬垂体伸到岩体内，使岩体内有围岩捕房体，如图4-29所示。

因下部岩浆房多次侵入及晚期岩脉的侵入使热液流体大规模活动，形成不同期次岩性的岩浆脉动式侵入，生成多期次的复式岩体，相伴发生蚀变和初期成矿作用。随着两组断裂继续活动，为斑岩和围岩的碎裂与扩容作用提供了重要条件，进而产生裂隙和碎裂，并出现压碎和片理化，使刚冷凝不久的岩体在中部生成碎裂岩筒。这为深部岩浆残余含矿气液的上升提供了运输通道和沉淀场所，多期次富矿气液的上升迭加蚀变成矿，生成低品位铜矿体。

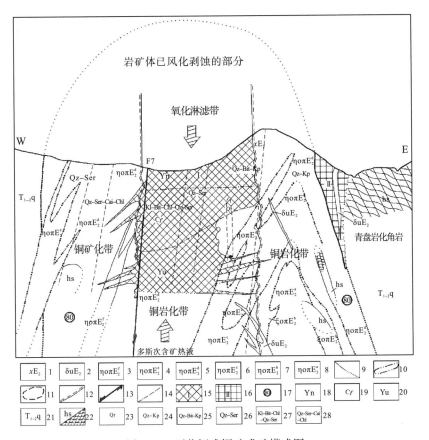

图 4-38　西范坪式铜矿成矿模式图

1.煌斑岩；2.闪长玢岩；3.细粒黑云母石英二长斑岩；4.中细粒角闪石英二长斑岩；5.中细粒黑云母石英二长斑岩；6.细粒（角闪）辉石石英二长斑岩；7.黑云母石英正长斑岩；8.中粗粒角闪石英二长斑岩；9.实测及推测地质界线；10.脉动接触界线；11.蚀变带界线；12.隐爆碎裂岩筒界线；13.正断层；14.矿石品级分界线；15.斑岩型铜矿体；16.角岩型铜矿体；17.岩体编号；18.氧化带铜矿石；19.硫化富集带铜矿石；20.原生带铜矿石；21.下三叠统青天堡组紫红色砾、砂岩、粉砂岩；22.青磐岩化角岩；23.石英网脉带；24.石英钾长石化带；25.石英黑云母钾长石化带；26.石英绢云母化带；27.高岭土黑云母绿泥绢英岩化带；28.绢英岩碳酸盐绿泥石化带在逆冲推覆和剪切作用影响下，岩体同围岩被抬升，节理破碎裂隙进一步发育，斑岩中的矿体遭受风化淋滤作用，导致斑岩中的矿体顶部变为贫铜氧化带，为中部硫化富集带发育创造了良好条件，使铜矿品位得到了成倍提高，进而形成Ⅰ号工业矿体。因此，外生成矿期的硫化富集作用十分重要。

（四）找矿标志

地层标志：斑岩体侵入的围岩地层有上三叠统三叠系青天堡组（含铜砂岩）、上三叠统曲嘎寺组、二叠系峨眉山玄武岩（玄武岩铜矿）、二叠系乐平组（砂岩铜矿）。

斑岩标志：为一系列被动侵位的浅成—超浅成的同熔型小型斑岩体（小于1.5km²）组成的斑岩群，成岩时代为50Ma~31Ma的喜马拉雅期，由钙碱性-碱钙性岩石系列为主多期次成岩的复式小岩株。

构造断裂标志：斑岩体因构造运动使节理裂隙发育，岩浆晚期的热液产生水热爆炸或水压致裂作用，使含矿岩体裂隙节理更为发育，形成密集的网状裂隙，具碎裂化、片理化的蚀变破碎带和隐爆碎裂岩。

蚀变标志：斑岩体具热液蚀变并有分带，主要有青磐岩化、绢英岩化、黄（褐）铁矿化、钾长石化，具"火烧皮"现象，以及硅化、高岭土化的出现。

异常标志：区内斑岩体具物探中等视极化率（$\eta_s = 3\% \sim 5\%$）异常，水系沉积物Cu、Mo、Pb、Sb、Au、Ag、Bi、W组合异常，。

风化淋滤标志：斑岩成岩成矿后，岩体或含矿岩体被风化剥蚀淋滤，形成半氧化岩石（矿石）的次生富集带，使矿石铜品位得到有一定提高，故表生期的次生富集作用十分重要。

三、昌达沟式铜矿

昌达沟式斑岩铜矿主要分布在四川省甘孜藏族自治州德格县境内，共包括昌达沟、燃日、热绒、额龙、则日、汉宿等矿床（点），其中小型铜矿床1个，矿点5个。昌达沟矿床位于德格县城东南方向，包括两个矿段：北部矿段、南部矿段。昌达沟矿床勘查始于1978年，2001年提交评价报告，初步圈出2个矿体，规模为小型铜矿，工作程度较高，作为昌达沟式斑岩铜矿的典型矿床。

（一）昌达沟铜矿床特征

1.矿区地质

1）地层

区内出露地层为三叠系上统拉纳山组（T_3l），为富含植物化石的滨海-浅海相碎屑岩沉积，岩性为灰色中厚层状-块状长石石英砂岩、石英砂岩、粉砂岩绢云母片岩。

2)构造

矿区位于北西向赛布柯断层(F_8)与北西西向俄支—竹庆断裂带(F_{22})之间的改巴—勒溶复式向斜北东翼次级褶皱带内,岩体及矿化与额龙—昌达沟次级背斜轴部及近轴部发育的断层破碎带有关。矿区内断裂构造主要有北北西向(F_1、F_5)及北东向两组(F_2、F_3、F_4、F_6、F_8、F_9、F_{10})。区域控矿构造为北西向热叶巴东沿江断裂(F_6)与折服柯断裂(F_1)之间窝达—崩折复式向斜核部偏南西翼,和赛布柯断裂(F_8)与俄支—竹庆断层之间的孜巴—勒柯复式向斜轴部及次级褶曲。

3)岩浆岩

昌达沟地区已发现的岩浆岩类型为燕山早期花岗闪长斑岩、石英闪长岩等中酸性岩石组合。燕山早期浅成(超浅成)花岗闪长斑岩侵入岩体 126 个,其中含铜斑岩体 30 余个,多成群(带)沿北北西断裂带侵入于拉纳山组砂、板岩中。昌达沟矿区内仅出露花岗闪长斑岩体 2 个(13-①、13-②号)。该点花岗闪长斑岩无同位素测年资料,据区调资料类比,K-Ar 法同位素年龄约为 164.1Ma。

岩体规模小,呈似层岩株,与围岩为侵入接触,局部接触线呈锯齿状、港湾状,接触带岩体中见围岩捕房体。13-①号岩体走向北北西—南南东,倾向 87°,倾角为 51°,长 426m,宽 13~39m,控制斜深 155~170m。13-②号岩体北东段走向北西西—南东东向,倾向 141°,倾角 43°;南西段走向北西西—南东东向,倾向 187°,倾角为 43°,长 445m,宽 8~36m。

矿物成分:石英为 10%~30%、斜长石为 25%~55%、钾长石为 10%~30%、暗色矿物(角闪石、黑云母)为 5%~15%,副矿物有金红石、白钛石、磷灰石、锆石等。

2.矿床地质

1)矿体特征

昌达沟矿床经普查共圈出 2 个铜矿体,Ⅰ号矿体产于额龙—昌达沟背斜北东翼 13-①号花岗闪长斑岩体内(全岩矿化),似层状,矿体产于花岗斑岩内接触带及围岩中,围岩为三叠系上统拉纳山组下段砂、板岩。矿体形态似层状,长 467m,厚 0.61~70.82m,平均厚 24.72m,控制深度 155~170m,推测深度大于 400m,矿体产状与花岗闪长斑岩体一致,走向近南北向,倾向 87°,倾角为 51°(图 4-39)。

Ⅱ号矿体群由 8 个矿体组成(图 4-40),产于额龙—昌达沟背斜南西翼 13-②号花岗闪长斑岩体内、接触带及围岩中,围岩为花岗闪长斑岩、三叠系上统拉纳山组砂板岩。Ⅱ-3、Ⅱ-4、Ⅱ-5 号矿体产于岩体上、下接触带及岩体内,其余产于岩体外接触带石英砂岩中。矿体形态为似层状、透镜状。单矿体出露长 80~448m,厚 2.17~18.76m,倾向 141°~187°,倾角为 43°~70°。矿体群长 448m,总厚 2.85~40.46m、平均为 17.29m,推测倾斜延深大于 550m,矿体总体走向与②号岩体一致,呈北东—南西向,倾向 157°,倾角为 64°。

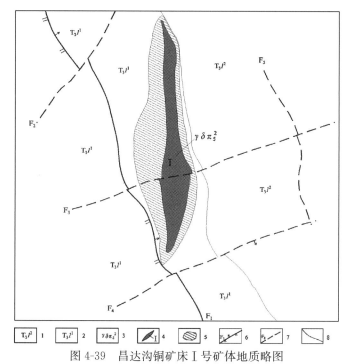

图 4-39　昌达沟铜矿床Ⅰ号矿体地质略图

1.三叠系上统拉纳山组上段板岩夹变质砂岩、底部见含板岩角砾的粗粒硬砂岩；
2.三叠系上统拉纳山组下段砂岩夹板岩；3.燕山早期花岗闪长斑岩；4.铜矿体及编号；
5.硅化蚀变带；6.逆断层；7.推测断层；8.地质界线

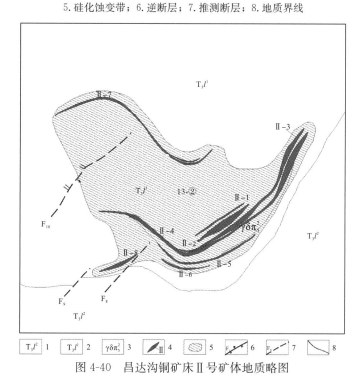

图 4-40　昌达沟铜矿床Ⅱ号矿体地质略图

1.三叠系上统拉纳山组上段板岩夹变质砂岩、底部见含板岩角砾的粗粒硬砂岩；
2.三叠系上统拉纳山组下段砂岩夹板岩；3.燕山早期花岗闪长斑岩；4.铜矿体及编号；
5.硅化蚀变带；6.逆断层；7.推测断层；8.地质界线

2)矿石特征

矿石矿物：黄铜矿、黄铁矿、褐铁矿、蓝辉铜矿、砷黝铜矿、黝铜矿、斑铜矿、辉铜矿、方铅矿、含铜黄铁矿、闪锌矿、针铁矿、钛铁矿、白铁矿、磁黄铁矿、毒砂、蓝铜矿、铜蓝、孔雀石、胆矾等，其中以黄铜矿、黄铁矿、孔雀石、褐铁矿为主，占80%以上。

脉石矿物：以长石，石英为主(70%～80%)，次为方解石、角闪石、黑云母、绿泥石、绿帘石等。

矿石结构：他形粒状、交代残余、碎裂等结构。

矿石构造：脉状、细脉状、网脉状、不规则脉状、浸染状、块状等构造。

矿石类型：以细脉浸染状矿石为主，次为浸染状、脉状矿石，少见块状矿石。

矿石有益组分：以 Cu 为主，伴生有益组份 Au、Ag、Pb、Zn、S、As 等。Cu 含量：Ⅰ矿体为0.5%～0.85%，平均为0.71%，Ⅱ矿体为0.38%～1.58%，平均为0.58%；Au、Ag矿化不均，Au 含量一般低于0.1g/t，少量为0.12～1.08g/t，最高为1.7g/t，Ag 一般为1.8～9.3g/t，少数为10.3～26.0g/t，Pb、Zn 含量均低于0.1%，一般低于0.05%。据一件组合样分析，$Pt < 0.013g/t$，Pd 为 $0.013g/t$，Ir 为 $0.0025g/t$，$Ru < 0.0035g/t$，$Rh < 0.0025g/t$。

3)围岩蚀变

围岩蚀变，主要有钾化(钾长石化、黑云母化)、绿泥石化、帘石化、硅化、绢云母化、碳酸盐化、高岭土化等。蚀变范围几米至二十米，最宽达百余米。各种蚀变相互重叠而分带不明显，呈面状蚀变。从岩体内→接触带→围岩大致可分为两带，钾化带分布于岩体及内接触带，带内还有绿泥石化、帘石化、硅化、碳酸盐化、绢云母化、高岭石化等；硅化带的岩体围岩(砂岩、板岩)以较强的硅化为主，此外还有绢云母化、碳酸盐化、高岭土化、绿泥石化等，无钾化。

4)矿床微量元素岩石化学特征

岩石化学特征：昌达沟岩体没有岩石化学成分分析资料，采用相邻地区的额龙、则日同类岩体的分析成果，并与西藏玉龙、云南雪鸡坪、马厂箐等地的含铜斑岩化学成分对比(表4-17)。对比认为，昌达沟地区的斑岩酸度(SiO_2)、碱度($K_2O + Na_2O$)均低，岩石类型偏中性、属闪长岩类。

表 4-17　四川昌达沟、西藏、云南相关斑岩化学成分对比表　　　　　　(单位:%)

岩体 组成	四川昌达沟			四川雀儿山	西藏 玉龙	云南	
	则日	额龙	平均			雪鸡坪	马厂箐
SiO_2	64.48	60.70	62.21	72.50	67～70	61～62	67～70
TiO_2	0.49	0.66	0.59	0.40	0.30～0.37	0.63～1.03	0.28～0.29
Al_2O_3	14.50	16.37	15.62	12.41	13.8～15.8	13.4～14.9	14.6～15.0
Fe_2O_3	4.73	4.08	4.34	0.88	0.4～1.23	3.13～4.52	2.51～2.56
FeO	5.39	4.24	4.70	3.44	0.8～2.4	0.46～1.52	1.56～2.22

续表

岩 体 \ 组 成	四川昌达沟			四川雀儿山	西藏	云南	
	则日	额龙	平均		玉龙	雪鸡坪	马厂箐
MnO	0.116	0.093	0.10	0.035	0.02~0.04	0.02~0.04	0.05~0.06
MgO	1.85	2.64	2.32	0.55	0.96~1.47	1.21~1.57	1.11~1.27
CaO	1.09	5.55	3.77	1.32	1.3~2.7	0.52~1.06	1.15~1.17
Na_2O	2.68	1.98	2.27	2.58	2.9~3.5	2.07~3.67	3.55~4.10
K_2O	2.07	1.19	1.54	4.60	4.4~6.3	3.17~4.07	4.47~4.49
P_2O_5	0.20	0.18	0.19	0.17	0.15~0.23	0.06~0.52	0.17~0.26
H_2O^+	1.69	1.93	1.83	0.33			
H_2O^-	0.50	0.525	0.52	0.22			
CO_2	0.37	0.01	0.19	0.13			
岩石类型	花岗闪长斑岩、石英闪长玢岩	石英闪长玢岩			二长花岗斑岩	石英闪长玢岩、石英二长斑岩	斑状花岗岩、花岗斑岩

稀土及微量元素地球化学特征：与相关的玉龙含铜斑岩比较，昌达沟地区花岗闪长斑岩体轻稀土过低（La、Ce、Nd、Sm）、Ce 有明显负异常 Ce 为 12.4×10^{-6}，重稀土（Tb、Yb、Lu）偏高，Ag、Au、As 含量很高，Mo、W 偏高，Cr 含量高（100×10^{-6}～277×10^{-6}），其岩浆源区应为富 Cr 源区。昌达沟斑岩体 Th 含量为 3.5×10^{-6}～10.6×10^{-6}，低于玉龙斑岩体（20×10^{-6}）和雀儿山斑状闪长岩体（26.7×10^{-6}），从 Th、Ta、Hf 关系粗略判别岩浆源于大陆边缘地幔或下地壳。有关微量元素的分析成果如表 4-18 所示。

表 4-18　昌达沟地区斑岩稀土及微量元素含量表

岩 体 \ 组 成	昌达沟地区						雀儿山岩体
	则日		额龙		平均		
	岩体	围岩	岩体	围岩	岩体	围岩	
微量元素(按原子序数大小为序，下同)/($\times10^{-6}$)							
K	1.89	1.511	1.483	1.395	1.635	1.453	3.676
Sc	14.69	16.13	21.54	8.83	18.98	12.48	5.33
Cs	6.0	5.9	2.78	3.17	4.0	4.6	5.9
Ti	0.35	0.80	0.63	0.74	0.55	0.78	0.71
Cr	143	235	212	314	186	275	503
Co	22.7	14.8	11.96	15.77	16.00	15.30	5.5
Ni	116	127	73.8	52.3	90	90	50
Rb	89	107	71.4	82.67	78	95	248
Sr	208	126	121	124	150	125	138
Zr	131	216	151	177	142	197	618
Ba	300	443	294	199	297	321	308
Th	7.57	11.52	7.48	10.48	7.52	11.00	26.73
U	2.2	3.4	1.50	2.87	1.76	3.13	2.5
La	23.86	33.88	19.20	30.41	19.70	32.15	84.57

岩体\组成	昌达沟地区						雀儿山岩体
	则日		额龙		平均		
	岩体	围岩	岩体	围岩	岩体	围岩	
Ce	35.09	67.76	35.86	60.6	35.57	64.63	163.71
Nd	22.34	42.17	23.66	31.1	23.16	26.63	91.06
Sm	3.47	6.04	3.56	5.62	3.53	5.83	10.21
Tb	0.65	1.19	0.75	1.00	0.72	1.01	1.08
Hf	3.60	5.97	3.44	8.8	3.51	7.38	8.0
Ta	0.88	1.22	0.92	1.19	0.91	1.21	1.53
稀土元素/($\times10^{-6}$)							
La	23.86	33.88	19.20	30.41	19.70	32.15	84.57
Ce	35.09	67.70	35.86	60.6	35.57	64.18	163.71
Nd	22.34	42.17	23.66	31.1	23.16	36.63	91.06
Sm	3.47	6.04	3.56	5.62	3.53	5.83	10.21
Eu	0.56	0.89	0.68	0.91	0.63	0.9	0.52
Tb	0.65	1.19	0.75	1.00	0.72	1.01	1.08
Yb	1.92	2.87	1.93	2.48	1.92	2.68	2.89
Lu	0.27	0.39	0.32	0.36	0.3	0.38	0.34
成矿元素/($\times10^{-6}$)							
Ti	0.35	0.80	0.63	0.74	0.55	0.78	0.71
Fe	5.232	4.822	4.52	4.342	4.79	4.58	2.6
Zn	152	96	104	149	122	122	113
Cr	143	235	212	314	186	275	503
Ni	116	127	73.8	52.3	90	90	50
Rb	89	107	71.4	82.7	78	95	248
Mo	8.7	7	8.04	2.9	8.29	4.58	2.6
Ag	24.23	0.2	0.24	0.3	9.24	0.2	
Sb	2.5	1.77	1.56	2.2	1.91	1.98	1.4
Cs	6.0	5.9	2.78	3.17	4.0	4.6	5.9
Hf	3.60	5.97	3.44	8.8	3.51	7.38	8.0
Ta	0.88	1.22	0.92	1.19	0.91	1.21	1.53
W	18.07	13.5	23.96	19.0	21.13	12.9	6.8
Au	70.43	27.67	12.24	15.8	34.69	21.75	9.9
U	2.2	3.4	1.5	2.87	1.76	3.13	2.5

5)控矿条件

燕山早期花岗斑岩是昌达沟铜矿主要控矿条件;其次是受北西向赛古柯断层(F_8)与北西西向俄支—竹庆断层(F_{22})之间的孜巴—勒溶复式向斜及次级褶皱、断层控制;成矿受围岩三叠系上统拉纳山组砂板岩影响。

3. 矿床成因类型

根据矿床地质特征、成矿地质环境、成矿物质来源,矿化蚀变等主要与斑岩有关,该矿床属于与燕山早期花岗闪长斑岩有关的斑岩型铜矿床。

(二)区域成矿特征

1.区域成矿背景

昌达沟式铜矿大地构造位置属松潘—甘孜造山带(II_1)义敦—沙鲁里岛弧带(II_{1-6})沙鲁里火山岩浆弧(II_{1-6-2}),处于喀刺昆仑—三江(造山带)成矿省($\text{II}-10$)、德格—义敦—香格里拉(岛弧)Pb-Zn-Ag-Au-Cu-Sn-W-Mo-Be成矿亚带($\text{III}-32-②$)、白玉赠科—台昌—乡城火山觉积盆地中Cu-Pb-Zn-Ag-Au-Sb-Hg-S重晶石成矿区($\text{IV}-17$)。区内出露地层为三叠系上统拉纳山组(T_3l),该组为富含植物化石的滨海-浅海相碎屑岩沉积,岩性为灰色中厚层-块状长石石英砂岩、石英砂岩、粉砂质绢云板岩。

昌达沟地区构造复杂,总体看是一个轴向北西西—北北西的弧形复式向斜,主要褶皱有额龙—普角向斜、额龙柯—昌达柯背斜、双海子背斜、察六龙背斜、热绒—燃日背斜等(图4-41),轴向方向基本一致,构成向北东凸出的弧形。伴随褶皱而形成的一系列

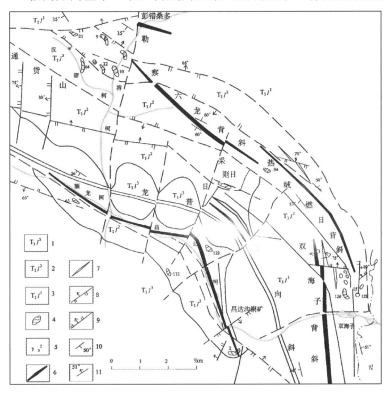

图 4-41　昌达沟地区地质构造略图
(据《西南三江地质矿产志》)

1.上三叠统拉纳山组三段；2.上三叠统拉纳山组二段；3.上三叠统拉纳山组一段；
4.印支期含矿花岗闪长斑岩；5.燕山期花岗岩；6.背斜轴线；7.向斜轴线；
8.逆断层；9.正断层；10.地层产状；11.岩体接触产状

纵向断层,将复向斜切割成若干大致平行的块体,后又被横向断层破坏,使向斜复杂化。一般纵向敦促延伸较远,以逆断层为主,具有明显的多期活动特点,为区内导岩导矿构

造；横断层走向北东—南西，倾角较陡，多为正断层，兼平移性质，往往切割纵断层，并不同程度地破坏岩体。

昌达沟地区区域范围内共有中酸性小侵入岩体及超浅成岩枝126处，主要有花岗岩、石英闪长岩，次之为石英安山岩，流纹英安岩，其中主要是花岗闪长（斑）岩体含矿（表4-19）。

2.区域成矿特点

1）区域成矿物质来源

昌达沟式斑岩铜矿成矿物质主要源于燕山早期大陆边缘地幔或下地壳分异产物，矿床的形成是多次岩浆活动的结果。

2）区域成矿条件

燕山期花岗岩，北西向赛布柯断层与北西西向俄支—竹庆断层之间的改巴—勒溶复式向斜及其次级褶皱、断层，三叠系上统拉纳山组砂板岩是该类型矿床成矿的重要条件。

3）区域成矿作用

燕山早期，在北东—南西向构造应力的作用下，中酸性富含铜等元素的岩浆，沿着改巴—勒溶复式向斜次级褶曲内的断层、裂隙和层间破碎带侵入于三叠系上统拉纳山组砂（板）岩，并交代其中的Cu、Au等物质，在岩体内、接触带中产生不同程度的铜矿化及硅化、绢云母化、钾化、绿泥石化、帘石化等蚀变。

燕山晚期，酸性岩浆的再次侵入，致使岩体内、接触带中的矿化、蚀变进一步加强，再次造成岩石中铜等元素的迁移和富集，从而形成有工业意义的矿体。

4）围岩蚀变

该类型矿床围岩蚀变主要有钾化、绿泥石化、硅化、绢云母化、碳酸盐化、高岭土化等。各种蚀变相互重叠而分带不明显，呈面状蚀变。岩体内—接触带—围岩大致分为两带，即：①钾化带，分布于岩体及内接触带，还有绿泥石化、帘石化、碳酸盐化、绢云母化、高岭土化、硅化；②硅化带，围岩以较强的硅化为主，此外还有绢云母化、碳酸盐化、绿泥石化等，无钾化。

5）成因类型

根据区域成矿特征，昌达沟式铜矿的成因类型属于与燕山早期花岗闪长斑岩有关的斑岩型铜矿。

（三）成矿要素及成矿模式

1.成矿要素

通过昌达沟式斑岩型铜矿成矿规律研究，总结出昌达沟式铜矿成矿要素如表4-20所示。

表 4-19　昌达沟铜矿区主要岩体特征一览表

岩体编号	产出地点	出露规模/m 长/m	宽/m	岩体形态	岩体形态 倾向/(°)	倾角/(°)	岩石特征 名称	代号	结构	蚀变类型	矿化特征 矿化类型	硫化物	氧化物
1	昌达	426	13~39	似层透镜状	87	51	花岗闪长(斑)岩	γδπ	似斑状细粒花岗鳞片变晶结构	强硅化、绢云母化、绿泥石化、高岭土化	细脉浸染状、浸染状	黄铜矿、辉铜矿、黝铜矿、辉钼矿	赤铁矿、褐铁矿、孔雀石
2	昌达	445	8~36	似层透镜状	141~187	43~47	花岗闪长(斑)岩	γδπ	斑状花岗结构	强硅化、绢云母化、钾化、绿泥石化、高岭土化	细脉浸染状、染状	黄铜矿、黄铁矿	赤铁矿、针铁矿、褐铁矿、孔雀石
4	则日	540	5~55	同上	南西	45	花岗闪长(斑)岩	γδπ	变余似斑状鳞片变晶结构	硅化、云母(钾)化、绿帘石化、黑云母化、碳酸盐化	细脉浸染状、染状	黄铜矿、黄铁矿、方铅矿	孔雀石、铜兰、胆矾、褐铁矿(铜)
54	额龙	110	80	不规则状	南	60	花岗闪长(斑)岩	γδπ	似斑状花岗结构	硅化、绢云母化、泥石化、碳酸盐化	浸染状为主	磁黄铁矿、黄铜矿	赤铁矿、褐铁矿、孔
63	额龙	265	7~35	似层透镜状	170~232	61~72	花岗闪长(斑)岩	γδπ	斑状、似斑状结构、基质微花岗结构	硅化、绢云母化、绿泥石化	细脉浸染状、染状	黄铁矿、黄铜矿、辉钼矿、磁黄铁矿	赤铁矿、褐铁矿、孔雀石、铜兰
9	汉宿	530	25~60	沿层单斜体	237~250	28~30	花岗闪长(斑)岩	γδπ	斑状结构、基质花岗结构	绿泥石化、绢云母化、硅化			铁铁矿
10	汉宿	410	45~80	沿层单斜体	240~260	42~60	花岗闪长(斑)岩及石英闪长(斑)岩	γδπ及Oδπ	似斑状及不等粒结构、鳞片变晶花岗结构	硅化、黄铁矿化	脉状	黄铁矿、黄铜矿	赤铁矿、褐铁矿、针铁矿、孔雀石(少)
22	汉宿	900	30~90	地表呈条带状	330	48	花岗闪长(斑)岩	γδπ	斑状结构、基质似文象结构	强硅化、钾化、绢云母化、绿泥石化、帘石化	细脉染状	含铜黄铁矿	铁铁矿、孔雀石

续表

岩体编号	产出地点	出露规模/m		岩体形态			岩石特征			蚀变类型	矿化特征		
		长/m	宽/m	岩体形态	倾向/(°)	倾角/(°)	名称	代号	结构		矿化类型	硫化物	氧化物
23	汉宿	300	100~180	岩株状			花岗闪长斑岩及石英闪长岩	γδπ及Oδ	斑状结构,基质文象结构	强硅化、褐铁矿化、绿泥石化、绢云母化	细脉浸染状	黄铜矿、黄铁矿	孔雀石、褐铁矿
64	汉宿	435	45~65	沿层不规则状	10~35	26~31	花岗闪长岩及石英闪长岩	γδ及Oδ	变余斑状及不等粒结构	硅化、褐铁矿化、孔雀石化		黄铁矿	褐铁矿
94	热绒	200	110	不规则岩株状	北东盘41 南东盘232	北东盘65 南东盘77	花岗闪长(斑)岩	γδπ	似斑状及不等粒结构	硅化、绿泥石化、绢云母化、云母化、碳酸盐化、高岭土化	浸染状及细脉浸染状	黄铁矿、黄铜矿、铅矿	铁铁矿、铁矿、孔雀石
126	燃日	400	150	顺层透镜状			花岗闪长岩	γδ	不等粒鳞片变晶结构	硅化、绢云母化、钾长石化、碳酸盐化、高岭土化			
115	燃日	230	100	单斜脉状			花岗闪长岩	γδ	不等粒结构	弱硅化			
128	燃日	60	10	顺层透镜状	140	64	石英闪长岩	Oδ	不等粒、鳞片变晶结构	绢云母化、高岭土化		磁黄铁矿、黄铁矿	褐铁矿

表 4-20　昌达沟式斑岩型铜矿成矿要素

成矿要素		描述内容
特征描述		侵位于上三叠统拉纳山组砂(板)岩中印支—燕山期花岗闪长斑岩有关的斑岩型铜矿
区域成矿环境	岩石类型	花岗闪长斑岩、石英闪长岩等中酸性岩石组合
	控(矿)岩构造	热叶—巴东沿江断裂与折吸柯断裂之间的窝达—崩折复式向斜轴部偏南西翼,和赛布柯断层与俄支—竹庆断层之间的改巴—勒溶复式向斜轴部及次级褶曲
	岩体产出时代	燕山早期,K-Ar 法年龄为 164.1Ma
	岩体规模产状	大小悬殊 0.01~4km^2,呈岩株、岩枝状产出
	岩体侵位围岩	侵入三叠系上统曲嘎寺组上段上亚段(T_3q)、图姆沟组(T_3t)和拉纳山组(P_3l)中
	岩石化学特征	SiO_2 为 62.21%、TiO_2 为 0.59%、Al_2O_3 为 15.62%、Fe_2O_3 为 4.34%、FeO 为 4.7%、Mn 为 0.1%、Mg 为 2.32%、CaO 为 3.77%、Na_2O 为 2.27%、K_2O 为 1.54%、P_2O_5 为 0.19%、H_2O 为+1.83%、H_2O 为−0.52%、CO_2 为 0.19%,灼减 3.48%;岩石酸度、碱度均低,偏中性,属闪长岩类
	构造背景	喀喇昆仑三江(造山带)成矿省(Ⅱ)德格义敦铜、铅、锌等多金属成矿带(Ⅲ)喀须—稻城印支期斑岩铜矿成矿区(Ⅳ)
区域成矿特征	矿物组合	金属矿物有黄铜矿、斑铜矿、辉铜矿、黄铁矿;脉石矿物有长石、石英、角闪石、黑云母、绢云母、绿泥石、阳起石、方解石,氧化矿物有褐铁矿、孔雀石、兰铜矿等
	结构构造	斑状花岗结构、似斑状细粒花岗鳞片变晶结构,变余环带结构,显微文象结构、细粒花岗结构等,块状构造,碎裂状构造
	围岩蚀变	几米至二十余米,最宽 100m 左右,影响范围内主要蚀变有钾化、绿泥石化、硅化、绢云母化、碳酸盐化、高岭土化等,各种蚀变相互重迭而分带不明显,呈面状。
	矿体特征	铜矿体产于花岗斑岩体内、接触带及围岩中(砂、板岩)

2.成矿模式

与昌达沟斑岩铜矿成矿必要的燕山早期花岗闪长斑岩及成矿物质主要源于大陆边缘地幔和下地壳分异产物。铜矿的形成可能是多次岩浆活动的结果,在北东—南西向构造应力的作用下,燕山早期的中酸性富含铜(金)等元素的岩浆,沿着改巴—勒溶复式向斜次级褶曲内的断层、裂隙和层间破碎带侵入于三叠系上统拉纳山组砂(板)岩,并交代其中的 Cu、Au 等物质,在岩体内、接触带中产生不同程度的铜(金)矿化及硅化、绢云母化、钾化、绿泥石化、帘石化等热控蚀变。随着燕山晚期酸性岩浆的侵入,致使岩体内、接触带中的矿化、蚀变进一步加强,再次造成岩石中铜等元素的迁移和富集,从而形成有工业意义的矿体,成矿模式如图 4-42 所示。

燕山早期花岗岩,北西向赛布柯断层(F_8)与北西西向俄支—竹庆断层(F_{22})之间的改巴—勒溶复式向斜及其次级褶皱、断层,三叠系上统拉纳山组砂板岩是矿床成矿的重要条件。

燕山早期花岗闪长斑岩及成矿物质主要源于大陆边缘地幔或下地壳分异产物,铜矿的形成可能是多期岩浆活动的结果。在北东与南西向构造应力的作用下,燕山早期中酸

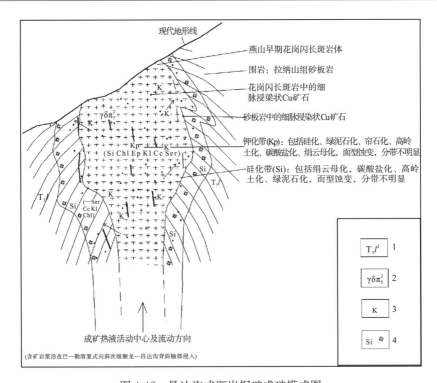

图 4-42　昌达沟式斑岩铜矿成矿模式图

1.三叠系上统拉纳山组上段板岩夹变质砂岩、底部见含板岩角砾的粗粒硬砂岩；
2.燕山早期花岗闪长斑岩；3.钾化；4.硅化

性富含 Cu(Au)等元素的岩浆，沿着改巴—勒溶复式向斜的次级褶曲有关的断层或层间破碎带侵入于三叠系上统拉纳山组砂板岩，并交代围岩中的铜(金)等物质，在岩体内、接触带、围岩中产生不同程度的铜(金)矿化及钾化、硅化等蚀变。随着燕山晚期酸性岩浆的侵入，蚀变、矿化进一步加强，再次造成岩石中的 Cu 等元素的迁移和富集，从而形成具有工业意义的矿体。

(四)找矿标志

斑岩标志：燕山早期花岗闪长斑岩体。

蚀变标志：斑岩 Cu 矿化及蚀变明显，范围较大(10～100m 不等)。岩体蚀变以钾化、硅化为主，围岩蚀变以硅化为主，无钾化。

物探标志：激电测量及激电测深异常是寻找含矿花岗闪长斑岩的间接标志。

化探标志：1/5 万水系沉积物测量，圈定 2 个铜异常，1 个金异常，铜异常铜 I、II 矿体吻合，金异常与 I 号矿体吻合。

遥感标志：遥感圈定的环形构造、褐铁矿化有关要素及与铜有关的遥感铁染异常作为圈定隐伏花岗闪长斑岩体的线索。

第三节　砂 岩 铜 矿

一、概况

砂岩型铜矿是世界第二大铜矿床成因类型，其形成主要与低温卤水有关，卤水一般来源于浓缩蒸发或大气降水淋滤盐岩，并成为铜等众多金属离子的主要载体，铜矿物中的硫主要来源于水体或石膏中被细菌还原的硫酸根及自然硫，含矿卤水通过断裂、不整合界面等运移通道，最终在有利的环境中富集成矿。沉积盆地一般为富含古卤水的盆地，沉积了大量的盐岩和石膏，不但为铜等金属离子的迁移提供迁移载体，且为铜矿物的形成提供硫源。盆地中、新生代地层中炭质泥岩、含煤建造的存在指示了盆地中富含有机质的还原环境，为还原硫的生成提供条件。

四川省境内发现的砂岩型铜矿主要分布于上扬子陆块（I_1）、攀西陆内裂谷带（I_{1-5}）、江舟—米市裂谷盆地内（I_{1-5-3}）（图 4-43），该盆地具有封闭、稳定的沉积环境，沉积了中生界侏罗系—白垩系—古近系—新近系等一套红色陆相地层，其上部为石膏建造，中部为含铜建造，下部为含煤建造，包括上三叠统白果湾组、侏罗系下统益门组、上统新村组、白垩系小坝组及古近系—新近系等，最大厚度达 5000m。其中，小坝组为四川省砂岩型铜矿的主要赋矿地层，大铜厂、鹿厂等铜矿床即产于其中，其次为下三叠统飞仙关组、下三叠统铜街子组、下白垩统飞天山组。

二、大铜厂式铜矿

大铜厂式铜矿处于扬子陆块西缘、川滇南北构造带东侧，主要分布在会理县、乐山市、纳溪县、峨边县、长宁县、沐川县、马边县、昭觉县等地，目前已发现小型铜矿 8 个，矿点 14 个，包括大铜厂、鹿厂、白草硐等矿床。大铜厂铜矿床位于会理县鹿厂镇境内，聚会理县城南部 12km，勘查始于 1956 年。1999 年，四川省冶金地勘局六○一队提交勘探报告，矿床规模达到小型，工作程度高，作为大铜厂式铜矿的典型矿床。

（一）大铜厂铜矿床特征

1.矿区地质

1)地层

大铜厂位于会理红盆西侧边缘，在宁会断裂与益门断裂交汇部位南东侧钝角区内，

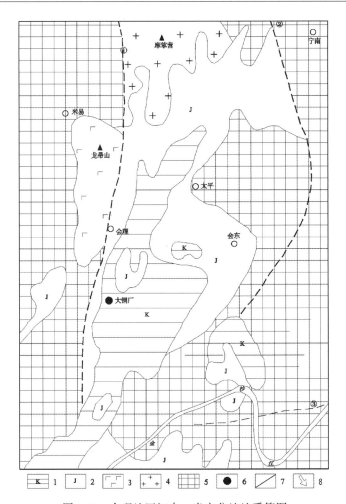

图 4-43　会理地区江舟—米市盆地地质简图

1.白垩系；2.侏罗系；3.玄武岩；4.花岗岩；5.古陆；6.铜矿床
①安宁河大断裂；②黑水河断裂；③汤丹断裂

处在鹿厂南东，青蛙甲背斜东翼，北接鹿厂铜矿，西邻白草铜矿。大铜厂矿区内出露地层主要为侏罗系—白垩系河湖相紫红色碎屑沉积岩，岩层呈南北向展布（图 4-44），由老至新分述如下。

（1）侏罗系上统官沟组（J_3g）

该组出露于大铜厂矿区西侧的青蛙甲背斜轴部及青蛙甲向斜以西，岩层呈南北向展布，倾角为 $56°\sim88°$。其下部为紫色砂质泥岩夹有泥灰岩及砂岩透镜体，上部为紫红色泥岩夹细粒长石石英砂岩。羽毛状斜层理发育，属湖泊沉积。在局部出现的浅色砂岩透镜体中有微弱的铜矿化，出露厚度 640.0m。砾石沉积特征，一般厚 10.0m 左右。

（2）白垩系上统小坝组下段（K_2x^1）

该段在矿区内可分为四个亚层：K_2x^1（五）、K_2x^1（六）、K_2x^1（七）、K_2x^1（八）。自下而上构成中细砾岩 K_2x^1（五）—砂岩 K_2x^1（六）、细砾岩 K_2x^1（七）—砂泥岩 K_2x^1（八）

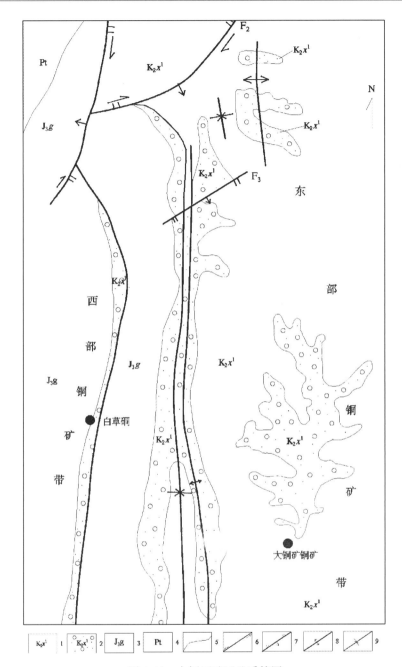

图 4-44　大铜厂矿区地质简图

1.白垩系上统小坝组下段下部紫红色泥岩夹粉砂岩；2.白垩系上统小坝组下段底部含铜砂岩、
砾岩含矿层；3.侏罗系上统紫色泥岩夹杂色砂岩；4.前震旦系会理群结晶灰岩、石英岩、千枚岩；
5.地质界线；6.平移断层；7.逆断层；8.背斜轴；9.向斜轴

两个大的沉积旋回，与侏罗系呈不整合接触。岩层大致呈南北向展布，倾角为 $7°\sim40°$，
厚度大于 535.0m。

K_2x^1（五）层分中下部和上部两个部分：①中下部以紫—浅紫色中砾岩为主，其底部
见一层厚约 1.0m 的细砾岩。砾石成分以灰岩、石英岩为主，花岗岩、基性岩次之。从

下往上岩浆岩砾石逐渐增多，并常夹有含砾砂岩和砂岩透镜体，分选性及磨圆度均差，胶结物以泥质为主，局部灰绿色砾岩中含有黄铁矿，并有铜矿化显示，属河流相沉积，具河道滞滩砂泥岩相沉积。厚度大于460.0m，与下伏岩层呈渐变过渡接触关系。②上部为浅紫、紫灰、灰绿色细砾岩，砾岩成分以基性岩、花岗岩为主，次为灰岩、砂岩、石灰岩、板岩、赤铁矿等。分选性及磨圆度均较好，以钙质胶结为主。向上砂质成分有所增加，常夹有小砂岩透镜体(1.0m左右)，其内见有斜层理和波痕，位于河道滞留砾石与边滩砂岩过渡带上。该层是大铜厂矿区主要含矿层位之一，其上部或顶部为Ⅰ矿层的赋存位置。地表呈南北向狭长条带出露于矿区西侧，层厚一般为18.0～20.0m。

K_2x^1(六)层：紫、浅紫、灰、灰白等色，细—中粒岩屑长石砂岩，岩屑成分以石英、长石为主，含少量绿泥石、云母、电气石、玄武岩等岩屑，主要为钙质胶结，铁质、泥质次之。其下部为中粗粒或不等粒砂岩，在底部和顶部常含有砾、砾石质砂岩和砂质砾岩，呈"楔形"透镜体分布。层中常夹有砂质砾岩透镜体，砂岩的水平层理发育，尚有斜层理及交错层理，并具有泥裂、干裂、雨痕等沉积特征，赤铁矿斑点在浅色砂岩中也常出现，属河流相边滩砂岩沉积。该层上部和下部常为Ⅱ矿层的赋矿位置，中部矿化较弱，厚度15.0～48.0m，矿区南北方向厚度变化不大，由西向东有增厚趋势，与下伏地层为渐变过渡关系。地表呈南北狭长条带分布于矿区西侧，在大铜厂沟低洼地带也见少量出露。

K_2x^1(七)层：紫、灰紫、浅灰、灰、绿灰等色，以细砾岩为主，中上或中下部常出现中细—细中砾岩。砾石成分以基性岩、花岗岩为主，灰岩、砂岩、石英岩次之。一般深色砾岩成分以基性岩为主，紫色砾岩则以沉积变质岩、花岗岩为主。胶结物多为钙质，次为铁、泥质。一般细砾岩分选性、滚圆度均较好，中砾岩则反之。砾岩中常有砂岩透镜体，厚2～3cm。矿区由西向东其夹层增多，由下而上砂质含量也逐渐增多，其顶部多为含砂或砂质砾岩。该层底部Ⅲ层矿以上2.0～10.0m位置见一层厚0.50～4.80m不稳定的含黄铁矿砾岩层。该层属河流相沉积，具有河道滞留砾石沉积特征，与下伏地层为冲刷接触。该层下部、中部分别为Ⅲ、Ⅳ层矿体的赋存部位。层厚40.0～50.0m，该层地表呈南北条带状分布在大铜厂矿区西侧，54号线北、大铜厂沟及两侧低洼地带也见有分布。

K_2x^1(八)层：紫红色砂质泥岩、泥质粉砂岩，底部见有紫色、灰色砂岩、粉砂岩夹层，并有含砾、砾石质砂岩、细砾岩透镜体。一般微斜层理发育。中部常为紫红色砂质泥岩与泥质粉砂岩互层出现，上部可见脉状或团块状石膏分布，尤其在断层或断裂带附近更为密集，脉幅一般几厘米至十几厘米。

(3)白垩系上统小坝组上段(K_2x^{2-3})

该组分布于大铜厂矿区南东角。上部为紫红色、杂色粉砂岩、砂质泥岩，顶部夹泥灰岩，下部为紫红色粉砂岩夹泥灰岩、砂质泥岩，属湖相沉积，与下伏地层呈整合接触。

(4)白垩系上统雷打树组—古近系(K_2l-E_1)

大铜厂矿区未见分布，仅在外围鹿厂镇见小范围出露。其岩性上部为砖红色长石石英砂岩夹泥岩，下部为紫红色厚层状长石石英砂岩，底部为薄层状含砾砂岩。属河流相沉积，与下伏地层呈平行不整合接触。厚度大于 200.0m。

2）构造

（1）南北向构造

大铜厂矿区内见青蛙甲背斜和青蛙甲向斜，分布于矿区西侧，轴向近南北，二者轴部相距 80～220m，在矿区出露长 2.10km，为一向南倾伏的背向斜，核部和翼部由 K_2x^1（五）、K_2x^1（六）、K_2x^1（七）、K_2x^1（八）及侏罗纪地层构成。

青蛙甲背斜，为不对称倒转背斜，东翼宽缓，产状为 $4°\angle 39°$；西翼陡窄，产状为 $76°\angle 83°$，矿体即产于该背斜东翼。

青蛙甲向斜，轴面近于直立，两翼产状陡倾，产状为 $50°\angle 89°$，和青蛙甲背斜构成一紧闭的背向斜线型褶被。地貌上形成一突起的山脊，是南北向益门—鹿厂大断裂同一应力的产物。

大铜厂矿区内南北向断裂不甚发育，主要见 F_1、F_2 断层。

F_1 平移逆断层：长约 200m，倾向南西西，倾角 $80°$，错断了青蛙甲背斜，南西西盘背斜轴向西移，北东东盘背斜轴向东移，平面错移达 25m。断层破碎带宽 0.50～1.0m 间，具有断层泥、擦痕、构造透镜体等。

F_2 平移逆断层：长约 300m，向西倾，倾角为 $77°$。断层破碎带宽 1.0m 左右，具断层泥、构造透镜体、擦痕等特征。断层西盘（上盘）上冲，垂直断距大于 50m，导致地层重复出现。

（2）北东向构造

矿区内仅见有 F_3 正断层，分布在五库峒水库南侧，出露长约 360m，倾向北西，倾角为 $87°$，北西盘下降，南东盘上升，对矿层有一定影响。

（3）东西向构造

该组为东西向挤压力形成的一组张性断裂。由于规模小、破碎带不发育、位移小等原因，地表不易察觉，在坑道揭露下易于观察。断层规模在坑道中追索最长可达 120m，两盘相对位移最大为 0.50m，多数位移在 0.10m 内。破碎带宽 0.10～1.00m，同一断层破碎带沿走向变化大，对矿体影响极小。

2. 矿床地质

1）矿体特征

大铜厂铜矿床矿体空间分布范围西起青蛙甲背斜、东到驼家湾，北起林家村子、南至先锋五组，呈北北东—南南西向展布，矿带长约 4.00km，宽 0.10～1.90km，一般为 1.20km，面积约为 4.80km²。

大铜厂铜矿床产于白垩系小坝组下段底部含铜砾岩、砂岩，主要矿体层由下往上可分为六个亚层，其赋矿层位分别位于 K_2x^1（五层）下砾层、紫灰色中—细砾岩的上部；中部砂岩层 K_2x^1（六层）紫灰、浅紫和灰绿、灰白色中—细粒长石石英砂岩的下部和上部；上砾岩层(七)浅紫—浅灰色细砾岩的下部、中部和上部。以五上（Ⅰ层）、六下（Ⅱ层）、七下（Ⅲ层）、七中（Ⅳ层）含矿最好(表4-21)，而五下、五中、六上、七上赋存的矿体规模小，零星分布。矿体与围岩呈渐变整合接触关系，其产状与岩层产状基本一致，呈层状、似层状产出。

表4-21　大铜厂铜矿主要矿体特征一览表

段	层	厚度/m	岩性	矿化分布规律	成矿部位	矿体编	矿体长度/m	平均厚度/m	品位/%
白垩系小坝组下段	K_2x^1（七层）	30~62	紫色、绿灰色细砾岩，局部夹砂岩透镜体，岩石呈过渡色—浅色，砾石成分以基性岩为主，钙质胶结矿化好	从底部至上部均有矿化，以底部、下部和中部三个具体部位矿化显著，中部矿化最强，上部有零星矿化	七上	Ⅴ	200~300	2.34	0.66~2.16
					七中	Ⅳ	2900	1.83	0.60~1.12
					七下	Ⅲ	2400	1.72	0.61~2.65
					七底				
	K_2x^1（六层）	15~32	浅紫、灰白色细—中粗粒岩屑亚长石砂岩，颜色偏浅，岩浆岩岩屑较多时含矿	顶部及底部矿化好，中、上部矿化较差	六上				
					六下	Ⅱ	500	8.81	0.77~1.60
	K_2x^1（五层）	31~41	浅紫、灰绿色细中细砾岩，下部为中砾岩，由往上基性砾岩增多，砾石变细，胶结物中钙质成分增加，矿化增强	顶部矿化显著，中部至下部矿化微弱	五上	Ⅰ	550	2.77	0.75~1.84

矿区西侧矿化十分显著，有Ⅰ、Ⅱ、Ⅲ、Ⅳ层矿体成群分布，由西往东，矿层逐步抬高，呈雁列排列，东部大片范围内仅Ⅳ层矿体分布

大铜厂铜矿床各矿层与赋矿围岩多呈渐变整合接触关系，仅部分矿层在极少的部位与围岩界限明显，但均在10°以内，矿体形态以透镜状、藕节状为主，且矿体矿化带和五矿带相互交替出现。各亚层矿体在平面上呈扇形分布，矿化富集部位位于扇形中西部地带，往北、东、南三面扇形边部地带，矿化逐渐出现零星透镜状矿体；剖面上由西向东逐渐抬高，呈叠瓦状或雁列状排列，各层矿体与围岩呈渐变整合接触关系(图4-45)。

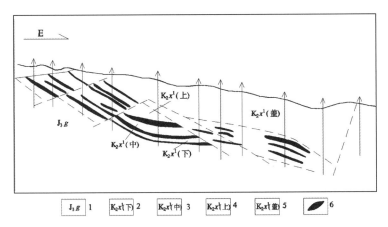

图4-45　大铜厂铜矿东南段各层矿体剖面示意图

1.侏罗系上统；2.下部砾岩；3.中部砾岩；4.上部砾岩；5.顶部砾岩盖层；6.矿体

2)矿石特征

矿石矿物成分：矿石的主要金属矿物成分为铜的硫化物，次为铜的氧化物及其他伴

生金属矿物。脉石矿物主要为方解石、石英；次为微斜长石、斜长石、正长石、绢云母、白云母，少量绿泥石、角闪石、辉石、榍石等；还有极少量磷灰石、锆石、玉髓等。

矿石结构：包括变胶状结构、结晶粒状结构、共生分离结构、溶蚀交代结构、次生结构。

矿石构造：包括浸染状胶结构造、条带状构造、胶状构造。

矿石类型：砾岩型、砂岩型、砂砾岩型。

3）围岩蚀变

矿体容矿围岩无明显蚀变现象，仅是在断裂破碎带附近，可见方解石细脉，规模不大，脉宽 $1\sim5mm$，对矿体无破坏性影响，脉体围岩有弱的蚀变现象。

4）矿床微量元素特征、岩石化学特征

（1）常量元素特征

从矿石化学分析结果看（表 4-22），矿石中 SiO_2 含量范围集中在 $50.56\%\sim55.06\%$（矿石类型为砾岩型含铜矿石），只有一项（T2）砂岩型含铜矿石 SiO_2 含量最高，为 78.41%。与围岩相比，它们在常量元素组成上无明显差别。通过对矿石常量元素和围岩常量元素做相关性分析，其相关系数均在 0.97 以上，这说明矿石与围岩具有相似的形成条件或密切的成因联系。

表 4-22　矿石化学成分表　　　　　　　　　　　　　　（单位：％）

样号	T1	T2	Y1	Y2	Y3
SiO_2	50.74	78.41	55.06	54.86	54.56
TiO_2	0.56	0.40	0.90	1.05	1.18
Al_2O_3	14.55	9.80	7.02	7.80	7.78
Fe_2O_3	1.43	1.06	2.42	2.57	2.48
FeO	2.23	0.46	3.11	3.65	4.29
MgO	2.90	0.70	3.89	5.11	3.51
CaO	9.60	0.60	9.88	9.26	9.67
Na_2O	2.44	1.81	2.31	2.55	2.63
K_2O	2.72	2.01	2.81	2.86	3.86
P_2O_3	0.23	0.11	0.62	0.87	0.29
Cu	8.67	0.01	0.76	2.16	1.44
SiO_2/Al_2O_3	3.53	8.08	7.90	7.04	7.11
Na_2O/K_2O	0.91	0.91	0.83	0.89	0.69
$Al_2O_3/(Al_2O_3+Fe_2O_3)$	0.91	0.90	0.74	0.68	0.64
Fe^{3+}/Fe^{2+}	0.58	2.07	0.70	0.63	0.52

此外，大铜厂矿区样品中 SiO_2 含量较低（$50.74\%\sim78.41\%$），Al_2O_3 含量较高（$7.02\sim14.55$），SiO_2/Al_2O_3 较低（$3.53\%\sim8.08\%$），Na_2O/K_2O 较高（$0.69\%\sim0.91\%$），

岩性为细砾岩，成分成熟度较低。

一般来讲，随着沉积物搬运距离逐渐增大，成分成熟度增高，SiO_2 含量增高，Al_2O_3 含量逐渐降低，SiO_2/Al_2O_3 增大；沉积物搬运距离越小，成分成熟度越低，SiO_2 含量一般较低，Al_2O_3 含量一般较高，SiO_2/Al_2O_3 变低，Na_2O/K_2O 一般增大。Taylo 等提出，陆壳源 $n(SiO_2)/(Al_2O_3)$ 为 3.6，与此值接近的岩石其物源应以陆源为主；用 $n(Al_2O_3)/(Al_2O_3+Fe_2O_3)$ 来确定岩石的沉积大地构造环境，其比值为 0.6～0.9 时为大陆边缘环境，0.4～0.7 时为远洋深海环境，0.1～0.4 时为洋脊海岭环境。大铜厂岩矿石常量元素组成 $n(SiO_2)/(Al_2O_3)$ 为 3.53～8.08，平均值为 6.67，反映其物源以陆源为主。$n(Al_2O_3)/(Al_2O_3+Fe_2O_3)$ 为 0.64～0.91，显示了大陆边缘沉积环境特点。

矿石化学成分分析结果，碎屑沉积物离物源区较近，沉积物没有经过长距离搬运，揭示大铜厂矿区沉积盆地物源区应为被动大陆边缘区。

（2）微量元素特征

大铜厂铜矿床岩矿石及矿物中子活化分析结果如表 4-23 所示（廖文等，2004）。通过对比，微量元素在砂岩和含铜砾岩中的富集特征基本相同，差别不是很大，Pb、Zn、Sb、As、Hg、Ag 等亲硫亲铜元素在地层和矿石中均为富集元素。辉铜矿中的微量元素与围岩地层和矿石的微量元素富集特征基本相同，仅少量元素的富集不一致，说明了辉铜矿与矿石和围岩地层的微量元素及其组合存在很大的继承性。含矿地层中 Cu、Ag 含量都较高，Cu 的丰度是地壳和沉积岩平均丰度的数倍至十多倍，是砂岩平均丰度的数十倍；Ag 是地壳和沉积岩与砂岩平均丰度的数倍至数十倍，因而其红色沉积物可为成矿作用提供丰富的物质来源。

综上，微量元素特征的分析，成矿物质主要来源于含铜岩系本身。含铜岩系即是成矿的近源矿源岩，而矿源岩中的铜元素又主要来自富铜的晋宁期摩挲营花岗岩和二叠系龙帚山玄武岩的风化淋滤，其可看作为成矿物质的远源矿源岩。

表 4-23　矿石微量元素含量　　　　　　　　　　（单位：10^{-6}）

元　素 \ 样　号	砂岩 2#	矿石 1#	矿石 3#	矿石 4#	矿石 5#
As	7.8	7.2	5.2	5.2	16.7
Cr	112.0	111.0	180.0	30.0	202.0
Au	11.3	13.8	21.5	9.1	9.6
Co	8.1	13.1	23.1	16.2	17.5
Ag	4.9	66.7	83.3	31.3	32.1
Sb	0.79	0.69	0.74	0.83	0.73
Ni	15	25	30	24	20
Se	6.64	8.47	11.16	11.10	11.14
Ti	0.33	0.59	0.84	0.81	0.65

元素＼样号	砂岩 2#	矿石 1#	矿石 3#	矿石 4#	矿石 5#
Zn	101.0	207.0	412.0	237.0	222.0
Ba	279.0	862.0	660.0	772.0	1096.0
Rb	54.0	80.0	88.0	83.0	11.0
Th	5.5	7.2	8.9	10.5	7.9
Ta	2.5	2.3	2.3	2.7	2.5
Cs	12.0	7.1	6.7	5.4	6.5
Hf	35.9	56.9	61.8	49.7	61.7
Sr	4.6	3.8	4.6	5.3	3.8
U	24	35	35	31	24
Zr	335.0	162.0	193.0	512.0	163.0
Tb	0.6	0.6	0.7	0.5	0.6

（数据来自廖文等，矿物岩石地球化学通报，2004）

5）控矿条件

（1）地层岩性控制

大铜厂矿区内上侏罗统与上白垩统地层呈角度不整合接触，缺失下白垩统地层，出现了沉积间断，为铜元素的表生富集创造了条件。不整合面之上的小坝组红层中含有膏盐，说明当时古气候干燥炎热，属碱性氧化环境，有利于铜元素的停留富集；并形成碱式碳酸铜或铜的氧化物呈悬浮体形式被带入矿源层并暂时蓄积。同时，不整合面又是物理化学性质有明显差异的岩性分界面，也是显著的地球化学障壁面；当含铜地下水在其间流动时，易发生分异沉淀作用，导致成矿物质的富集；并且不整合面又是构造薄弱地带，有利于含铜地下水运移和沉淀。

大铜厂铜矿床严格受白垩系上统小坝组下段地层层位控制，因受青蛙甲背斜的影响，矿体赋存层位由西往东逐渐降低，由北到南亦逐渐降低。整个含矿层的厚度约80m，矿体产状随地层产状变化而变化。含矿岩石为砂砾岩，铜矿化强度与砾石成分、颜色、粒度、分选性、磨圆度有密切关系，说明当时的沉积环境对成矿起着重要的作用，主要表现在以下几方面。

砾石成分方面：当岩浆岩砾石成分增多，尤其是基性的砾石成分高时，一般矿化强；当砾石成分多为沉积变质岩时，一般不具铜矿化，一般砾石为细砾，分选、滚圆度好的，有利于成矿。

颜色方面：含矿砂砾岩多为过渡色，次为浅色，常有紫灰、灰紫及灰、灰绿色。当颜色过浅时，一般不具矿化；当出现一大片紫色砾岩时，一般也无矿化；因此"浅紫交互部位"对成矿有利。

（2）沉积相控制

大铜厂铜矿床常常赋存于古河道拐弯处滞留砾石与边滩砂岩的过渡带上，古河道发育于冲积扇中的砾岩的中部相带中。这主要是因为水动力条件相对较弱，且与矿源地的相对位置有关，其有利于铜元素的沉淀。河漫滩水动力条件相对较强，不利于铜元素沉积，但有利于赤铁矿生成，从西往东，依次为滞留砾石带、边滩砂岩带、河漫滩砂岩带。大铜厂矿区沉积含铜岩层的岩性和结构变化比较复杂，综合分析野外观察和钻孔资料，其有以下几方面特征。

沉积结构具多旋回性：由下至上构成两个较大而不完整的旋回，即下砾岩层→砂岩层及上砾岩层→含砾泥质砂岩层两个大旋回。在每个大旋回中又连续出现若干个下粗上细厚数十厘米不完整的小韵律。如上砾岩层中就有从下到上为中细砾岩→细砾岩→细砾岩夹砂岩透镜体组成一个小韵律，又如砂岩层中可见由含砾粗砂或粗砂→中砂→细砂组成的一个小韵律。

岩相在垂直和水平方向上变化大：在垂直方向上经常见到砾岩层中夹砂岩层透镜体；砂岩层中夹有砾岩透镜体。在水平方向上砾岩、砂岩和泥岩常成透镜体出现，往往在很短距离内岩相即发生交替变换。

层面特征：在砾岩、砂岩层中常见到冲刷间断。在砂岩层中还见到干裂、冲蚀沟等，偶尔见到虫迹。

原生层理构造：砂岩层中常见单向斜层理、交错层理，其中单向斜层理有的厚达1m，长几米，由粗到细变化，倾角为20°～30°。砾岩层中砾石大小混杂，但细看还明显可见定向排列，有时还见到叠瓦状构造，砾石倾角大。

其他：砾石成分复杂，一般分选性不好，有半棱角的、半滚圆的，也有见到细粒浑圆的与之混杂在一起。粒度变化总的来看，由下往上粒度由粗变细，平面分布上山前粒粗，远离山前粒度变细。

通过对东部铜矿带南矿段下砾岩层和砂岩层的初步分析，根据其岩性、结构、原生构造等特点，可将河流相划分为河床相和河漫滩相，其中河床相又划分为主河槽亚相和滨河床浅滩亚相，特征描述如下。

主河槽亚相：灰绿、紫灰、灰紫及紫色。砾岩层为中—细砾岩，夹粗砂岩透镜体，具透镜状层理，分选差。砂岩层中为粗—中粗砂岩或以中粒砂岩为主夹细砂岩，局部含细砾砂岩，偶具单向直线斜层理、斜交层理。

滨河床浅滩亚相：灰绿、紫灰、灰紫及紫色。砾岩层以细砾岩、含砂细砾岩为主，中砾岩或中细粒砂岩透镜体，具斜交层理，分选性中等。砂岩层内为中粒砂岩及细粒砂岩，具单向平行层理、透镜波状交错层理，分选性中等。

河漫滩相：紫色。砾岩层为含砂细砾岩、砂质细砾岩，夹细粒砂岩或泥质砂岩透镜体，具透镜波状层理，分选较好。砂岩层内为细粒砂岩夹泥质砂岩或砂质泥岩、泥岩透镜体，具水平层理及微波状层理，层面见虫迹、干裂，分选较好。

通过初步重塑古河道与第Ⅰ、Ⅱ两层矿体富集部位的关系，可以看出古河道凸岸的滨河床浅滩与成矿作用有密切的关系。

滨河床浅滩位于河流凸岸处，是在河流侧向移动时由于主河槽横向环流作用而堆积形成的。水流较稳定，有利铜元素沉淀。在洪水泛滥期间，水体相对变深，往往出现黄铁矿；洪峰过后转向落水期，水体逐渐变浅，出现黄铁矿、黄铜矿、辉铜矿等混合矿带；到平水期水体趋于相对稳定，则出现单一的辉铜矿带。在成矿过程中，随着水量和水位不断升降，氧化-还原条件交替变换，更有利于铜元素持续沉淀，往往形成多层矿体或厚矿体。在河流侧蚀作用继续进行过程中，位于河曲凸岸一侧的滨河床浅滩面积相应扩大，矿体范围也相应扩大。当古河道发生迂回曲折，滨河床浅滩部位与主河槽的关系或左或右，矿体平面上反映呈莲藕状矿带。

主河槽流水动态极不稳定，水体较深，流速变化也大。在洪峰水涨期间，比降变陡，水流湍急，特别在河曲地段，冲刷较剧烈，不利成矿。洪峰过后转向落水期直至平水期，流速逐渐减缓，但水体还深且较稳定，有利于黄铁矿的形成，局部靠近滨河床浅滩处，往往出现少量辉铜矿。河漫滩系在洪泛期间，河水上涨漫过滨河床浅滩之上，由洪泛物沉积形成。由于水体过浅，有利于赤铁矿生成，而无铜元素沉淀。可见大铜厂矿区含铜砾岩、砂岩矿床的形成和富集规律，是与当时沉积环境密切关联的。

(3)构造控制

区域构造控制：会理中生代断陷红色盆地是受呈南北向断裂控制的，其周围被古陆老地层环抱，造成地形北高南低，西高东低，形成了高山深谷型地貌，大铜厂矿区北部出露大片上二叠统玄武岩和晋宁期花岗岩，由于盆地地形的差异，造成了丰富的碎屑物质向会理红盆运移。盆地沉积期的构造控制了含矿层的岩相和储矿砂体的稳定性、连续性。由于沉积期间的构造运动，使得从元古代就开始活动的南北向构造在晚侏罗世晚期至早白垩世更为活跃，开始形成一套巨厚的砾岩层，并以此为特征，而后则形成大套河流相及洪冲积相砂砾岩与砂泥岩互层沉积。而大铜厂矿区在此阶段则形成一套山前冲积物堆积，堆积层厚度大，下部砾岩层可达30m，上部砾岩层可达80m。而相邻的北区和南区则是河流相形成的砾岩，厚度小，下部砾岩层厚仅9~25m，上部砾岩层厚仅30m。

矿区构造控制：会理盆地大铜厂铜矿床亦受一系列构造的控制。在会理断陷盆地四周的古陆隆起以及安宁河深大断裂，控制了会理大铜厂砂砾岩铜矿带的总体分布；次级规模的断裂，如鹿厂断裂、宁会断裂、爱国小河断裂等控制了鹿厂铜矿床和大铜厂铜矿床的分布；而大铜厂青蛙甲背斜和一些中小型断裂则控制了大铜厂铜矿化的发生位置、矿体的形态和规模。在岩层的小断层、节理、裂缝发育处，矿体则受构造热液的改造而使局部矿体变富。

盆地沉积后构造对红盆内砂砾岩铜矿床起着主导的控制作用。大铜厂青蛙甲背斜构造控制了大铜厂铜矿体的产出形态，并提供了矿体赋存的有利储矿砂体。红色盆地内南北向和北东向两组断裂与褶皱相互交错控制了鹿厂—大铜厂汇水盆地、翟窝厂汇水盆地和爱国湾子村汇水盆地三个天然地下水聚水盆地的形成，其中重要的一个就是大铜厂汇水盆地，从而使地下水中以络合物状态存在的铜元素以及从地层中淋滤下来的铜元素被还原成铜的硫化物而逐渐聚集并形成铜的工业矿体，具体描述如下。

青蛙甲背斜控制：会理红盆大铜厂处于构造由强烈到相对稳定的过渡地带，是地洼发展余动期—构造相对稳定时期的产物。大铜厂矿体受青蛙甲背斜的控制，在紧靠地穹区的西侧，褶皱紧闭岩层陡倾斜不利于地下水长期缓慢流动，不利于成矿，故陡倾斜翼（西翼）无矿。而大铜厂背斜东翼岩层产状为 $5°\sim20°$，为缓倾斜地段，由于受背斜构造的控制，该地段有利于地下水缓慢定向流动，使铜元素缓慢沉淀而成为矿体（图 4-46）。而在其缓倾斜翼发现的铜矿体延长达 2km 以上。盆地中心岩层产状近于水平，是地下水的滞流或散流地段，亦不利于成矿。所以，大铜厂砂岩铜矿存在于岩层由陡倾斜到水平状态过渡的中间地带。

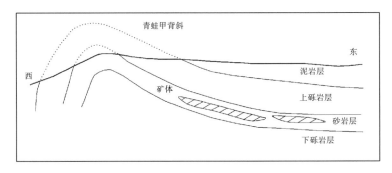

图 4-46　大铜厂倾伏背斜东翼成矿示意图

大铜厂青蛙甲背斜构造控制了大铜厂矿体的产出形态和产出位置。矿体位于大铜厂青蛙甲倾伏背斜东翼岩层产状由陡变缓的衔接部位，它是地下潜水面与储矿砂体低角度相交的产物，即含铜的地下卤水沿着断裂、裂隙等运移，到达大铜厂青蛙甲背斜缓倾斜东翼一侧岩层时顺层渗透，在 Eh 条件近于 (0.1 ± 0.1)V 和近中性条件下，而铜作为氯化物络合物具有相当的可溶性，这样使得铜以络合物形式淋滤和迁移，当到达背斜缓倾斜局部还原环境下，沉淀出铜矿体（图 4-47）。这种构造控制的铜矿体特点为平面上展布呈飘带状或窄带状，走向延长几千米，矿体宽 $50\sim250$m，矿体宽度、厚度变化不大。

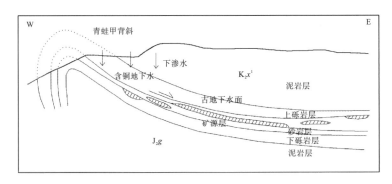

图 4-47　大铜厂铜矿床中低温卤水中以 Cu^{2+} 络合物形式淋滤和迁移成矿

　　断裂、裂隙控制：盆地沉积后的褶皱和断裂控制了地下水汇水盆地的形成。区域内南北向和北东向断裂多属压性或压扭性，对地下水有一定的阻隔作用，上述两组断裂将红盆西侧中生代地层分布地区分割成三个地下水聚水盆地，即盆地西侧中段的鹿厂—大铜厂汇水盆地，北段的翟窝厂汇水盆地，南段的爱国湾子村汇水盆地（徐一仁等，1995）。中段的鹿厂—大铜厂汇水盆地，由于鹿厂镇南北向断层在中生代燕山期的持续活动，使西侧老地层分布区持续上升，东侧中生代地层分布区持续沉降。北东向的宁会断裂使汇水盆地的北段地层抬升，爱国小河断层又使该聚水盆地南段下降。上述三个断层活动的结果构成了鹿厂镇—大铜厂天然地下水汇水盆地。上述三个地下水汇水盆地的形成，除受断裂控制外，大铜厂青蛙甲背斜亦起着明显的作用。会理红盆西侧范围内现代的山川地势是北高南低，山、河相间，并作南北向展布，地下水总的流向自北而南，山川地势控制了地表水的流向，同时，地下水的流向与地表水的流向在一个区域范围内，大体上与地表水流向是基本一致的。

　　由此可以说明，大铜厂成矿时期的地下水，其总体流向是自北而南流动的，所以构成大铜厂矿区矿带呈南北向展布。会理红盆大铜厂在经历燕山期强烈构造运动之后进入相对稳定阶段，在此阶段地下水面将稳定在一定高度范围内，随着地质历史的发展，地表的大气降水由地表沿裂隙往下渗透、背斜轴部向翼部运移，以及区域的地下补给水（自北而南补给）和岩层中的承压水，将地层中淋滤下来的和地下水运移中带来的铜元素迁移到地下水面附近，在地下水面附近一定范围内的氧化还原过渡带，形成了一个地球化学障壁带，它能使地下水中以络合物状态存在的微量铜元素还原成铜的硫化物而逐渐聚集并形成铜的工业矿体。总的来说，大铜厂铜矿床后期铜矿体的叠加富集是青蛙甲背斜和次级断裂、裂隙共同作用的结果。

3. 矿床成因类型

　　大铜厂铜矿床含铜砂砾岩（铜矿体）赋存在白垩系上统小坝组下段（K_2x^1），矿体与围岩呈渐变整合接触关系，具有良好的层控性。矿体与围岩在常量元素、微量元素和稀土元素分配特征上均显示同源性质；硫同位素则显示大铜厂铜矿床的硫源主要来自于硫酸盐的细菌还原以及部分生物有机硫；铅同位素特征表明大铜厂铜矿床中的铅主要来源于上地壳，即含矿岩系（围岩）是近矿源岩，而晋宁期摩挲营花岗岩和二叠系龙帚山玄武岩为成矿物质的远源矿源岩；铅同位素特征还显示成矿作用发生于成岩期和成岩后期，可以认为大铜厂铜矿床是以同生沉积为主，经成岩作用而使铜元素富集起来，形成工业矿体。包裹体测温显示大铜厂铜矿床的成矿温度为 $40\sim140℃$，显示低温低压成矿特征。根据矿石矿物的共生组合及其颜色、矿物分带等特征，说明成岩后期成矿环境为氧化向还原的过渡环境。沉积期后的构造运动使得业已在古河道沉淀下来的铜元素发生了二次的富集成矿作用。构造运动期间，矿源层发生褶皱（青蛙甲背斜、向斜）、次级断裂等，使得铜元素在地表水和地下水的淋滤下运移，在适合沉淀的有利部位再次沉淀富集形成工业矿体。根据矿石的结构特征显示，黄铁矿、白铁矿和部分赤铁矿多呈胶状结构和结晶粒状结构，是胶结物中的自身矿物，而铜的硫化物则呈交代溶蚀砾石、砂岩及胶结物中的粗晶方解石，并交代早期生成的黄铁矿和白铁矿。由此也说明了铜的富集成矿作用，主要在成岩中期—晚期，是在适宜的环境中铜矿质再次分配富集而成。

综前所述，大铜厂铜矿床是以前期的河湖相化学沉积为主，伴随部分铜矿石的机械沉积，成矿作用主要发生在成岩中期到晚期；后期由于构造运动，使得大铜厂矿区西北部地区抬升，在地表水及地下水定向流动的淋滤下使得铜矿质二次分配富集，并形成工业矿体。因此，大铜厂铜矿床的矿床成因应属于河湖相沉积-改造铜矿床，四川省铜矿潜力评价(2012)将其划分为陆相沉积型砂岩铜矿。

(二)区域成矿特征

1.区域成矿背景

大铜厂式铜矿大地构造处于上扬子陆块西南缘，攀西陆内裂谷带中的康迪轴部基底断隆带，西临松潘—甘孜造山带，南临华南褶皱带。该区曾发生过多次泛大陆解体、离移、拼接和镶嵌，同时经历了多期多阶段构造-岩浆活动及变质变形作用，主要分布在江舟—米市断陷盆地(图4-43)，其成矿作用、构造、古地理、侵入岩、变质作用具有以下特征。

2.鹿厂铜矿床特征

四川省地质矿产勘查开发局攀西地质队(2014)在鹿厂矿区延伸勘查，报告中对矿床成矿规律进行探讨，再次佐证大铜厂式铜矿成矿特征。

1)成矿环境

该矿床的成矿环境与古陆隆起风化剥蚀和会理红盆有关。

2)成矿物质来源

该矿床成矿物质来源于盆地周边的摩挲营花岗岩、龙帚山玄武岩及周围前震旦系变质岩系。根据中科院地矿所对鹿厂铜矿床周边剥蚀区各类岩石样品的含铜量及矿区砾石成分分析对比，剥蚀区各类岩石的铜含量与矿砾岩中砾石成分含铜量基本一致，说明鹿厂铜矿床物质来源于剥蚀区。

3)控矿因素

该矿床控矿因素主要有地层、岩性、岩相、氧化还原环境等因素，其中砾石成分是成矿的主要因素，当基性砾石成分高，矿化较强，河道拐弯处滞留砾石与边滩砂岩过渡带，水动力减弱，利于矿质沉淀。矿体颜色受金属矿物分带控制，矿体中部多为浅色混合矿——辉铜矿，边部为过渡色辉铜矿带，是由于成岩作用温度压力升高，介质由氧化环境转变成还原或弱还原环境，矿质经迁移、富集成工业矿体。

4)成因类型

鹿厂矿段同位素测定研究表明,早期阶段少量硫来自岩浆岩,成矿阶段硫主要来自于自身携带的硫化物,从早期到晚期 $\delta^{34}S$ 含量不断减少, $\delta^{32}S$ 含量逐渐增加,反映了沉积成岩作用特征。含矿层砾石胶结物(方解石,石英)包裹体均一法温度测定,矿床成矿温度 40~140℃,集中在 80~100℃,由沉积到成岩温度升高近 70℃,出现了矿物间的溶蚀交代和石英次生加大现象,流体包裹体流相中离子成分主要为 Na^+、 Ca^{2+}、 Mg^{2+}、 S^{2-}、 Cl^- 等,气象成分是 CO_2 和 H_2S,从成岩早期到晚期 Ca^{2+}、 H_2S 含量有所增加,说明成矿流体属富 Na^+、 Ca^{2+}、 Mg^{2+}、 S^{2-} 和 CO_2、 H_2S 型。

矿体不同部位出现不同颜色层,即浅色层(灰—灰褐色)、过渡层(紫灰色—紫褐色)、紫色层(紫红色—暗紫色),垂向上金属矿物对应出现黄铁矿带、混合矿带、辉铜矿带、赤铁矿带,反映成矿期的氧化还原环境特征,综上所述,判断鹿厂矿段成因属沉积层控砾石岩性铜矿床。根据《四川省铜矿潜力评价》矿床成因类型划分,其成矿特征与大铜厂铜矿一致,应属陆相沉积砂岩型铜矿。

3.区域成矿特点

1)区域成矿作用

大铜厂式砂岩型铜矿,其成矿与河湖相杂色砂砾岩建造密切相关,已知该类型铜矿床(点)产出在上白垩上统小坝组、下三叠统飞仙关组、下三叠统铜街子组、下白垩统飞天山组砂砾地层中,成矿作用可分为三个阶段:①陆源区含铜高的岩石或矿床的风化、剥蚀,即形成含铜风化带(壳)阶段;②含铜物质的搬运、沉积,即矿源层的形成阶段;③成岩过程中铜质的迁移、富集,即矿体的形成阶段。

2)构造与成矿

大铜厂式铜矿严格受构造的控制,以大铜厂铜矿床为例,矿床的形成受江舟—米市断陷盆地控制。江舟—米市盆地历经曲折复杂的演变过程,由相互交切的南北向构造和北东向构造构成红盆骨架。南北向构造:褶皱有马宗、大铜厂、仰天勤等向斜,翟窝厂、长村倾伏背斜和盐井背斜等,为矿床的形成提供必要条件,构造复合部位有利于矿化的富集。南北向断裂对成矿有明显的控制作用。

3)沉积建造与成矿

根据现有地质资料分析,中三叠世末—晚三叠世,经印支运动开始,本区断陷成盆以后,区内常见沉积岩相有山麓堆积、河相、河湖交替三角洲相、湖内沼泽相、湖相等几种。古气候自侏罗纪开始,在一个较长的炎热干旱时期之后转变为一个较短的炎热湿润期,雨水较多,蚀源区大量物质被搬运至盆内,沉积以河相、湖相、三角洲相为主,这一时期即是生成砂岩铜矿的有利时期。

4)侵入岩与成矿

断陷盆地周边岩浆岩较为发育，其西侧龙帚山一带有大片晚二叠系世玄武岩分布，为矿床的形成提供物源，北西部摩娑营附近有澄江期大片花岗岩出露，基性超基性侵入岩亦多处出露。

5)变质作用与成矿

大铜厂式铜矿床矿主要在同生沉积-成岩作用下形成，后期叠加改造成矿作用亦有表现。矿床中的铜物质经历了溶解与转移到再沉淀而富集成矿。

(三)成矿要素及成矿模式

1.成矿要素

通过大铜厂式砂岩型铜矿成矿规律研究，总结出大铜厂式铜矿典型矿床成矿要素如表 4-24 所示。

表 4-24　大铜厂式铜矿成矿要素

成矿要素		描述内容
特征描述		产于上白垩统小坝组下段中的陆相砂(砾)岩型铜矿
地质环境	构造背景	峨眉—昭觉断裂带，江舟断陷盆地
	成矿环境	内陆盆地河流沉积环境，砾岩建造、杂砂岩建造
	成矿时代	晚白垩世
	岩相古地理	冲-洪积扇顶-中扇-辫状河流河道亚相(Ⅰ-1)
矿床特征	赋矿地层	白垩系小坝组下段(K_2x^1)
	含矿建造	砂砾岩建造，含大量峨眉山玄武岩砾石
	含矿层厚度	一般大于30m，厚度越大，对成矿越有利
	矿体特征	矿层呈似层、透镜状产出，主矿体长2000m，宽300～700m，厚0.21～6.99m，铜品位为1.21%
	矿物组合	矿石矿物：辉铜矿、斑铜矿、黄铜矿及铜的氧化矿物
	结构构造	矿石具细晶粒状及溶蚀结构，浸染状、条带状、脉状构造

2.成矿模式

大铜厂式铜矿成矿物质主要来自大铜厂矿区西、北部剥蚀区龙帚山玄武岩、摩挲营花岗岩以及周围的前震旦系浅变质岩含铜岩系。

古陆上含铜岩石的风化、剥蚀形成含铜风化壳(层)，这时构造运动相对稳定，气候炎热干旱，处于碱性—弱碱性的氧化环境，岩石风化剥蚀速度远大于搬运速度，使铜在表生作用下富集。含铜风化物以碎屑、悬浮体的形式快速搬运，沉积形成了区内含铜地层白垩系上统小坝组(图4-48)。

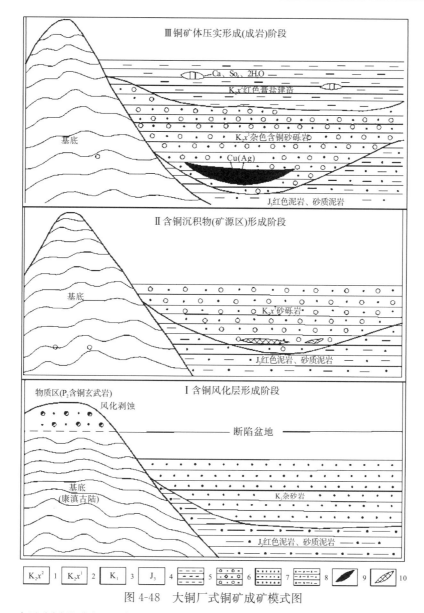

图 4-48 大铜厂式铜矿成矿模式图

1.白垩系小坝组中段；2.白垩系小坝组下段；3.白垩系；4.侏罗系上统；5.红色膏盐建造；
6.砂砾岩；7.杂砂岩；8.红色泥岩砂质泥岩；9.铜矿体；10.铜矿化体

(四)找矿标志

1.地层岩性标志

从前面所述大铜厂铜矿床矿体地质特征可知，K_2x^1(五)上部砾岩—K_2x^1(六)底部砂岩，K_2x^1(六)砂岩，K_2x^1(七)底部砾岩，K_2x^1(七)下部、K_2x^1(七)中部、K_2x^1(七)上部砾岩，是很好的含矿层位。

地层中，中基性砾石成分含量高的地段，往往铜含量高度富集；一般细砾、分选性好、磨圆度好、钙质胶结的砾岩矿化都强；当砾岩与砂岩交互出现时，靠近砂岩(或泥岩)顶部或底部砾岩为铜富集地段；杂色岩系的浅色岩系中的"浅紫交互带"是有利的铜成矿地带。以上所有这些地层岩性标志，都可以直接或间接地指导找矿。

2. 构造标志

次级断裂和裂隙沟通了矿源层，成为矿液的通道、活动场所，为铜元素再次活化富集创造了条件。最有利于含铜岩石的沉积部位，是在红色盆地沉积间断以后再一个沉积旋回的底部或下部，同时，在孔隙或裂隙集中地带也及其有利于成矿。

3. 沉积环境标志

在沉积化学环境方面，氧化还原系数为 0.5～0.8 的地段有利于铜矿的生成。砾岩层、砂岩层中胶结物颜色的深浅，反映了二价铁和三价铁含量的变化情况。铜含量大多随二价铁(FeO)的含量增加而增高，随三价铁(Fe_2O_3)含量的增加而减少。二者含量比例(即还原系数)直接反映在岩层的颜色上。

根据还原系数统计表明，还原系数在 0.7 以上时，大多为灰绿色，少数为紫灰色；在 0.4～0.69 时，大多为紫灰、灰紫色；在 0.39 以下时，大多为紫色。

铜矿体明显受一定颜色的含铜层控制，主要赋存在灰绿色岩层上下部位的紫灰、灰紫色岩层内，靠近灰绿色层的紫色层内也往往含矿。当灰绿色与灰紫、紫灰色或紫色频繁交替出现时，常形成多层矿体，甚至可连线圈定为厚矿体。随着灰绿色或紫灰、灰紫色层的消失，出现大片紫色层时，矿体逐渐尖灭。

此外，若见到多次不完整的旋回出现时，矿体往往富厚。比如颜色分带相是灰色—紫色—灰色—浅紫色时，则对应的金属矿物分带由下至上分别为黄铁矿-斑铜矿-黄铁矿-辉铜矿，矿厚达数米。

4. 其他标志

岩相古地理标志：会理地区砂岩铜矿床和矿点主要分布在古地理位置的山前及盆地边缘。砂岩铜矿产于河流冲积相边滩砂体中，铜矿常赋存于古河道凸岸的滨河床浅滩相，所以找寻古河道边滩是一有效的找矿途径。这主要与铜元素来源地的相对位置有关。

沉积原生构造标志：沉积原生构造与成矿也有较密切关系。砂岩层呈中厚层状，具单斜层理并在泥砾较发育处附近，常出现矿体；当出现浅色团斑时矿化也强，这与厌氧细菌作用有关；当砂岩层中夹有泥岩层时，在泥岩层分布稳定的地段，砂岩层含矿好，否则差；砾岩层中砂泥质夹层少时含矿较好，反之差。

水系沉积物测量异常明显，铜异常值为$(103～205)×10^{-6}$。

第四节　火山岩型铜矿

一、概况

　　火山岩型铜矿床产于晚二叠世玄武岩中，按成矿母岩命名，又称之为"玄武岩铜矿"，主要分布于康滇逆冲带东西两侧、小江断裂带以东，铜矿直接受晚二叠世峨眉山玄武岩控制，属华力西晚期基性偏碱性大陆火山喷发的产物。

　　该类铜矿床成矿物质来源于上地幔基性偏碱性或中基性岩浆，成矿作用以火山喷发堆积热液自变质作用为主，部分为火山喷气充填交代作用和后期地表水淋滤改造作用。矿体的形成富集主要受喷发旋回和裂隙构造的控制，一般赋存于峨眉山玄武岩组的中上部。峨眉山玄武岩组由几个至几十个喷发旋回组成，每一旋回大体由玄武角砾凝灰岩-致密状玄武岩-斑状玄武岩-杏仁状(气孔状)玄武岩构成，成矿富集与旋回晚期火山热液自变质作用有关，部分地区受地表水的淋滤改造而出现淋失或次生富集现象。乌坡式铜矿以最早查明的矿床为乌坡铜矿床而得名。

二、乌坡式铜矿

　　乌坡式铜矿分布在四川省昭觉县、峨边县、荥经县、布拖县、沐川县、雷波县、美姑县等地，包括乌坡铜矿、花滩铜矿、吊红岩铜矿等小型矿床。目前已发现小型矿床 3 个，矿点 12 处。该类型矿床具有规模小、分布范围广的特点。

　　乌坡铜矿床位于四川省昭觉县北东 23km，属昭觉县乌坡乡管辖，面积 20km²。1958 年，原凉山地质队开展了地表地质工作，提交了《四川省昭觉县乌坡铜矿区地质详查报告》，由凉山州公安处开采、冶炼，于 1962 年停产。1979~1980 年 12 月由四川省冶金地质勘探公司六〇九队开展了详细普查工作，主要对乌坡矿段采用钻探工程对矿体进行控制，1981 年 1 月提交了《四川省昭觉县乌坡铜矿区详查地质报告》，规模达到小型矿床，工作程度较高，作为乌坡式铜矿的典型矿床。

（一）乌坡铜矿床特征

1. 矿区地质

1）地层

矿区位于乌坡短轴向斜南东端东翼(图 4-49)，区内出露地层有上二叠统峨眉山玄武岩组（P_3em），下三叠统飞仙关组（T_1f）及嘉陵江组。

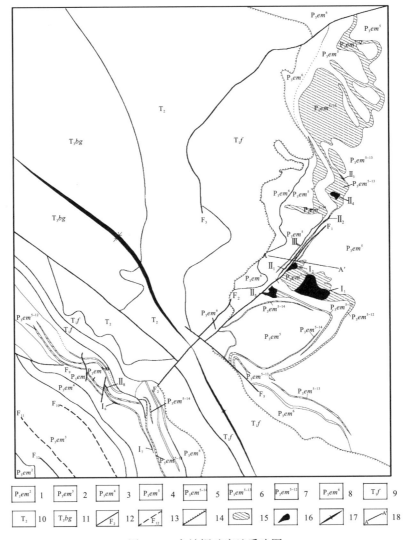

图 4-49　乌坡铜矿床地质略图

1.上二叠统峨眉山玄武岩组第二喷发阶段；2.上二叠统峨眉山玄武岩组第三喷发阶段；3.上二叠统峨眉山玄武岩组第四喷发阶段；4.上二叠统峨眉山玄武岩组第五喷发阶段；5.上二叠统峨眉山玄武岩组第五喷发阶段第14喷发旋回（玄武质火山角砾岩）；6.上二叠统峨眉山玄武岩组第五喷发阶段第13喷发旋回（凝灰岩和火山角砾岩）；7.上二叠统峨眉山玄武岩组第五喷发阶段第12喷发旋回（玄武质火山角砾岩）；8.上二叠统峨眉山玄武岩组第六喷发阶段；9.下三叠统飞仙关组；10.中二叠统未分组；11.上三叠统白果湾组；12.断层及编号；13.推测断层及编号；14.角度不整合界线；15.含矿地质体；16.铜矿体；17.背斜轴迹；18.剖面位置

2）构造

矿区构造简单，呈一走向北北东、倾向北西西的单斜构造，岩层产状 $260°\sim280°$ $\angle27°\sim30°$。火山角砾岩的层间裂隙是主要容矿构造，角砾同胶结物间隙及角砾本身空隙是矿化次生富集的主要构造。F_1 为矿区主要断层，并切穿矿区主要含矿层（矿化火山角砾岩）。该断层与成矿同时发生，具多期活动性。断层面下盘岩石破碎带宽 $1\sim1.5m$，具有强烈的绿泥石化、沸石化、方解石化，局部伴随辉铜矿、黄铁矿、孔雀石及蓝铜矿矿化。

2.矿床地质

1)矿体特征

矿体呈似层状，不规则透镜状或薄饼状产出，产状同围岩一致，由下而上共三个含矿层13个矿体，分别赋存于上二叠统峨眉山玄武岩组第五喷发阶段第13喷发旋回的玄武质火山角砾岩中(图4-50)。根据岩石化学成分，SiO_2 含量平均47%，K_2O+Na_2O 平均4.37%。其中火山碎屑岩 $K_2O>Na_2O$，显示富钾的特征；熔岩 $Na_2O>K_2O$，显示富钠的特征，该玄武岩属基性岩类的碱性玄武岩。

地表出露矿体7个，隐伏矿体11个，以 I_1、I_2、II_1、II_2 为主矿体。矿体走向近南北向，呈透镜状或似层状产出，其中，I_1 主矿体长350m，宽30~250m，厚7.4m，倾角27°~30°，矿床铜的平均品位为0.88%。

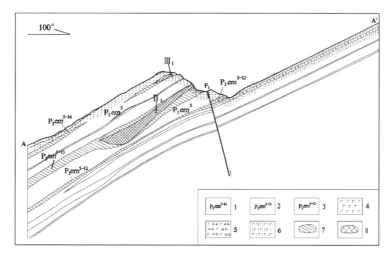

图 4-50 乌坡铜矿 A—A' 剖面图

1.上二叠统峨眉山玄武岩组第五喷发阶段第14喷发旋回(玄武质火山角砾岩)(含矿地质体)；2.上二叠统峨眉山玄武岩组第五喷发阶段第13喷发旋回(凝灰岩和火山角砾岩)(含矿地质体)；3.上二叠统峨眉山玄武岩组第五喷发阶段第12喷发旋回(玄武质火山角砾岩)(含矿地质体)；4.致密块状玄武岩；5.火山角砾岩；6.凝灰岩；7.含矿地质体；8.铜矿体

2)矿石特征

矿石矿物：辉铜矿、孔雀石、蓝铜矿(共占有用矿物含量的90%~95%)，次为黄铜矿、斑铜矿及铜蓝，少量赤铁矿、褐铁矿、磁铁矿。

脉石矿物：绿泥石、沸石、方解石、石英、绿帘石、黄铁矿，其余为火山角砾及火山凝灰质胶结物。

矿石结构：以半自形—他形粒状结构为主。

矿石构造：以浸染状和细脉状为主，次为网脉状，斑点状、细团块状、杏仁状等构造。

矿石类型：绿泥石辉铜矿(含沸石辉铜矿和方解石辉铜矿)；铜蓝矿孔雀石；绿帘石、

孔雀石、辉铜矿；绿泥石、斑铜矿、黄铜矿；绿泥石、黄铁矿、黄铜矿。

3）围岩蚀变

近矿围岩蚀变有石英绿泥石化、沸石化、方解石化、黄铁矿化、石英绿帘石化。石英绿帘石化的存在与否及其强弱程度及矿体的规模品位关系密切，可作为找矿标志。

3.矿床成因类型

乌坡铜矿床受峨眉山玄武岩喷发—喷溢—喷发全过程中及其期后控制，在不同阶段，不同构造部位及不同岩性中，形成不同类型的矿体。

地幔基型岩浆富集上拱、引张、破裂，于晚二叠世受外压降低，玄武岩喷发活动为平静喷溢—喷发—喷溢—喷发这一过程，沿南北向断裂喷发，形成大面积玄武岩，经过多次喷发将表层熔岩流崩结成碎块，再被有关物质胶结而形成火山角砾岩。

当玄武岩喷发活动晚期或每个喷发旋回的间歇期，外压降低，带来大量的以铜质为主的含矿热液多次上升，通过断裂及次级构造向两侧运移。当有利构造两侧分布着多孔状火山角砾岩时，含矿热液向此空间运移，当外压继续降低，含矿热液就会在有利构造条件下，并在火山角砾岩上部覆盖凝灰岩阻挡含矿热液上升而流失，最终在多孔状火山角砾岩中富集成矿。

在玄武岩喷发间歇期和喷发期后，前期喷出的玄武岩遭剥蚀及伴随喷发末期的凝灰物质，携带大量铜质，搬运至处于还原环境的宁静水体湖沼环境中，于富含炭质的泥质岩、硅泥质岩、凝灰岩、凝灰粉砂岩及粉砂岩等岩层中形成似层状、透镜状的火山沉积型铜矿床。

随着后期构造变动，在玄武岩中发育了许多规模不等的断裂构造，由于地表水、地下水沿破碎系统下渗、循环、喷发期后，含矿热液沿基底断裂上升，在断裂破碎带中的有利部位也可形成透镜状的构造热液型铜矿床。

（二）区域成矿特征

1.区域成矿背景

乌坡式陆相火山岩铜矿，位于上扬子古陆块（I_1）的康滇前陆逆冲带南部和四川前陆盆地西部，可进一步分成龙泉山前拗陷盆地（I_{1-1-2}）、康滇轴部基底断隆带（I_{1-5-2}）、峨眉—凉山盖层褶冲带（I_{1-6-1}）等Ⅳ级构造单元，主要分布在凉山州、雅安市、眉山市、乐山市等地区（图4-51），成矿背景较好。

2.区域成矿特点

1）区域成矿条件

乌坡式铜矿均与晚二叠世峨眉山玄武岩有着直接或间接关系，玄武岩含铜背景值高

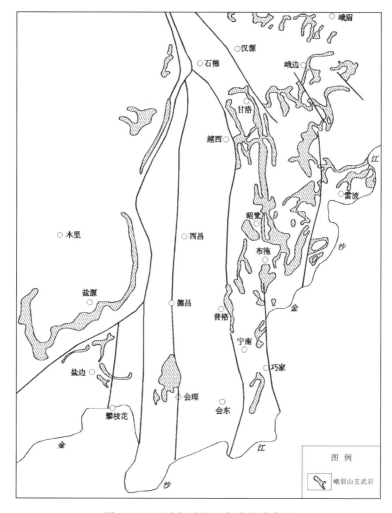

图 4-51 四川省峨眉山玄武岩分布图

达 $100×10^{-9}$～$150×10^{-9}$，比其他类型岩石高 4～10 倍，是由铜矿形成的初始矿源，为铜元素富集成矿提供了丰富的物源，也是铜矿形成的重要条件。攀西地区玄武岩主体呈南北向分布，含铜地层为晚二叠世峨眉山玄武岩（P_2em）及宣威组（P_2x）炭质砂岩。

2）控岩构造

南北向甘洛—小江断裂、峨眉山—会理断裂为玄武岩的主要喷溢通道，北东向峨眉—越西断裂、北西向断裂、金阳—宣威断裂交汇处为玄武岩喷发中心，控制玄武岩分布，次级断裂及派生断裂为次级喷发点，形成多裂隙多喷发中心，为铜矿形成提供了含矿热液运移空间或赋矿场所。

3）区域成矿作用

乌坡式铜矿分布于华力西期扬子古陆边缘滨海湖沼相封闭半封闭沉积环境。晚古生代攀西裂谷的扩张（峨眉地幔柱隆升）作用产生一系列近南北向张性断裂，成为二叠纪晚期玄武岩喷发通道，属多裂隙中心式喷发喷溢，喷发中心多为几处构造交汇部位。主要岩性有橄斑玄武岩、辉斑玄武岩、斜斑玄武岩、致密状玄武岩、杏仁状玄武岩、玄武质集块岩、玄武质角砾岩、玄武质凝灰岩等。主要含矿岩石为杏仁状及气孔状玄武岩，玄武凝灰角砾岩，并常伴随绿泥石化、绿帘石化、次闪石化、硅化、碳酸盐化等变质热液蚀变。含铜矿物多呈浸染状分布在玄武岩基质和气孔中，或沿原生节理裂隙充填。含铜矿物有辉铜矿、黄铜矿、斑铜矿、蓝铜矿、孔雀石等，少数见自然铜。

（三）成矿要素及成矿模式

1.成矿要素

通过乌坡式火山岩型铜矿成矿规律研究，总结出乌坡式铜矿典型矿床成矿要素如表4-25所示。

表 4-25   乌坡式铜矿成矿要素

	成矿要素	描述内容
	特征描述	产于晚二叠世峨眉山玄武岩、中的玄武岩型铜矿
区域成矿地质环境	大地构造位置	扬子陆块西南缘康滇逆冲带北段东侧
	成矿时代	晚二叠世早期
	含矿建造	峨眉山玄武岩第五喷发阶段。峨眉山玄武岩旋回由下而上为致密块状玄武岩-斜斑玄武岩-杏仁状玄武岩-火山角砾岩-凝灰岩
	构造	南北向深断裂为玄武岩喷发通道
区域成矿地质特征	岩性特征	由上而下为凝灰岩(矿化层)-火山角砾岩(赋矿层位)-杏仁状玄武岩(矿化层)-斜斑玄武岩-块状玄武岩
	矿物组合	辉铜矿、孔雀石、蓝铜矿为主，次为黄铜矿、斑铜矿、铜蓝及少量自然铜
	矿石结构	半自形晶、他形粒状结构
	矿石构造	角砾状、多孔状构造
	蚀变	绿泥石化、硅化、沸石化、碳酸盐化
	风化	风化淋滤作用

2.成矿模式

乌坡式铜矿矿床位于康滇前陆逆冲带及四川前陆盆地峨眉—昭觉断陷盆地中南段，成矿物质来源于上地幔基性偏碱性或中基性岩浆，成矿作用以火山喷发堆积热液自变质作用为主，部分为火山喷气充填交代作用和后期地表水淋滤改造作用。矿体的形成富集主要受喷发旋回和裂隙构造控制，一般赋存于峨眉山玄武岩组的中上部。峨眉山玄武岩一般由几个至几十个喷发旋回组成，每一旋回大体由玄武角砾凝灰岩—致密状玄武岩—斑状玄武岩—杏仁状（或气孔状）玄武岩构成，成矿富集与旋回晚期火山热液自变质作用有关，部分地区受地表水的淋滤改造而出现淋失或次生富集现象。乌坡式铜矿位于上二叠统玄武岩上部，根据玄武岩的喷发过程及特征，将玄武岩划分为六个喷发阶段及二十三个喷发旋回，其中第五喷发阶段为控矿层位。

玄武岩喷发活动晚期或每个喷发旋回的间歇期，外压降低，带来大量的以铜质为主的含矿热液多次上升，通过断裂及次级构造向两侧运移。当有利构造两侧分布着多孔状火山角砾岩时，含矿热液向此运移时，当外压继续降低含矿热液就会在有利构造条件下，在火山角砾岩上部覆盖凝灰岩阻挡含矿热液上升，最终在多孔状火山角砾岩中富集成矿。

玄武岩的喷发喷溢受基底南北向断裂构造控制，属多裂隙中心式喷发喷溢，喷发中心多为几处交汇部位。断裂破碎带是含铜溶液的运移通道，这种通道在铜矿同生成矿与后期溶液改造富集中均发挥了重要作用(图 4-52)。

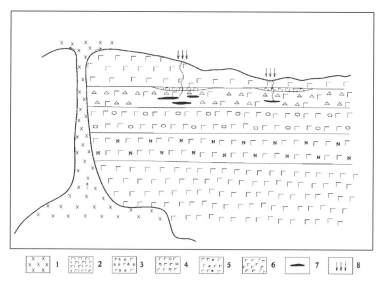

图 4-52　乌坡式铜矿成矿模式图

1.基性岩；2.凝灰岩；3.火山角砾岩；4.杏仁状玄武岩；5.斑状玄武岩；
6.致密块状玄武岩；7.铜矿体；8.风化淋滤作用

(四)找矿标志

岩性标志：华力西期基性偏碱性峨眉山玄武岩是直接找矿标志。

喷发标志：峨眉山玄武岩喷发的晚旋回。

地化标志：Cu、Pb、Zn、Ag、Mo、As 组合或 Cu、Mo、Cr、Co、Ni 组合。

以黄铁矿化、黄铜矿化、褐铁矿化、蓝铜矿化和玄武岩构造类型中的绿泥石化、绿帘石化等均是重要直接找矿标志。

第五章 四川省铜矿成矿规律

第一节 研 究 概 况

一、前人研究概况

20世纪70年代末，中国地质科学院，地矿部成都地质矿产研究所，四川省地质矿产勘查开发局，地质矿产研究所及冶金、煤炭、化工、石油、建材、核工业部的地质研究机构和地质院校，开展了对四川主要矿产成矿规律的研究，特别是对钒钛磁铁矿、铅锌矿、铜矿、磷矿、铁矿、煤、岩盐、石棉、稀有金属、云母、铀矿等主要矿产的成矿规律和典型矿床研究及一轮区划(1980~1982年)，获得了较高水平的成果，从而将四川省矿床地质研究程度提高了一大步，并推动了矿产的进一步重点勘查。

20世纪80年代中期，开始编制《四川省区域矿产总结》，该成果首次对省内单矿种进行了时空分布规律总结，对主要成因类型建立了成矿模式、成矿系列，但典型矿床缺乏物理化学数据，从而影响成矿模式的可靠性，在矿产总结的结语部分建立了综合矿产的区域成矿规律，分析沉积作用、火山活动、侵入活动、地质构造演化与成矿作用的关系，从而总结省内主要矿产的区域成矿规律及找矿方向。

20世纪90年代开始至今，陆续开展全省的二轮(1992~1994年)、三轮(1998~2000年)区划工作，四川省地质矿产勘查开发局要求每一个区划和成矿预测项目，总结区域成矿规律，缺资料的要求采样补作，例如小比例尺的全省金矿成矿预测、铜矿成矿预测、三江有色贵金属区划；中比例尺的甘孜—义敦地区有色贵金属，石棉—木里地区金、铅锌，康滇地轴东缘铅锌等预测项目，都作区域成矿规律总结，划分成矿区带和成矿远景区。但以往成矿规律研究缺乏全省总体的系统工作，而且主要矿种作得不齐全，研究所利用资料也相当局限，研究方法较为单一，整体研究不够。

二、矿产资源潜力评价

2007~2013年，四川省矿产资源潜力评价项目开展了本次四川省铜矿成矿规律研究及矿产预测，该项目按照全国矿产资源潜力评价技术要求，应用现代成矿学理论，将四川省区域地质调查、矿产勘查及开发资料，以及物探、化探、遥感提供的信息相结合，总结了8个主要铜矿床式(4个火山沉积变质型——拉拉式、李伍式、淌塘式、彭州式；2个斑岩型——西范坪式、昌达沟式；1个陆相砂岩型——大铜厂式；1个陆相火山岩型——乌坡式)的时间、空间分布规律，划分四川省Ⅴ级成矿区，并对四川省铜矿单矿种成矿规律进行总结，为下一步开展铜矿预测提供了依据。

本次预测包括四川省铜矿的4个主要预测类型8个矿床式，全面完成各预测类型矿床式的典型矿床研究、成矿规律研究、矿产预测、资源潜力定量估算、勘查工作部署等工作，并提交相应系列图件、文字报告及数据库资料；最后汇总各专业的研究成果，综合编制了四川省铜矿资源潜力预测成果报告。

第二节　铜矿时间分布规律

一、地质构造演化对铜矿成矿的控制

铜矿是成矿时特定的地质构造环境的产物，随着地质构造环境的变化，铜矿的成矿作用特点也发生相应的变化。

四川省铜矿具多旋回成矿特点。在漫长的地质演化进程中，四川省铜矿可大致分为四个大的成矿旋回，即中条、晋宁—澄江、华力西、印支—燕山、喜马拉雅，其演化和时空分布与地壳运动关系密切，即随时间推移和构造岩浆活动减弱，铜矿建造由内生型(岩浆-火山型)，经过渡型向外生型(沉积型)转化，成矿空间分布亦由构造活动强烈的褶皱隆起区向相对稳定的沉降区迁移。每个成矿旋回的铜矿成矿建造各具特色，表现出明显的递变性，跃进性及多样性。与铜矿成矿有关的构造事件如下所述。

(一)元古代扬子古陆边缘裂解事件

元古代，受全球性裂解事件的影响，在扬子古陆边缘产生规模不等的裂谷、裂陷槽，并伴随有不同规模的火山喷发，在攀西及邻区形成一套海相火山岩岩石构造组合。晋宁运动导致基底褶皱，产生广泛的区域变质作用，该套海相火山岩又经历了低绿片岩-角闪岩相的变质作用，后期改造强烈。拉拉式、淌塘式、李伍式、彭州式铜矿即形成于火山喷发-沉积盆地构造环境，并经后期变质作用改造而定型为海相(火山)-沉积变质型矿床。晋宁后期—澄江期，基性—超基性岩体侵位，富含Cu、Ni的硫化物聚集成矿，如冷水箐铜镍矿。

（二）晚二叠世—晚三叠世攀西裂谷事件

晚二叠世—晚三叠世早期，强烈拉张导致陆壳破裂，幔源岩浆裂隙式喷发，形成大面积的二叠系陆相玄武岩（峨眉山玄武岩），代表进入陆缘裂陷-裂谷发展的高峰期，扬子陆块内部相对稳定，边缘发生强烈拉张，形成攀西裂谷；该阶段早期形成乌坡式火山岩型铜矿，晚期形成沉积型砂岩铜矿，在上二叠统宣威组、下三叠统铜街子组、中三叠统青天堡组均有砂岩铜矿产出。该时期上地幔部分熔融，富含 Cu、Ni 等的基性、超基性岩侵位，形成力马河、杨柳坪等铜镍矿。

（三）晚二叠世义敦岛弧事件

晚二叠世发生强烈拉张，产生广泛的海相玄武岩喷发及基性—超基性岩侵位，形成由金沙江洋、甘孜—理塘洋等分割陆块和盆地的条块相间格局。川西高原地区岩浆活动尤为频繁和强烈，"沟、弧、盆"体系开始形成，以晚二叠世金沙江洋闭合为起点，开始进入俯冲碰撞时期，在二叠纪的裂谷引张运动之后，沉积了一套大陆边缘的浅海—半深海相碳酸盐复理石沉积，其西甘孜—理塘洋闭合，晚三叠世形成著名的义敦岛弧，在义敦古岛弧系德格乡城主弧带内的昌台火山-沉积盆地中形成了与海相火山-沉积作用有关的块状硫化物矿床成矿系列，呷村火山岩性铜多金属矿床是其代表。

（四）侏罗纪—新近纪陆内造山事件

西部地区发生强烈陆内碰撞，形成一系列同斜、倒转或平卧褶皱和逆冲推覆断裂，伴随大规模岩浆活动，地壳增厚，形成松潘—甘孜造山带，三江中段地区燕山期—喜马拉雅期的酸性岩浆侵入活动十分强烈，形成了多个大岩体及若干小岩株、岩墙构成规模巨大的花岗岩带，燕山早期形成与浅成花岗闪长斑岩有关的昌达沟式斑岩铜矿。碰撞造山后，川西高原形成一系列断陷盆地，部分盆地中形成砂砾岩型铜矿（化）。

东部地区由于碰撞造山运动影响，龙门山—康滇地区发生逆冲推覆和快速隆升，局部形成断陷盆地及河湖沉积，形成大铜厂式铜矿，盐源拗陷盆地喜马拉雅期形成与浅成花岗岩有关的西范坪式斑岩铜矿。

二、四川省铜矿成矿时间分布

（一）铜矿的成矿时代分布

四川省铜矿最早的成矿时代可追溯至早元古代，最晚的成矿高潮结束于新生代，跨时 10 多亿年，经历四个高峰期，且具有多层位的特点。

四川省铜矿赋矿地层主要有古元古界河口群，中元古界会理群、李伍群、黄水河群，其次为古生界上二叠统峨眉山玄武岩组及下三叠统—白垩系。

元古代，以沉积变质型铜矿为主（最重要），为四川省已经查明铜矿的主要成矿时代，分布在扬子陆块边缘变质岩分布地区的康滇逆冲带、龙门山基底推覆带等，如拉拉式、李伍式、彭州式、淌塘式铜矿等。有大型1处，中型5处，共获资源储量159.04万吨，约占全省铜矿总储量的55%。矿床规模大，分布集中，成矿带受康滇基底断隆带、龙门山基底逆冲带火山沉积变质岩系控制。拉拉式铜矿分布在河口群落凼组钠质火山沉积变质岩、石榴黑云片岩、黑云石英片岩、二云石英片岩中；李伍式铜矿分布在李伍岩群火山-沉积变质岩系（绢云石英片岩、黑粒变粒岩、二云片岩）中；淌塘式铜矿分布在会理群淌塘组炭质凝灰质千枚岩、炭质绢云千枚岩、凝灰质绢云千枚岩，落雪组石英白云石大理岩、石英大理岩中；彭州式铜矿分布在黄水河群黄铜尖子组火山-沉积变质岩系（白云母石英片岩、绿泥石英片岩）中。

古生代，以陆相火山岩型铜矿为主，如与晚二叠世峨眉山玄武岩有关的乌坡式铜矿等。玄武岩广泛分布于川西南地区，含铜背景高，矿点多，分布广，找矿潜力大。

中新生代，以砂岩型铜矿、斑岩铜矿为主，砂岩型铜矿矿石品位高，系我省早已利用的铜矿类型之一；斑岩铜矿为20世纪80年代新发现，矿石品位低，勘查程度很低，找矿潜力大。

（二）主要成矿期

晋宁成矿期：造就了褶皱基底变质岩中一系列海相火山沉积变质型铜矿。主要含铜建造有细碧角斑岩、基—中性火山-碎屑岩-碳酸盐岩等，晚期局部有岩浆气液交代-充填铜矿建造出现。早元古的拉拉式及中元古的东川式（淌塘）、李伍式、彭州式火山沉积变质型铜矿，成因类型相对单一，晋宁末期的盐边冷水箐岩浆熔离铜镍矿。

华力西成矿期：为本省内生铜成矿时期之一。二叠纪上扬子陆块西缘拉张断裂（谷）的发生，导致深部活化型岩浆的侵入和喷发（溢）。晚期峨眉山玄武岩，形成乌坡式铜矿；早期与镁铁质基性、超基性的橄榄岩、辉橄岩有关的丹巴杨柳坪、会理力马河岩浆熔离铜镍矿。

印支—燕山成矿期：为本省斑岩型铜矿成矿时期之一、砂（页）岩型铜矿的主要成矿期。印支早期东部地区的昭觉—马边一带沿断陷盆地内，在玄武岩分布区域经风化剥蚀形成砂岩型铜矿，如三比洛呷。印支晚期—燕山早期西部地区沿德格—义敦—香格里拉岛弧带等侵入的浅成（超浅成）中酸性花岗闪长斑岩体，形成昌达沟式铜矿。燕山中晚期在本省东部地区、二叠纪玄武岩分布区域的断陷盆地内，形成陆相砂岩型铜矿，如大铜厂、鹿厂。成因类型多样化。

喜马拉雅成矿期：为四川省斑岩型铜矿成矿时期之一，沿盐源—丽江拗陷带等侵入的超浅成石英二长斑岩体、正长斑岩体、闪长玢岩体，形成西范坪式铜矿。成因类型简单。

从以上铜矿时代分布规律可以看出：①四川省铜矿成矿期时限长，跨度大，从晋宁期到喜马拉雅期都有不同类型的铜矿生成；②在地壳漫长的发展演化过程中，由不同类型的铜矿建造构成若干个成矿期，其中内源外生铜矿主要集中在晋宁期，内生铜矿有晋宁、华力西、印支—燕山、喜马拉雅成矿期，以晋宁期为颠峰期、次为燕山—喜马拉雅期，外生砂岩型铜矿则主要集中于白垩纪、侏罗纪、三叠纪、二叠纪；③在漫长的铜矿成矿期中，大体上总是定时地出现高潮期和间歇期，有时以内生成矿作用为主，有时以外生成矿作用为主，表现出明显的继承性和多旋回性，这是与铜在地壳中的化学行为和地壳运动本身的不均衡性息息相关的（表 5-1）。

第三节　四川省铜矿空间分布规律

一、成矿区带划分

四川省包括全国统一划分的Ⅰ级成矿域 3 个，Ⅱ级成矿省 4 个，Ⅲ级成矿区带 11 个。在此基础上，按全国统一要求，四川省矿产资源评价项目组进一步划分出了Ⅳ级成矿区 45 个（表 5-2，图 5-1）。

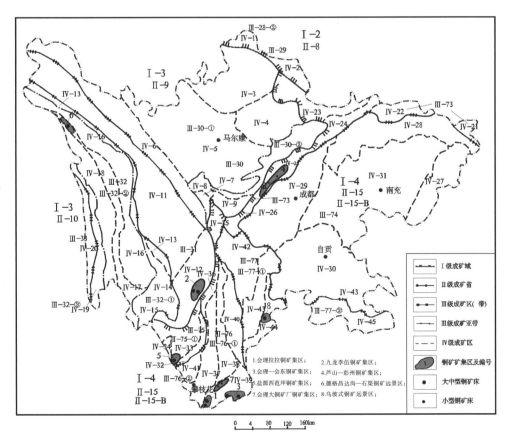

图 5-1　四川省成矿区带及矿集区示意图（根据四川省地质构造与成矿，2015 修编）

表 5-1　四川省铜矿成矿时空分布

成矿旋回	时代		主要含矿建造	规模	空间分布		代表矿床
					Ⅲ级成矿构造区	地理分布	
第四成矿旋回	新生代	喜马拉雅期	中酸性-长花岗斑岩	中、小型	盐源-丽江台缘拗陷带	盐源、木里地区	西范坪
	中生代	白垩纪	陆相碎屑建造	中、小型	康滇基底断隆带	会东	大铜厂、庵,张家村、三洛咀比
		晚三叠世(印支期)	图姆沟组英安质流纹火山岩建造	中、小型	义敦岛弧带	白玉、理塘地区	呷村、嘎衣穷
		印支期-燕山期	中酸性花岗闪长斑岩	小型矿点	德格-义敦-香格里拉岛弧带	德格	昌达沟
		早三叠世(印支早期)	飞仙关组,铜街子组陆相碎屑建造	小型矿点	康滇基底断隆带	德格、巴塘、峨边、马边、沐川、美姑	新华、先家普
	印支运动(2.05±亿年)						
第三成矿旋回	上古生代	华力西期2	陆相火山、次火山、浅成相基性岩	中、小型	康滇基底断隆带	雅安、凉山地区	昭觉乌坡、栗丝拉塘
		华力西期1	基性-超基性侵入岩	中、小型	康滇裂谷带	会理、德格、丹巴	力马河、杨柳坪
	华力西运动(2.40±亿年)						
第二成矿旋回	新元古代-上古生代	中晚泥盆世	浅海相碎屑、碳酸盐岩含铁建造				
		澄江期	花岗岩与前震旦系登相岩碳酸盐岩外接触带	中、小型	康滇基底断隆带	盐边地区	盐边水箐
		晋宁期	基性-超基性侵入岩				
	加里东运动(3.75±亿年)						
	晋宁-澄江运动(8.5亿~6.5亿年)						
第一成矿旋回	古元古代-中元古代	会理群	青龙山期2	青龙山组碳酸盐岩及千枚岩、变砂岩	中、小型	康滇基底断隆带	会东地区	会东淌塘、新田
			青龙山期1	(火山)变质细碎屑岩、碳酸盐岩	中、小型	康滇基底断隆带	彭州、丹山、青川	大箐沟、黑箐、繁箐、黎磨
		黄水河群	黑山期	黄溪尖子目中酸性火山岩、变质岩建造	小型	龙门山基底逆推带	会理、通安	彭谷拉、麻底沟
		河口群河口期		河口组富钠质变质火山岩	大、中型	雅江残余含盐地南缘木里-九龙边缘隆起带	九龙地区	九龙李伍、马鞍山、挖金沟
						康滇基底断隆带	会理拉拉地区	拉拉小黑箐、落凼、石龙沟、右所、老羊汗、鳞歌嘴
	中条运动(29.5亿~17亿年)						
	太古代	康定群		中深变质混合岩化、火山、沉积岩建造		康滇基底断隆带	盐边地区	

表 5-2　四川省成矿区带划分

Ⅰ级（成矿域）	Ⅱ级（成矿省）	Ⅲ级（成矿带）		Ⅳ级（成矿区）
Ⅰ-2 秦祁昆成矿域	Ⅱ-8 秦岭—大别（造山带）成矿省	Ⅲ-28 西秦岭 Pb-Zn-Cu(Fe)-Au-Hg-Sb 成矿带	Ⅲ-28-③ 迭部—武都 Fe(菱铁矿)-Au-U 成矿亚带	Ⅳ-1 若尔盖—降扎　Au-U 成矿区
		——玛沁—略阳深断裂带——		
		Ⅲ-29 阿尼玛卿 Cu-Co-Zn-Au-Ag 成矿带		Ⅳ-2 玛曲—九寨沟　Au 成矿区
Ⅰ-3 特提斯成矿域	Ⅱ-9 巴颜喀拉—松潘成矿省	Ⅲ-30 北巴颜喀拉—马尔康 Au-Cu-Ni-Pt-Fe-Mn-Pb-Zn-Li-Be-Nb-Ta-云母成矿带	Ⅲ-30-① 壤塘—松潘—平武 Au-Fe-Mn-Li-Be-Nb-Ta 成矿亚带	Ⅳ-3 若尔盖地块 Au-Cu-泥炭-褐煤成矿区
				Ⅳ-4 黑水—松潘—平武 Au-Fe-Mn 成矿区
				——阿坝边缘大断裂——
				Ⅳ-5 壤塘—马尔康—金川 Au-Li-Be 成矿带
				——泥曲—玉科断裂构造——
				Ⅳ-6 炉霍—道孚 Au-Fe-Cu-Pb-Zn 成矿区
			Ⅲ-30-② 丹巴—茂汶 Cu-Ni-Pt-Pb-Zn-Fe-Au-云母-水晶成矿带	Ⅳ-7 丹巴杨柳坪 Cu-Ni-Pt-Ag 成矿区
				Ⅳ-8 丹巴云母-Cu-Au 成矿区
				Ⅳ-9 康定寨子坪 Pb-Zn-Au-Cu-Fe 成矿区
				Ⅳ-10 汶川—北川 Fe-Au-Pb-Zn-水晶成矿区
		——鲜水河断裂带——		
		Ⅲ-31 南巴颜喀拉—雅江 Li-Be-Nb-Ta-Au-Cu-Pb-Zn-水晶成矿带		Ⅳ-11 石渠—雅江 Li-Be-Au-Pb-Zn-Sn 成矿区
				——陈支大断裂构造——
				Ⅳ-12 九龙断块 Cu-Zn-Au-Ag-Li-Be 成矿区
		——甘孜—理塘深断裂带——		
	Ⅱ-10 喀喇昆仑—三江（造山带）成矿省	Ⅲ-32 义敦—香格里拉（造山带弧盆系）Au-Ag-Pb-Zn-Cu-Sn-Hg-Sb-W-Be 成矿带	Ⅲ-32-① 甘孜—理塘(洋盆结合带)Au-(Cu-Ni)成矿亚带	Ⅳ-13 甘孜—理塘混杂岩有关的 Au 成矿区
				Ⅳ-14 木里贡岭地区与板块俯冲增生杂岩有关 Au-Cu-Ni 成矿区
				Ⅳ-15 木里水洛地区陆壳残片中 Au-Fe-Cu-Ag 成矿区
				——马尼干戈—拉波大断裂——
			Ⅲ-30-② 德格—义敦—香格里拉(岛弧)Pb-Zn-Ag-Au-Cu-Sn-W-Mo-Be 成矿亚带	Ⅳ-16 雀儿山—沙鲁里山—冬措岩浆岩带 Cu-Sn-Pb-Zn 成矿区
				——沙鲁里山大断裂——
				Ⅳ-17 白玉赠科—昌台—乡城火山沉积盆地 Cu-Pb-Zn-Ag-Au-Sb-Hg-S-重晶石成矿区
				——德格—乡城大断裂——
				Ⅳ-18 高贡—格聂 Sn-Ag-Pb-Zn-Cu 成矿区
		——德来—定曲深断裂带——		

续表

Ⅰ级（成矿域）	Ⅱ级（成矿省）	Ⅲ级（成矿带）	Ⅳ级（成矿区）
		Ⅲ-32-③中咱（地块）Zn-Pb-Cu-Au-Fe 成矿亚带	Ⅳ-19 中咱地块 Pb-Zn-Cu-Au-Fe 成矿区
		——金沙江深断裂带——	
		Ⅲ-33 金沙江（缝合带）Fe-Cu-Pb-Zn 成矿带	Ⅳ-20 金沙江 Cu-Ni-Cr-Pt-Pb-Zn-Fe 成矿区
		——北川—映秀深断裂带—小金河深断裂带——	
Ⅰ-4 滨太平洋成矿域（叠加在古亚洲成矿域之上）	Ⅱ-15—B 上扬子成矿亚省	Ⅲ-73 龙门山—大巴山（台缘拗陷）Fe-Cu-Pb-Zn-Mn-V-P-S 重晶石-铝土矿成矿带	Ⅳ-21 大巴山 Fe-煤-毒重石-石灰岩-高岭土成矿区
			Ⅳ-22 米苍山 Fe-Cu-Pb-Zn-Au-石墨-霞石铝矿成矿区
			Ⅳ-23 摩天岭古陆 Au 矿成矿区
			Ⅳ-24 广元—江油（仰天窝向斜两翼）Fe-Mn-Pb-Zn-S-Ag-铝土矿-砂金成矿区
			Ⅳ-25 安县—都江堰 Cu-Zn-P-蛇纹石-花岗岩成矿区
			Ⅳ-26 宝兴地区 Cu-Pb-Zn-S-铝土矿成矿区
		——江油—灌县断裂——	
		Ⅲ-74 四川盆地 Fe-Cu-Au-油气-石膏-钙芒硝-石盐-煤-煤层气成矿区	Ⅳ-27 四川省盆地东部华莹山地区（压缩盆地）Fe-煤-天然气-石膏-杂卤石-富钾锂硼卤水成矿区
			Ⅳ-28 四川省盆地北部天然气-砂金成矿区
			Ⅳ-29 四川省盆地西部富钾、硼卤水-杂卤石-钙芒硝-天然气-砂金成矿区
			Ⅳ-30 四川盆地南部含钾、锂卤水-岩盐-天然气-煤成矿区
			Ⅳ-31 四川盆地中部岩盐-杂卤石-天然气成矿区
		——峨边—金阳深断裂构造——	
		Ⅲ-75 盐源—丽江—金平（被动边缘）Au-Cu-Mo-Mn-Ni-Fe-Pb-S 成矿带	Ⅲ-75-①盐源—丽江 Cu-Mo-Mn-Fe-Pb-Au-S 成矿亚带
			Ⅳ-32 盐源盆地东缘裂谷带 Fe-Cu-Au-Mn-S 成矿区
			Ⅳ-33 盐源拗陷盆地 Cu-Pb-Zn-煤-褐煤-岩盐成矿区
			Ⅳ-34 盐源西范坪岩浆带 Cu-Mo 成矿区
		——金河—箐河深断裂——	
		Ⅲ-76 康滇断隆 Fe-Cu-V-Ti-Ni-Sn-Pb-Zn-Au-Pt-稀土-石棉成矿带	Ⅲ-76-①攀西裂谷带 Fe-V-Ti-Pt-Cu-Ni-Pb-Zn-稀土-Au-Sn 成矿亚带
			Ⅳ-35 康定大渡河 Au 成矿区
			Ⅳ-36 石棉—冕宁 Au-Cu-稀土成矿区
			Ⅳ-37 冕宁—攀枝花 Fe-V-Ti-Cu-Ni-Pb-Zn-稀土-成矿区
		——安宁河断裂构造——	

Ⅰ级 (成矿域)	Ⅱ级 (成矿省)	Ⅲ级 (成矿带)	Ⅳ级 (成矿区)
			Ⅳ-38 冕宁—西昌 Fe-Sn-Cu 成矿区
			Ⅳ-39 会理—会东 Cu-Fe-Pb-Zn-Au 成矿区
			——则木河大断裂——
			Ⅳ-40 越西—宁南 Cu 成矿区
		Ⅲ-76-②盐边古弧前盆地 Cu-Ni-Pb-Zn-石墨成矿亚带	Ⅳ-41 盐边 Cu-Ni-Pb-Zn-Au-石墨成矿区
		Ⅲ-77 上扬子中东部(台褶带)Pb-Zn-Cu-Ag-Fe-Mn-Hg-S-P-铝土矿-硫铁矿-煤矿带	Ⅲ-77-①滇东—川南—黔西 Pb-Zn-Fe-稀土-磷-硫铁矿-钙芒硝-煤-煤层气成矿亚带
			Ⅳ-42 汉源—甘洛—峨眉 Pb-Zn-Mn-P-Cu-铝土矿成矿区
			Ⅳ-43 昭觉—峨边—长宁 Cu-S-铝土矿成矿区
			Ⅳ-44 宁南—金阳—雷波 Pb-Zn-P 成矿区
		Ⅲ-77-②湘鄂西—黔中南 Hg-Sb-Au-Fe-Mn(Sn-W)-P-铝土矿-硫铁矿-石墨成矿亚带	Ⅳ-45 筠连—古蔺硫-煤成矿区

注：据四川省矿产资源潜力评价项目，2012

二、四川省铜矿成矿区带归属

按照四川省成矿区带划分方案(全国矿产资源潜力评价项目、四川省矿产资源潜力评价项目工作资料，2012)，四川省铜矿成矿带的归属如下(表 5-3)。

Ⅰ级成矿域西部属特提斯成矿域(Ⅰ-3)，东部属滨太平洋成矿域(Ⅰ-4)。

Ⅱ级成矿省分别为巴颜喀拉—松潘(造山带)成矿省(Ⅱ-9)、喀喇昆仑三江(造山带)成矿省(Ⅱ-10)、上扬子成矿亚省(Ⅱ-15-B)。

Ⅲ级成矿带共涉及 6 个成矿区带，分别为：

Ⅲ-31 南巴颜喀拉—雅江 Li-Be-Au-Cu-Pb-Zn-水晶成矿带；

Ⅲ-32-②德格—义敦—香格里拉(岛弧)Pb-Zn-Ag-Au-Cu-Sn-W-Mo-Be 成矿亚带；

Ⅲ-73 龙门山—大巴山(台缘拗陷)Fe-Cu-Pb-Zn-Mn-V-P-S-重晶石-铝土矿成矿带；

Ⅲ-75-①盐源—丽江 Cu-Mo-Mn-Fe-Pb-Au-S 成矿亚带；

Ⅲ-76 康滇断隆 Fe-Cu-V-Ti-Ni-Sn-Pb-Zn-Au-Pt-稀土-石棉成矿带；

Ⅲ-77-①滇东—川南—黔西 Pb-Zn-Fe-稀土-磷-硫铁矿-钙芒硝-煤-煤层气成矿亚带。

Ⅳ级成矿区(带)共涉及 8 个带，分别为：

Ⅳ-12 九龙断块 Cu-Zn-Au-Ag-Li-Be 成矿区(李伍式)；

Ⅳ-17 白玉赠科—昌台—乡城火山沉积盆地 Cu-Pb-Zn-Ag-Au-Sb-Hg-S-重晶石成矿区

（昌达沟式）；

　　Ⅳ-25 安县—都江堰 Cu-Zn-P-蛇纹石-花岗岩成矿区（彭州式）；

　　Ⅳ-26 宝兴地区 Cu-Pb-Zn-S-铝土矿成矿区（彭州式）；

　　Ⅳ-34 盐源西范坪岩浆岩带 Cu-Mo 成矿区（西范坪式）；

　　Ⅳ-39 会理—会东 Cu-Fe-Pb-Zn-Au 成矿区（拉拉式、淌塘式、大铜厂式）；

　　Ⅳ-42 汉源—甘洛—峨眉 Pb-Zn-Mn-P-Cu-铝土矿成矿区（乌坡式）；

　　Ⅳ-43 昭觉—峨边—长宁 Cu-S-铝土矿成矿区（乌坡式）。

表 5-3　四川省铜矿成矿区带划分一览表

Ⅰ级成矿域	Ⅱ级成矿省	Ⅲ级成矿区（带）	Ⅳ级成矿区（带）	矿床式
特提斯成矿域（Ⅰ3）	巴颜喀拉—松潘（造山带）成矿省（Ⅱ-9）	Ⅲ-31 南巴颜喀拉—石渠—雅江—九龙 Li-Be-Cu-Zn-Au-水晶成矿带	Ⅳ-12 九龙断块 Cu-Zn-Au-Ag-Li-Be 成矿带	李伍式
	喀喇昆仑三江（造山带）成矿省（Ⅱ-10）	Ⅲ-30-②德格—义敦—香格里拉（造山带、弧盆带）Au-Ag-Pb-Zn-Cu-Sn-Hg-Sb-W-Be 成矿带	Ⅳ-17 白玉赠科—昌台—乡城火山沉积盆地 Cu-Pb-Zn-Ag-Au-Sb-Hg-S-重晶石成矿带	昌达沟式
滨太平洋成矿域（Ⅰ4）	上扬子成矿省（Ⅱ-15B）	Ⅲ-73 龙门山—大巴山 Fe-Cu-Pb-Zn-Mn-V-P-S-重晶石-铝土矿成矿带	Ⅳ-25 安县—都江堰 Cu-Zn-P-蛇纹石-花岗岩成矿带	彭州式
			Ⅳ-26 宝兴地区 Cu-Pb-Zn-S-铝土矿成矿带	
		Ⅲ-75-①盐源—丽江 Cu-Mo-Mn-Fe-Pb-Au-Ni-Pt-Pd 成矿带	Ⅳ-34 盐源西范坪岩浆岩带 Cu-Mo 成矿带	西范坪式
		Ⅲ 76 康滇地轴 Fe-Cu-V-Ti-Sn-Ni-REE-Au-蓝石棉-盐成矿带	Ⅳ-39 会理—会东 Cu-Fe-Pb-Zn-Au 成矿带	拉拉式
				淌塘式
				大铜厂式
			Ⅳ-42 汉源—甘洛—峨眉 Pb-Zn-Mn-P-Cu 铝土矿成矿带	乌坡式
		Ⅲ 77-①滇东—川西—黔西 Pb-Zn-Fe-Cu-REE-P-S-钙芒硝-煤-煤层气成矿带	Ⅳ-43 昭觉—峨边—长宁 Cu-S-铝土矿成矿带	乌坡式

三、与铜矿成矿有关的Ⅳ级成矿区带特征

　　与四川省铜矿成矿相关的Ⅳ级成矿区主要有 8 个（图 5-1），其特征分述如下。

（一）Ⅳ-12 九龙断块 Cu-Zn-Au-Ag-Li-Be 成矿区

　　成矿区位于西藏—三江造山系（Ⅱ₁），松潘—甘孜造山带（Ⅱ₁），雅江残余盆地（Ⅱ₁₋₄）南部边缘隆起带穹隆状变质杂岩内。在区域上构成一条断续分布的呈 NNE 向展布的"大陆边缘丘状隆起构造带"，包括江浪穹隆以及邻近的长枪、踏卡穹隆构造等范围。区内已

知矿床点主要分布于江浪穹隆，少量分布于长枪穹隆。以李伍铜矿为代表的李伍式铜矿均产于中元古界李伍岩群火山沉积变质岩带中。该带内铜矿成矿受以下条件控制。

（1）区域构造控矿，铜矿成矿受丘状隆起构造带控制极为明显，该带内已发现的矿床（点）均无例外地产于丘状隆起构造内。

（2）断裂构造控矿，含矿层内形成的层间断裂，常沿两种不同岩性界面形成，为成矿提供了有利的容矿空间，致密块状、角砾状、网脉-团块状富矿体，多产于该类断裂中及其接触带附近，说明热变质作用促使矿质进一步改造富集。

（3）褶曲构造控矿，沿含矿层常发育规模不大的牵引褶曲，褶曲强烈地段的上下层虚脱部位，往往有金属硫化物的富集，形成富而厚的矿体。

（4）地层、岩性控矿，铜矿（体）带严格受层位及岩性控制，赋存于中元古界李伍岩群一套泥、砂质沉积变质岩夹变质火山岩系中。

（5）火山岩控矿，已发现的铜矿床、矿化带，往往发育规模不等的基性、碱性（钠质）火山岩，与矿化相伴产出，为成矿提供了丰富的物源，且显示明显的时空关系。

（6）变质作用控矿，在区域变质过程中，海底火山喷流-同生沉积形成的"胚胎矿"或"贫矿层"，经区域变形变质作用改造、迁移、富集，经燕山期花岗岩侵入叠加作用，最终形成工业矿床。

（二）Ⅳ-17 白玉赠科—昌台—乡城火山沉积盆地 Cu-Pb-Zn-Ag-Au-Sb-Hg-S-重晶石成矿区

成矿区北东以丹达—俄支乡—硐中达一线为界，南西至金沙江（省界），北西以丹达—陇青卡为界。地处义敦岩浆岛弧带北段的弧形弯折部内侧，雀儿山岩体西北倾没端。区内出露地层为上三叠统曲嘎寺组，图姆沟组分布广，产呷村式火山岩型多金属矿共（伴）生铜，并组成一个北西—南东向的改巴—勒溶弧形复式向斜，复式向斜内，成矿构造和围岩有利。该成矿区内共发现中酸性小侵入体及超浅成的岩体共 126 个，其中 31 个为含铜岩体，较集中分布在昌达沟、则日、额龙、汉宿、热绒、燃日等地。岩性有花岗岩、花岗闪长（斑）岩、石英闪长岩、石英安山岩和流纹岩等，矿化岩体岩石以花岗闪长（斑）岩类为主，其次为斜长花岗（斑）（斑）岩和二长花岗岩类。岩体多侵位在上三叠统图姆沟组和天拉纳山组的变质砂岩、板岩构成的次级背斜轴部及两翼，一般呈似层状、凸镜状与地层谐和产出，接触面同岩层面构成一定交角，具微弱分支现象，部分岩体边缘具较明显的同化混染。

（三）Ⅳ-25 安县—都江堰 Cu-Zn-P-蛇纹石-花岗岩成矿区、Ⅳ-26 宝兴地区 Cu-Pb-Zn-S-铝土矿成矿区

成矿区位于扬子地台西缘，西接松潘甘孜地槽褶皱系，龙门山茂县—汶川断裂（后山断裂）、北川—映秀断裂（中央断裂）所夹持的龙门山中段，行政区划归属彭州市芦山县。区内铜矿床主要赋存于中元古界黄水河群黄铜尖子组中、上段，受层位控制明显。已发现马松岭小型矿床及 14 个矿点。

（四）Ⅳ-34 盐源西范坪岩浆岩带 Cu-Mo 成矿区

沿木里—盐源—丽江逆冲-推覆构造带前缘的小金河—丽江断裂与金河—程海断裂间的木里—盐源地区，富碱斑岩成群产出。它们是新生代陆内汇聚造山阶段，壳幔同熔岩浆作用的产物。岩石组合以石英二长斑岩、花岗斑岩和正长斑岩为代表；岩石化学和稀土元素特征表明与玉龙斑岩带相似，普遍显示有铜、（钼）金、银等矿化。成矿作用及矿化类型受斑岩的岩石类型、酸度、碱度及斑岩群产出的构造背景控制，赋矿岩体的围岩有二叠系玄武岩/三叠系青天堡组等，都是含铜层位。

该带在盐源西范坪地区已发现中型斑岩铜矿，该区地属盐源县桃子乡模范村所辖，北起玻璃洼一带，南抵岳博史屋基—小弯子一线，西自喇嘛沟西侧，东止秀丽佳一带。南北长约 6.5km，东西宽达 6.2km，面积约 40km²。区内已发现 126 个斑岩体，其中含矿岩体有 20 个。由于勘查工作程度较低，仅对 80 号岩体（西范坪矿床）开展了普查工作，众多资源潜力的含矿岩体只开展预查，另外木里普尔地等地区证实有类似的斑岩铜矿。

（五）Ⅳ-39 会理—会东 Cu-Fe-Pb-Zn-Au 成矿区

成矿区位于四川省西南端的会理—会东地区，以金沙江为界与云南省接壤，位于攀西陆内裂谷带，西以磨盘山断裂为界，与盐边台拱相毗邻，南东以金沙江为界。在大地构造上，成矿区处于康滇轴部基底断隆带中段，是东西走向的金沙褶断带与川滇经向构造带的交接复合部位。该区是一个以上升隆起为主，振荡运动和断裂活动十分频繁的古陆，有多期岩浆活动和强烈的构造运动，构造复杂，经历了自下元古代弧后盆地、下中元古代拗拉槽、中元古代陆间裂谷、中新元古代大陆边缘陆弧体、新元古代后造山裂谷、古生代块断升降、地裂运动及中生代前陆盆地和山间断陷等漫长的地史演化，构成了本区良好的成矿背景，成矿元素丰富，赋矿层位多，分布广，已有大型铜矿床 1 个，中型铜矿床 3 个，矿床类型多（拉拉式、淌塘式、大铜厂式），成矿期次多，继承性明显，成矿条件好，是四川省重要的铜矿成矿带之一。

（六）Ⅳ-42 汉源—甘洛—峨眉 Pb-Zn-Mn-P-Cu-铝土矿成矿区、Ⅳ-43 昭觉—峨边—长宁 Cu-S-铝土矿成矿区

两成矿区均位于四川西南部康滇地轴东缘，北起雅安一带，南界金沙江。地处上扬子陆块中的上扬子南部陆缘逆冲-褶皱带南部，可进一步分成峨眉—昭觉断陷盆地、康滇基底断隆带、峨眉山断块等四级构造单元。Ⅳ-42 成矿区位于南部康滇基底断隆带上，已发现昭觉乌坡小型铜矿；Ⅳ-43 成矿区位于北部峨眉—昭觉断陷盆地中，已发现荥经花滩小型铜矿。

四川玄武岩分布广泛，区内乌坡式铜矿受玄武岩"层位"控制，铜矿体呈似层状、凸镜状产出。晚古生代攀西裂谷的扩张（峨眉地幔柱隆升）作用导致本成矿带产生一系列近南北向张性断裂，至二叠组晚期，火山活动由中心喷发演变为大规模裂隙喷发，南北

向构造为玄武岩喷发通道。

　　玄武岩的喷发喷溢受基底南北向断裂构造控制，属多裂隙中心式喷发喷溢，喷发中心多为几处交汇部位。断裂破碎带是含铜溶液的运移通道，这种通道在铜矿同生成矿与后期溶液改造富集均发挥了重要作用。

四、铜矿矿集区划分及其特征

（一）矿集区、远景区划分

　　矿集区是"矿床（点）集中分布区"的简称，由加拿大经济地质学家 D. R. Derry 提出。在原始定义中，矿集区是矿化或矿床（点）密集分布的地区，客观反映大量矿床（点）及其在空间的自然分布特征，不受构造界限控制（陈毓川等，2007）。

　　四川省铜矿矿集区的划分充分考虑每个类型的成矿地质背景、成矿作用、成矿机制和控矿因素等多方面条件，划定的原则是：

　　①在全省Ⅳ成矿区带划分的基础上圈定；

　　②充分体现矿化集中区的成矿条件、成矿事实和找矿标志综合分析圈定；

　　③矿集区边界不穿过Ⅲ级成矿区带和深大断裂构造带；

　　④尽量考虑矿床类型的分布范围及相关性；

　　⑤保持地质、物探、化探、遥感异常完整性；

　　⑥矿集区命名为地理名称＋矿种＋矿集区、远景区，根据已查明资源量、储量达到大中型和预测资源潜力达大中型的称矿集区，已查明资源储量为小型和预测潜力为小型的称远景区。

　　根据地质、矿产、物探、化探、遥感等综合信息和已知矿床的规模、数量、密集程度，将全省划分为 20 个Ⅵ级成矿区，根据成矿区的资源潜力分为 A、B、C 3 个类别。

　　在 Ⅴ 级成矿区的划分基础上，全省共划分圈定 6 个综合矿集区、2 个远景区，其特征如表 5-4、图 5-1 所示。

（二）主要矿集区成矿特征

　　1. 会理拉拉铜矿集区

　　矿集区位于会理南部河口—力洪地区，位于会理—会东地区铜矿成矿带（Ⅳ39）南部，是四川省最重要的矿集区之一。该矿集区北起昌蒲箐，南至力洪，西以南北向 F_{13} 断裂带为界，东以近北北东向 F_{29} 石龙断裂为界，面积为 $45km^2$，处于南北向—北北东向、东西向、北西向构造复合部位，受基底断裂及河口群地层控制，矿床受河口背斜、红泥坡向斜褶皱控制。

表5-4 四川省铜矿矿集区特征简表

序号	V级矿矿集区名称	面积/km²	所在IV级成矿带名称	地质背景	主要矿床类型	物化探异常	主要矿床	矿集区类别
①	会理拉拉铜矿矿集区	45	IV-39 会理—会东 Pb-Zn-Cu-Fe-Au 成矿区	康滇基地逆冲带古元古代河口断裂盆地	火山沉积变质型	综合异常 4 处 其中甲类 3 处	落凼、老羊汗滩、红泥坡	A
②	李伍铜矿矿集区	238	IV-12 九龙断块 Cu-Zn-Au-Ag-Li-Be 成矿区	中元古基底隆起	火山沉积变质型	综合异常 20 处 其中甲类 3 处	李伍、黑牛洞	A
③	会理—会东铜矿矿集区	100	IV-39 会理—会东 Pb-Zn-Cu-Fe-Au 成矿区	康滇基底逆冲带中元古代会理—东川拗陷	火山沉积变质型	综合异常 13 处 其中甲类 3 处	黑箐、大箐沟、洪发、滴塘	A
④	芦山—彭州铜矿矿集区	166	IV-25 安县—郁江堰 Cu-Zn-P 蛇纹石—花岗岩成矿区 IV-26 宝兴地区 Cu-Pb-Zn-S 铝土矿成矿区	龙门山中元古基底逆冲推覆带	火山沉积变质型	综合异常 23 处 其中甲类 5 处	马松岭、黄铜尖子	B
⑤	西范坪铜矿矿集区	40	IV-34 盐源西范坪岩浆岩带 Cu-Mo 成矿带	盐源—丽江逆冲带台缘拗陷	斑岩型		西范坪	A
⑥	昌达沟铜矿矿集区	328	IV-17 白玉赠科—昌台乡城火山沉积盆地 Cu-Pb-Zn-Ag-Au-Sb-Hg-S 重晶石成矿区	义敦—沙鲁里岛弧带德格—乡城火山活动带	斑岩型	综合异常 15 处 其中甲类 2 处	昌达沟	A
⑦	大铜厂铜矿矿集区	234	IV-39 会理—会东 Pb-Zn-Cu-Fe-Au 成矿区	康滇前陆逆冲带中新生代断陷盆地及中生代江舟盆地	砂岩型	综合异常 26 处 其中 Cu 异常 15 处	翟窝厂、鹿厂、大铜厂、爱国	A
⑧	乌坡铜矿矿集区	2241	IV-43 昭觉—甘洛—长宁 Cu-S 铝土矿成矿区 IV-42 汉源—甘洛—峨眉 Pb-Zn-Mn-P-Cu-铝土矿成矿区	扬子陆块西缘陆内裂谷带峨眉—昭觉断陷盆地	火山岩型	综合异常 55 处 其中甲类 6 处	观音阁、乌坡、花滩	C

该矿集区位于扬子陆块康滇古元古裂谷海底火山喷发盆地，赋矿岩系为古元古界河口群火山-沉积变质岩系，赋矿地层为落凼组、长冲组，含矿原岩建造为远源火山喷溢（喷流）钠质火山岩，碎屑岩加云母片岩、大理岩为一套角斑质-石英角斑质火山碎屑。可划分为三个喷发—沉积旋回，每个旋回的火山岩细碧岩-石英角斑质火山岩组成，各旋回又有若干次级旋回和韵律，以第二旋回（落凼组）、第三旋回（长冲组）中上部含矿最好，含矿岩石为石英钠长岩、斑状石英钠长岩、石榴子石黑云母片岩、白云母石英片岩，石英质板岩夹大理岩。铜矿化分布在钠质火山岩与辉长岩接触带，水系沉积测量 Cu 异常面积 48km²，铜化探异常 7 个其中 Ⅰ 级 1 处，以落凼中心异常规模最大，已发现铜矿床点12 处，包括已知落凼、老羊汗滩、红泥坡等大中型矿床及石龙、菖蒲箐、板山头、力洪等矿点。矿体呈层状、似层状、透镜状产出近火山口附近矿体集中分布，叠层产出，粗碎屑火山碎屑岩中矿体增厚，远离火山口矿体减少、变薄。矿体类型分为：铜钴矿体、钴钼矿体、铜矿体三类。Cu 异常 5 个，综合异常 4 个，预测铜资源潜力 70 万吨以上，分布集中，找矿潜力很大，属 A 类矿集区。

2. 九龙李伍铜锌矿集区

该矿集区位于九龙断块 Cu-Zn-Au-Ag-Li-Be 成矿区（Ⅳ-12）范围内。矿集区处于南北向、北北西向、北东东向构造复合部位，呈北东向展布，主要包括踏卡、江浪、长枪 3个丘状穹窿，面积约 238km²。

该矿集区处于扬子陆块西缘松潘—甘孜造山带雅江残余盆地内，成矿地质环境为陆缘裂谷带沉积火山碎屑沉积岩系及海底火山喷气热液沉积形成的一套混杂岩，赋矿地层为中元古界李伍岩群火山沉积变质受控于上述三个丘状穹窿构造，含矿建造为石英-变粒长英质片岩组合，属绿帘-角闪岩中压变质相，含矿岩层为绢云母石英岩、黑云母绢云母长石石英岩（变粒岩）-黑云母石英片岩-绢云母片岩组合和黑云母绿泥石英岩（变粒岩）、黑云母绿泥片岩组合及绢云粒状石英岩、黑云母石英片岩组合。含矿地层中基性岩为变钠质基性火山岩及基性凝灰岩、火山碎屑岩，为浅海-半浅海含基性火山岩复理石建造，属海底基性火山-次火山岩浆流动的产物，成矿作用与李伍岩群含矿同生矿源层海底火山喷气热液作用形成，多次剪切滑脱构造控制矿体及成矿带分布，金属硫化物沿片理平行分布，矿体产出与片理基本一致，显示成矿热液沿层间破碎带或滑动面富集成矿。矿体延伸大，达 700 余米（黑牛洞），区内化探综合异常 3 个，其中 Ⅰ 级 1 处（15km²）、Ⅱ 级 2 处（20km²），区内已查明中型富铜矿 2 处（李伍、黑牛洞）和挖金沟、笋叶林、上海底等 8 个矿床（点），预测铜资源潜 40 万吨，锌 20 万吨以上，找矿潜力大，属 A 类矿集区。

3. 会理—会东铜矿集区

矿集区位于会理—会东地区铜矿成矿带（Ⅳ 39）东西向断块区，处于东西向、南北向、北北东向构造复合部位，位于会理—会东南部地区，东、西南以金沙江为界，北以东西向 F$_4$(宁会断裂)为界。3 个 V 级成矿区呈东西向分布,面积约 57km^2,区内已查明中型铜矿 2 处(淌塘、大箐沟),小型矿床点多处(如黑箐、洪发),预测铜资源潜力 20 万吨,找矿潜力较大,属 A 类矿集区。

本区处于扬子陆块西缘,攀西陆内裂谷带南部,康滇轴部基底断隆带东南缘,会理—东川拗陷槽北部,金沙江褶皱带与川滇南北向构造带交汇部位,南北向、东西向断裂发育,将褶皱基底切割成断块状。区内出露地层为中元古界会理群中部因民组、落雪组、黑山组、青龙山组、淌塘组等基底地层,赋矿地层为落雪组、淌塘组,总体为一套含炭质碎屑岩和碳酸盐相的浅变质岩夹少量变质火山岩、火山碎屑,成矿物质来源于康滇古陆含铜岩石风化剥蚀搬运沉积,火山物质,变质作用以区域变质作用为主,部分后期热动力变质(低绿片岩相),近海—浅海沉积相。矿集区东部,赋矿地层是中元古界会理群淌塘组火山沉积岩系和钠质火山岩建造,成矿环境为陆海过渡带的断陷盆地,含矿岩石为炭质凝灰绢云千枚岩,炭质绢云千枚岩,少量白云大理岩、火山物质,厚度大于 300m,属远源火山混生沉积相。矿体呈层状、似层状、透镜状、叠层产出,受层间构造滑动界面控制,延深大于 500m,向深部厚度增大,品位增高,已查明中型铜矿 1 处,小型 3 个。矿集区西部会理黎溪、通安地区,赋矿层位为会理群下部落雪组,含矿地层厚 187~316m,为碳酸盐岩夹砂泥质碎屑岩,含矿岩石为石英白云质大理岩,为潮下浅海低能带沉积。矿体层状稳定延伸,最大延深 800m,属 A 类矿集区。

4.芦山—彭州铜矿矿集区

矿集区位于龙门山基底逆推带,安县—都江堰 Cu-Zn-P-蛇纹石-花岗岩成矿区(Ⅳ 25)、宝兴地区 Cu-Pb-Zn-S-铝土矿成矿区(Ⅳ 26),在青川轿子顶、彭州大宝山、芦山大川等地小范围出露中元古褶皱基底黄水河群变质杂岩,已发现小型矿床点,含矿地层为黄水河群黄铜尖子组中上段火山沉积变质岩,含矿岩系为变质绿片岩,石英角斑岩。矿体主要产于中上部酸性火山凝灰岩中,矿体呈层状、似层状、透镜状产出,以马松岭矿床为例,矿体受北西向背斜或向斜翼部层间滑动构造控制,顺层产出,具有火山-沉积层控特点,构造改造和基性岩浆侵入热液改造特点,主成矿元素为 Cu、Zn 伴生 Ag,潜力评价重点是在彭州、芦山地区,区内铜矿矿化类型除火山沉积变质型铜外,还有与基性岩有关的铜镍矿(彭州红岩、芦山白铜尖子)、热液脉状铜矿(青川通木梁)。区内已发现铜矿床(点)10 处(彭州马松岭、新开洞、花梯子、核桃坪、大宝山、半截河、马槽、石城门铜厂湾、芦山黄铜尖子、白铜尖子),Cu 异常 27 个,综合异常 23 个,分布零星,远景较小,其中彭州地区矿床点较低,属成矿远景区,预测铜资源潜力 6.8 万 t,属 B 类矿集区。

5.盐源西范坪铜矿集区

矿集区位于扬子陆块西缘盐源—丽江前陆逆冲-褶皱带西南缘,木里—盐源推覆体前缘隐伏的东西向和南北向构造交汇地段，面积为 $18km^2$，属盐源西范坪岩浆岩带 Cu-Mo 成矿区（Ⅳ34），矿集区西以近南北向 F_2 断裂为界，以东为北西向 F_6 断裂为界，控制赋矿岩体分布。北起罗家、南至马角石，面积约为 $40km^2$。区内以中酸性浅成侵入岩为主，其中 80 号岩体已基本查明，含矿岩体为喜山晚期陆内造山阶段形成的黑云母石英二长斑岩，角闪石英正长斑岩等复式岩体，其岩石属钙碱性和碱钙性系列，岩石破碎，裂隙发育。矿体似层状产于岩体内，岩体周围发育角岩带，具 Cu、Mo 矿化，围岩蚀变中型为钾化，向外为硅化、绢云母化、高岭土化，边部为青磐岩化，常有黄铁矿化。F_7 正断层近于矿区为次生富集创造了渗透条件，近矿指示元素 Cu、Mo、Au，前缘指示元素为 Pb、Sb 和 Ag、Au、Cu、Mo，具有重要指示意义。激电异常近于圆形与蚀变带对应，一般异常规模大、强度高，形态规则。含矿体侵入围岩为三叠系中下统青天堡组。区内以发现大小岩体 126 个，含矿体 20 个，岩体大小不一，其中 80 岩体已调查评价，查明铜资源规模中型，其余岩体勘查研究程度低，预测资源潜力中型规模，具备寻找中型斑岩铜矿的条件，属 A 类矿集区。

6.德格昌达沟—石渠铜矿远景区

远景区位于三江弧盆义敦岛弧带，呈北西向展布，北东以北西向俄支—竹庆断层带，即马尼干戈—拉波断裂为界，南西以热汁—巴东沿江断裂为界，其间 2 条平行的断裂和背斜组成控岩构造。

该区位于白玉增科—昌台—乡城火山沉积盆地 Cu-Pb-Zn-Ag-Au-Sb-Hg-S-重晶石成矿区（Ⅳ17）北段，面积为 $328km^2$，燕山期花岗闪长斑岩 127 个，含矿岩体 31 个。其中远景区南段汉宿—昌达沟已发现昌达沟小型斑岩铜矿，花岗闪长斑岩群 16 个，除昌达沟、汉宿岩体面积稍大，其他出露面积很小，岩体呈岩枝、岩株顺层侵入昌达沟背斜核部，上三叠统图姆山组砂板岩中，矿体产于岩体内部蚀变带、接触带及围岩中，已发现 2 个矿体。围岩蚀变矿点几米至几十米，最宽 100m，主要有钾化、绿泥石化、硅化、绢云母化、碳酸盐化。在汉宿—昌达沟 $127km^2$ 内水系沉积物测量 Cu、Mo、Au 异常 42 个，大部分为与花岗闪长板岩及矿化围岩有关，已发现矿床点 10 余处（昌达沟、则日、俄南、额龙、汉宿、甲文等），预测铜资源潜力中型，具备寻找中型斑岩铜矿的条件，属 A 类远景区。

7.会理大铜矿厂铜矿集区

矿集区位于康滇地轴东侧江舟中生代断裂带内，处于会理—会东地区铜矿成矿带（Ⅳ39）西段，北起马宗南经大铜厂—扁草地，西起鹿厂以南北向益门断裂为界，东至太平镇通安。矿集区处于东西向、南北向、北北东向构造复合部位，总体呈北北东向展布，面积 $234km^2$。

江舟盆地经历断陷期、拗陷期、萎缩期三个发展阶段，控制白垩系小坝组含矿地层分布，大铜厂成矿区已查明 3 个中小型铜矿床，处于矿集区西侧地堑式断裂带，即南北向益门断裂、大铜厂背斜、和北东断裂相互交切，控制含矿地层沉积和铜矿富集提供了有利条件。含矿岩石为白垩系上统小坝组砂砾岩建造，为河湖相红色钙铁泥质胶结的砾岩，有 1~8 个含矿层，矿层赋存在紫色到浅紫色层或浅色层至深色层的变化部位。预测铜资源潜力 21 万吨，具备寻找中小型砂岩铜矿床的条件，属 A 类矿集区。

8.乌坡式铜矿远景区

远景区位于扬子陆块康滇前陆逆冲带东侧峨眉—昭觉断陷带，潜力评价在乌坡式铜矿预测区，两个Ⅳ级成矿区：汉源—甘洛—峨眉 Pb-Zn-Mn-P-Cu-铝土矿成矿区（Ⅳ42）、昭觉—峨边—长宁 Cu-S 铝土矿成矿区（Ⅳ43），已发现主要矿床点 15 处。

远景区形成于晚二叠世，四川西部攀西地区发生大规模张裂，康滇地区发生陆内裂谷，沿安宁河及小江等断裂间隙持续发生玄武岩喷发沉积（峨眉山玄武岩组），由几至几十个旋回组成，含铜背景普遍高于其他岩类，尤其沿小江断裂带溢溢的峨眉山玄武岩普遍分布于凉山州、昭觉、美姑、雷波、马边、盐源、峨边、荥经、雅安等地，铜矿化点若干，但达到小型矿产地仅几处，且分散，7 个Ⅴ级成矿区，仅昭觉以北 4 个Ⅴ级成矿区有小型矿床和矿点分布，属 C 类远景区。

五、主要类型铜矿空间分布

（一）火山沉积变质型铜矿

该类型铜矿主要分布于扬子地台西缘元古代地缘裂谷拗陷火山沉积盆地，空间分布与古元古、中新元古、基底变质岩群出露范围基本吻合，属第一成矿旋回，主要分布在河口群、会理群、李伍群、黄水河群。该类型铜矿主要包括四个矿床式，其空间分布各有不同。

1.拉拉式

拉拉式铜矿主要分布在攀西陆内裂谷带中段，即会理—会东地区 Cu-Ni-Pb-Zn-Au 成矿区（Ⅳ39），集中分布于该带西端南侧河口拉拉厂地区，河口群总厚 3365~4090m，可分三个旋回，铜矿主要分布在中部、上部含矿地层及矿床分布，与古元古界河口群变质岩分布区相吻合，以中下部落凼组为主，次为上部长冲组，含矿地层和矿床（点）受近南北向河口拗陷盆地控制，近南北向断裂褶皱发育已查明大型矿床 1 处，中型矿床 2 处，小型矿床及矿点多处。各矿床点平面上密集分布于近南北向的双狮拜象背斜红泥坡向斜两翼，东西向落凼背斜翼部，矿区边界，已构成一个近南北向和东西向褶皱叠加的矿集区，从剖面上看矿层、矿体有特定赋存层位，具多旋回、多层产出特点。

2. 李伍式

李伍式铜矿分布于九龙地区雅江残余盆地，九龙断块 Cu-Zn-Au-Ag-Li-Be 成矿区（Ⅳ 12），已查明中型富铜矿 2 处，小型矿床及矿点 6 处，均分布在中元古界李伍岩群火山沉积变质岩带中，集中分布在江浪丘状构造穹窿，石英片岩中，并受其控制。

3. 彭州式

彭州式铜矿分布于龙门山前陆推覆构造带，龙门山—大巴山 Fe-Cu-Pb-Zn-Mn-V-P-S-重晶石-铝土矿成矿带（Ⅲ 73），主要分布于青川通木梁—彭州马松岭—芦山黄铜尖子，含矿地层为中元古界黄水河群黄铜尖子组低绿片岩相火山沉积变质岩，已查明通木梁、马松岭、黄铜尖子等小型矿床点，矿床与含矿地层基本一致，并受其控制。

4. 淌塘式

淌塘式铜矿分布在会理—会东地区 Cu-Ni-Pb-Zn-Au 成矿区（Ⅳ 39），集中分布在会理、黎溪、通安、会东淌塘三个地区，已查明中型铜矿床 2 处，小型矿床 3 处，矿点若干，产于中元古界会理群下部落雪组沉积变质碳酸盐岩中和中部淌塘组（火山）变质碎屑岩中，矿床（点）分布与含矿地层分布范围一致。

(二)斑岩型铜矿

斑岩型铜矿包括西范坪式、昌达沟式两个矿床式，二者空间分布情况如下所述。

1. 西范坪式

西范坪式铜矿分布于盐源县桃子乡，位于盐源—丽江台缘拗陷带西部，处于盐源西范坪岩浆岩带 Cu-Mo 成矿区（Ⅳ 34），含矿岩体为喜马拉雅期复式花岗斑岩群（40km²），内发现类似斑岩体 126 个，多为隐伏岩体，已发现矿化岩体 20 个，其中 80 号含矿岩体含矿较好，分布在成矿区东南部，出露面积为 1.71km²，经系列普查、详查，矿床规模中型，矿体主要分布在岩体中上部及与围岩三叠系青天堡含铜矿岩接触带。

2. 昌达沟式

昌达沟式铜矿分布于义敦岛弧北段石渠—德格一带，处于白玉赠科—昌台—乡城火山沉积盆地 Cu-Pb-Zn-Ag-Au-Sb-Hg-S-重晶石成矿带（Ⅳ 17）北段，北东以丹达—俄支乡一线为界，南西至金沙江，北西以丹达—陇青卡为界，已发现燕山早期花岗闪长（斑）岩 130 个，其中含铜岩体 31 个，集中分布在南东段汉宿—昌达沟成矿区，如汉宿、额龙、热俄、燃日等 16 处，发现小型矿床 1 处，矿化点 5 处，矿化岩体以花岗闪长斑岩为主，其次为斜长花岗斑岩和二长花岗斑岩，受北北西向、北西向、北西西向等断裂及之间的复式向斜和次级褶皱控制，含矿岩体出露面积均较小，多为半隐伏状，呈岩枝状侵位于围岩三叠系拉纳山组层间构造部位。

(三)砂岩型铜矿

砂岩型铜矿形成于中—新生代陆相盆地中，主要是东部的四川盆地川西南地区，江舟米市盆地和乐山、宜宾一带，为干旱条件下的沉积产物，受物源及沉积岩相古地理环境和盆地内水体咸化程度的制约，于不同的盆地或盆地的不同部位形成含铜砂岩。

该类型铜矿的含矿层位多，包括：晚二叠统宣威组、乐平组，分布在峨眉—布拖、荥经—汉源地区；下二叠统铜街子组、青天堡组，三叠系飞仙关组，上侏罗统蓬莱镇组、遂宁组，分布在乐山、宜宾等地；下白垩统小坝组、飞天山组，分布在德昌、会理、峨眉布拖一带，古近系各组，但成型矿床不多，已查明成型矿产地主要分布在下白垩系小坝组、飞天山组、上二叠统宣威组中。共性是成矿物质均与剥蚀区峨眉山玄武岩及含铜地层岩石有关，沉积环境与断陷盆地陆湖沉积砂岩建造有关，成型矿床主要分布在会理、沐川、沙湾等地。大铜厂式砂岩铜矿矿床较为集中，已查明大铜厂、鹿厂铜矿均接近中型，白草硐为小型。

大铜厂式铜矿位于会理—会东地区 Cu-Ni-Pb-Zn-Au 成矿区(Ⅳ39)北部，分布在康滇古陆东侧新生代江舟断陷盆地，以南北向益门断裂褶皱为主，主要含矿层为白垩系上统小坝组下段，可分为四个亚层，矿体主要分布在上部(五)亚层，下部(六)、(七)亚层，共查明 37 个矿(层)体，其中大铜厂 6 个主矿体分布在(七)亚层，长 2000m，宽 300～700m，厚度为 0.21～6.99m，倾角为 0°～18°，与地层产状一致。已查明矿床主要分布在矿集区西侧，其东侧及爱国、翠窝厂尚有找矿潜力，矿床的分布与晚白垩系小坝组复砾岩建造、杂砂岩建造分布范围基本吻合。

(四)火山岩型铜矿

火山岩型铜矿指与上二叠统玄武岩有关的乌坡式铜矿，处于昭觉—峨边—长宁 Cu-S-铝土矿成矿区(Ⅳ43)、汉源—甘洛—峨眉 Pb-Zn-Mn-P-Cu-铝土矿成矿区(Ⅳ42)，含矿地层为晚二叠世峨眉山玄武岩至二叠纪晚期火山活动由中心喷发化为大规模裂隙喷发，属中心式喷发，多为南北向断裂，东西向北西断裂交汇部位，广泛分布在凉山、雅安、峨眉山等地。

六、铜矿床成矿系列

"成矿系列"是指在一定的地质历史期间或构造运动阶段，在一定的地质构造单元及构造部位，与一定的地质找矿作用有关，形成一组具有成因联系的矿床组合自然体。根据《中国主要成矿区(带)成矿地质特征及矿床成矿谱系》(陈裕生等，2007)及《中国成矿体系与区域成矿评价》(陈毓川等，2007)研究成果，本书重新划分了四川省铜矿的成矿系列。

四川省铜矿矿床成矿系列涉及中国成矿体系的 4 阶段演化。太古宙陆核成矿体系生成的岩石铜多金属含量高，铜作为共(伴)生矿产分布于一些铜镍矿床中。元古宙和古生代、中生代成矿体系是四川省铜矿主要成矿体系，拉拉式、李伍式、淌塘式、彭州式、昌达沟式、大铜厂式、乌坡式 7 种矿床类型均在其中。新生代仅发现喜马拉雅期岩浆热液叠加形成的斑岩铜矿——西范坪式铜矿。四川省铜矿矿床成矿系列如表 5-5 所示。

表 5-5　四川省铜矿矿床成矿系列

时代	成矿旋回	成矿地质环境	成矿系列	矿床成矿(亚)系列	矿床式
新生代	燕山—喜马拉雅期	构造-岩浆带	上扬子新生代与喜马拉雅期中酸性岩浆作用有关的 Cu 矿床成矿系列	上扬子新生代与喜马拉雅中酸性岩浆作用有关的 Cu 矿床亚系列	西范坪式
中生代	印支期	构造-岩浆	喀喇昆仑三江中生代与印支—燕山期中酸性岩浆作用有关的 Cu 矿床成矿系列	喀须—稻城地区印支—燕山期中酸性岩浆作用有关的 Cu 矿床成矿亚系列	昌达沟式
			上扬子晚中生代与陆内沉积改造作用有关的 Cu 矿床成矿系列	会理地区陆内沉积改造作用有关的 Cu 矿床成矿亚系列	大铜厂式
晚古生代	华力西期	岛弧、火山喷发	巴颜喀拉—松潘早古生代与(火山)沉积变质作用有关的 Li、Be、Cu 矿床成矿系列	九龙地区与(火山)沉积变质有关的 Li、Be、Cu 矿床成矿亚系列	李伍式
			上扬子中生代与二叠世海西期玄武岩有关的 Cu 矿床成矿系列	汉源—峨边—马边地区与华力西期玄武岩有关的 Cu 矿床成矿亚系列	乌坡式
中元古代	晋宁期	裂谷-裂陷槽	上扬子中元古代与(火山)沉积变质作用有关的 Cu 矿床成矿系列	青川地区与(火山)沉积变质作用有关的 Cu 矿床成矿亚系列	彭州式
				都江堰地区与(火山)沉积作用有关的 Cu 矿床成矿亚系列	彭州式
			上扬子中元古代与沉积变质作用有关的 Cu 矿床成矿系列	会理—会东地区与沉积变质作用有关的 Cu 矿床成矿亚系列	淌塘式
古元古代	晋宁期	裂谷	上扬子古元古代与(火山)沉积变质作用有关的 Cu 矿床成矿系列	会理—会东地区与(火山)沉积变质作用有关的 Cu 矿床成矿亚系列	拉拉式

第四节　铜矿成矿控制条件

一、赋矿层位与含矿建造

(一)赋矿层位

1. 主要赋矿层位

四川省铜矿主要赋矿层位有 8 个(表 5-6)，由老至新为：

①古元古界河口群落凼组，产出拉拉式铜矿；

②古元古界河口群长冲组，产出拉拉式铜矿；

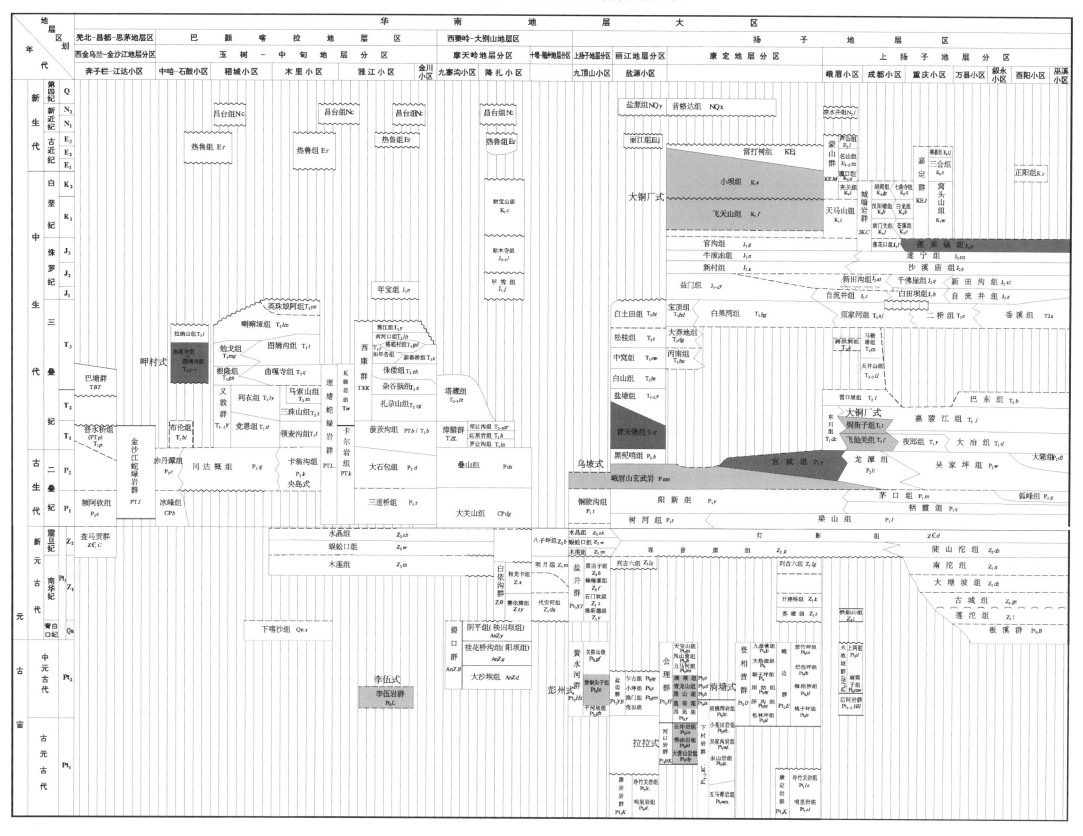

表 5-6　四川省铜矿主要赋矿层位及共（伴）生铜矿层位

③中元古界李伍群第二、四、五、六岩性段，产出李伍式铜矿；

④中元古界会理群落雪组，产出淌塘式铜矿

⑤中元古界会理群淌塘组，产出淌塘式铜矿；

⑥中元古界黄水河群黄铜尖子组，产出彭州式铜矿；

⑦古生界上二叠统峨眉山玄武岩组，产出乌坡式铜矿；

⑧中生界白垩系小坝组，产出大铜厂式铜矿。

2.其他赋矿层位

上二叠统宣威组底部砂砾岩(湖沼相)：分布于乐山、凉山、雅安等地，其中乐山沙湾金水山、沐川喻家坪、生基坪、周家湾、峨边凤槽等地已发现成型砂岩铜矿，有找矿潜力。

下二叠统铜街子组：分布于马边、峨边、美姑、雷波等地，已发现峨边凤槽、马边先家普等矿点，盐源地区中三叠青天堡组已发现桃子乡、马角石等。

上三叠统曲嘎寺组：分布义敦岩浆岛弧带白玉—德格，产多金属矿共伴生铜矿(呷村等)。

上侏罗统蓬莱镇组砂页岩：分布在纳溪、舒永、普格、西昌；飞先关组砂页岩分布于宜宾筠连、高县、长宁等地，已发现纳溪上马、长宁佛来山等铜矿点，有找矿潜力。

下白垩统飞天山组砂岩：分布在峨眉山—布拖，已发现有昭觉三比洛甲、普格轿子顶等铜矿，有找矿潜力。

古近系—新近系砂砾岩铜矿：主要见于川西高原德格、理塘等，已发现理塘亚火—麻火、德格甲玛等矿点。

总之，四川省含铜层位较多，尤其是砂岩型铜矿在成矿时代、成矿区域、物质来源都有继承性，成矿区域逐步缩小。

(二)含矿建造

四川省铜矿的含矿建造可分为火山-沉积建造、陆相火山岩建造、岩浆建造三类(表5-7)

1.火山-沉积建造

(1)河口群落凼组、长冲组，为一套钠质变质火山杂岩建造。

(2)李伍群，为一套海相泥质、砂质、碳酸盐等沉积变质岩系和变质的基性火山岩、碱性火山岩组成杂岩建造。

(3)会理群落雪组、黑山组、淌塘组，为一套碳酸盐岩及千枚岩、变砂岩为主的低变质的火山沉积建造。

(4)黄水河群黄铜尖子组，为一套海底浅变质基性、中酸性火山岩，变质岩沉积变质建造。

表5-7　四川省铜矿主要赋矿层位及含矿建造特征表

含矿层位			含矿建造			矿化赋存部位	矿体形态及富集特征	典型矿床
统	组	岩石组合	结构、构造	岩相	建造名称			
上白垩统	小坝组	砾岩、砂岩	粒状、胶状结构、层状	冲洪积帚顶	内陆盆地河流沉积碎屑岩建造	小坝组下段五、六、七层	呈层状、似层状产出，与围岩呈整合接触	大铜厂
上二叠统	峨眉山玄武岩组	玄武岩、凝灰岩、火山角砾岩	气孔状、杏仁状	大陆基性火山喷发	基性火山岩喷发沉积建造	玄武岩组中下部顶部	呈透镜状、似层状	乌坡、花滩
黄水河群	黄铜尖子组	石英角斑质变角斑熔岩、变透闪质变凝灰质石英大理岩、变质凝灰质砂岩、变质凝灰岩	自形粒状变晶结构、半自形粒状变晶、变余层状、浸染状	局部深水浊流、大陆边缘斜坡、大海底火山喷发沉积	大陆边缘优地槽，为大洋玄武岩、细碧角斑岩硅质岩建造	黄铜尖子组中上段	呈复透镜状、似层状	马松岭
李伍群		炭质绢云片岩、石英岩	变余砂状结构、泥状结构、变余层理、变交错层构造	滨海-浅海相	滨海-浅海相的砂质、泥质、碳酸盐和火山岩岩相组合	李伍群中岩带第二、四、五、六岩层	呈层状、似层状产出	李伍、黑牛洞
会理群	淌塘组	炭质凝灰质千枚岩夹炭质凝灰质板岩	细粒一鳞片变晶结构、千枚状构造	近海-浅海相	大陆边缘会理裂谷带变质火山岩建造	淌塘组第二岩性段中部	层状、似层状	淌塘
会理群	黑山组	白云岩、炭质板岩	微粒结构、隐晶结构、层状、浸染状、网脉状、薄膜状构造	近海-浅海相	大陆边缘会理裂谷带变质火山沉积建造	黑山组下部	层状、浸染状、块状、网脉状、薄膜状构造	大箐沟
会理群	落雪组	含藻白云岩、变白云质角斑凝灰岩、炭质凝灰质白云岩	以稀疏浸染状为主，次为星点状、团块状、细脉状等	近海-浅海相	大陆边缘会理裂谷带变质火山沉积建造	落雪组中部	层状、似层状	洪发
河口群	长冲组	白云质石英钠长岩、石英钠长岩	以晶粒状变晶结构为主	浅海-滨海远源火山混杂沉积	弧后盆地次级断陷盆地海底钠质变质沉积变质建造	长冲组上段	似层状	红泥坡
河口群	落凼组	炭质板岩、大理岩、石榴黑云（角闪）片岩	自形、半自形、他形粒状结构	浅海-滨海远源火山混杂沉积	弧后盆地次级断陷盆地海底钠质变质沉积变质建造	落凼组上段（$P_1 ld^2$）	层状、似层状	落凼

2.陆相火山岩建造

上二叠统峨眉山玄武岩组，为一套陆相火山-次火山-浅成相基性岩建造。

3.岩浆建造

岩浆建造主要为燕山晚期—喜马拉雅期中酸性二长花岗斑岩、花岗闪长斑岩的岩浆建造。

二、构造控矿条件

区域性构造复合、叠加部位，常控制内生和层控矿床的分布。如攀西地区的雅砻江及安宁河深断裂带所控制的南北向构造体系与东西向构造体系的复合叠加，对该区频繁而强烈的岩浆、火山活动对矿起重要控制作用。南北向构造控制了规模巨大的基性超基性岩浆的形成和分布。东西向则直接控制了矿田乃至矿体的形成。如拉拉—河口地区的拉拉式铜矿、东川式(淌塘)铜矿，矿体受近南北向褶皱核部或转折部位的层间虚脱空间控制，这种虚脱空间往往是在南北构造基础上受东西向褶皱横跨，叠加所致。

大地构造控矿：大地构造单元对成矿区带的控制，Ⅰ级成矿域、Ⅱ级成矿区、Ⅲ级成矿带分别受相同级别的大地构造单元控制，成矿条件及时空关系同相应的构造单元是一致的。Ⅳ级成矿区是在Ⅲ级单元内受控于成矿作用与控制因素基本一致的区域性构造。

深部构造及深断裂控矿，主要是莫氏面和康氏面的深度及位置，当其同岩石圈断裂或壳断裂构成一个半开放或开放的空间体系时，在地壳构造驱动的作用下，便是岩浆活动的良好空间和场所，如与超基性或基性岩有关的铜镍矿、玄武岩铜矿，与中基性岩浆活动有关的火山变质铜矿，斑岩型铜矿及含矿岩体均受到深部构造及深大断裂的控制。

矿田、矿床、矿体的构造控制，主要是一些区域性或局部性的褶皱、断裂、节理裂隙、层间滑动面、不整合或假整合侵蚀面，以及岩石的各种原生构造，按其形成规模、成生序次和空间展布关系等，分别有不同程度的控制作用。构造对矿床影响较大的有两大类型矿床。

(一)火山沉积变质型铜矿

拉拉式铜矿受北西西向河口复背斜南翼和近南北向拉拉弧形褶皱控制，该弧形褶皱的转折部位及次生近南北向向斜槽部两翼，为矿体赋存部位，近东西向的片理和层间节理则控制矿化发生，表明矿化受东西向、北西西向、南北向构造控制(图5-2)。

李伍式铜矿处于康滇古陆西侧与松潘甘孜地向斜东缘的相邻部位，中元古代沉积是受北东向断陷盆地控制，原被卷入北东向褶皱带，该褶皱带与北北西向构造复合形成江浪断轴背斜，控制李伍式铜矿体产出，矿体产状同岩层产状一致，层间节理与矿化关系密切，可见南北向、北东向、北北西向等为主要构造。

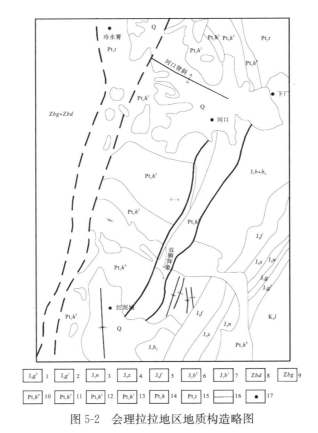

图 5-2　会理拉拉地区地质构造略图

1.官沟组上段；2.官沟组下段；3.牛滚凼组；4.新村组；5.幅安组；6.白果湾上煤组；7.白果湾下煤组；
8.灯影组　9.观音崖组；10.上部火成变质岩；11.上部沉积变质岩；12.下部火成变质岩；
13.下部沉积变质岩；14.河口组；15.通安组；16.实测及推测断层；17.铜矿床

　　淌塘式铜矿，主要受早期东西向、晚期近南北向构造控制，但各个矿体主要受刺激褶皱翼部控制，产于中元古地层层间构造中(图 5-3，图 5-4)。

　　彭州式铜矿主要以褶皱构造控矿为主，以马松岭含矿层而言，其层位和矿化相当稳定，含矿层厚数米至 20m，与片理产状一致，是受主要构造线控制的，延长达 2.5km 以上，延深已控制 400m 以上，矿体中的含铜硫化物以及部分脉石矿物当强烈褶皱作用时产生塑性流动，使含矿物质重新聚于压力较小的空间，而使原生较规整的层状矿体形态复杂化，如矿体的膨胀、狭缩现象，主要是由于褶皱作用而造成的；断裂构造对马松岭矿层的影响，仅在个别断裂中存在矿化，这是由于矿体往往受近于平行于矿层的断裂切割或错断，在断裂面带上尚有不少矿石碎块残存，更明显的是断裂带中矿化，离被搓碎的矿体愈近则矿化愈好，远离矿体则矿化现象愈弱至无矿化，而与断裂的规模、范围无关。在矿层(体)尖灭处，往往发育很多的小褶曲河破碎现象，这些褶曲断裂中为大量的网脉状石英、方解石细脉所充填。

(二)砂岩型铜矿

　　上白垩统飞天山组，铜矿产于普格红盆南端，多为矿点；上白垩统小坝组铜矿产于

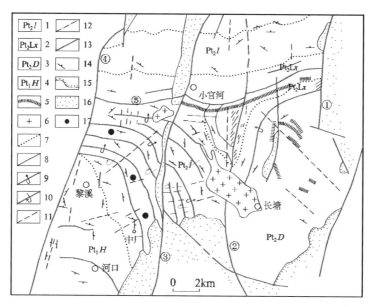

图 5-3 黎溪地区构造简图
（据刘肇昌等，1996 修编）

1.力马河组；2.落雪组；3.东川群；4.河口群；5.蛇纹岩；6.晋宁期花岗岩；7.变余原始层理（So＝Sr）；8～10.早期褶皱轴（S$_{1-2}$）；8.正常褶皱；9.倒转背斜；10.倒转向斜；11.叠加褶皱轴（S$_3$）；12.晚期叠加褶皱轴（S$_4$）；13.断层；14.面理产状；15.不整合面；16.中新生界；17.铜矿（铜厂沟、黑菁、中厂）
①益门—鹿厂断层；②兴隆断层；③小官河断层；④牛圈房—白云山断层；⑤菜子园断层

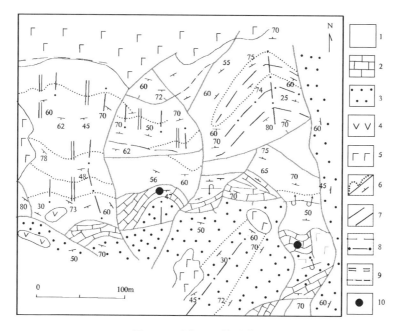

图 5-4 通安地区构造简图
（据刘肇昌等，1996 修编）

1.因民组（Pt$_2$ym）；2.落雪组（Pt$_2$lx）；3.黑山组（Pt$_2$hs）；4.辉石岩；5.辉长岩；6.标志层及岩层产状；7.断层及其倾向；8.早期背斜（上）、向斜（下）轴迹；9.晚期叠加的背斜（上）、向斜（下）轴迹；10.铜矿会理红盆中。会理红盆主要受益门断裂控制，小坝组底部含铜砂岩层等厚线长轴方向沿益门断裂带，呈北北东向展布，矿体主要位于含铜砂岩层厚度增厚部位(图5-5)。

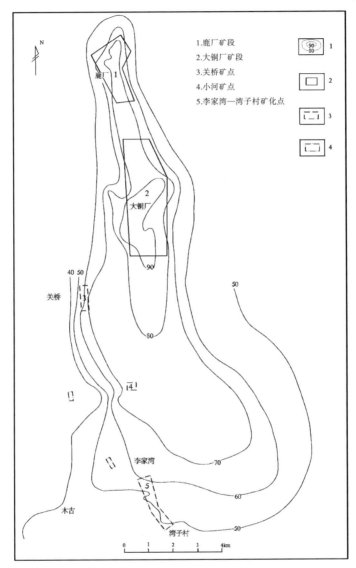

图 5-5　会理大铜厂一带小坝组 K_1x^1(五—七)砂砾层等厚图

1.砂砾层等厚线(m)；2.铜矿床范围；3.铜矿点范围；4.铜矿化点范围

上二叠统宣威组中上部有多层矿体产出，分布在东山、沙湾、沐川等地，下三叠统飞仙关、嘉陵江组下段底部铜矿主要分布在峨边、马边、美姑等地。铜矿主要产于海陆交互相黏土岩、碎屑砂岩中，矿化主要发生在康滇古陆东部沉降带，受甘洛—宁南南北向峨眉山玄武岩古隆起东缘凹陷带与北东向次级凹陷的复合部位控制，有的矿区甚至矿体含铜品位等值线呈北东向展布，此外上三叠统青天堡组中砂岩铜矿产于盐源拗陷盆地中，成矿位置继承了二叠系玄武岩铜矿化区位置。

三、岩浆岩控矿条件

四川省铜矿受岩浆岩控制的矿床类型主要为斑岩型铜矿，该类型铜矿在本省占一定地位，主要受三个期次的岩浆岩控制：喜马拉雅期沿盐源—丽江台缘拗陷带分布的复式石英二长斑岩体控制西范坪式铜矿；印支晚期—燕山早期义敦带分布的花岗闪长斑岩体控制昌达沟式铜矿；华力西期的基性火山岩广泛分布攀西及峨眉地区各类玄武岩，控制乌坡式铜矿。

另外，晋宁末期沿康滇地轴基地断裂带分布基性—超基性岩（岩株、岩床）控制盐边冷水箐铜镍矿，印支期川西高原地区义敦带海相火山建造（玄武岩、安山岩、流纹岩、粗面岩），火山喷发堆积于白玉—中甸岛弧北段的白玉赠科—昌台流纹质火山岩控制了呷村银铅锌铜矿。华力西期，丹巴地区、会理地区镁铁质基性、超基性橄榄岩、辉橄岩控制了杨柳坪、力马河岩浆熔离铜镍矿（表 5-8）。

四、岩相古地理控矿

岩相古地理对火山沉积变质型矿床、砂岩型矿床具有明显的控制作用，控制着矿床产出的空间位置。

（一）火山沉积变质型铜矿

该类型铜矿在本省占重要地位，具明显的层控特征，主要产于古元古界河口群、中元古代会理群、黄水河群、李伍岩群。

河口群、会理群系一套陆块活动带内冒地槽型浅变质的砂泥质岩、碳酸盐岩、基—中性火山岩、火山碎屑岩，总厚逾万米。河口群自下而上分三个组：大营山组、落凼组、长冲组，会理群自下而上分七个组，因民组、落凼组、黑山组、青龙山组、淌塘组、力马河组、凤山营组、天宝山组，铜矿多集中产于河口群落凼组、长冲组，会理群落雪组、黑山组、淌塘组。

河口群、会理群既有沉积，又有火山活动，形成沉积-火山岩系列的复杂组合。古地理环境主要是深水局限盆地-斜坡-槽盆-斜台槽盆不均衡且周期性的变化。据会理群的展布，其中碳酸盐岩及火山岩的分布方向，推断其总的堆积环境为近东西向的裂陷盆地（槽）。由于地处扬子地台西南缘，远离剥蚀区，随着盆地不断深陷、扩张，使盆地两侧大陆架全部被淹没而边缘持续差异性裂陷，阻止粗碎屑物进入槽盆；又因受脉动张裂控制，阵发性地爆发浊流，形成凤山营组，力马河组多基复理石沉积和远基滑坡沉积。同时，裂隙盆地扩张阶段常导致大量火山喷溢，形成"扩张脉动层"。由火山作用所带出的铁质或滞留在熔岩、火山碎屑岩中，或经水（海）解而促使海水化学成分的改变，形成初始

表 5-8 四川省岩浆岩分类分期与铜矿成矿关系表

地质年代			构造旋回分期		酸性、中酸性岩					中性岩			镁铁质岩				超镁铁质岩			过碱性岩类	
			期	幕	深成、中深成岩				浅成岩	深成、中深成岩			深成、中深成岩		浅成岩	火山岩	深成、中深成岩		浅成岩	深成、中深成岩	
			年代及代码	年代及代码	花岗岩类	花岗闪长岩类	石英闪长岩类	石英正长岩类	花岗岩类	闪长岩类		正长岩类	辉长岩类	碱性辉长岩类	辉绿岩类	玄武岩类	橄榄岩、苦橄岩类			霞石正长岩类	霓霞岩、霞石岩类
显生宙	新生代	新近纪(R)	喜马拉雅期						Tηoπ 西范坪式斑岩型铜矿												
		古近纪(E)																			
	中生代	白垩纪(K)	燕山期	晚期	Kγ	Kγ Kηγ			Kηπ Kηγπ												
		侏罗纪(J)		早期	Jγ	Jγ Jηγ Jξγ	Jγδ	Jγ	Jηπ Jηγπ Jγδπ 昌达沟式斑岩型铜矿												
		三叠纪(T)	印支期		Tγ TγK Tηγ Tξγ	Tγo Tδηo Tγo	Tγδ	Tγo Tηo	Tηπ Tηγπ Tγδπ	Tδ	Tδη Tδη	Tξ Tη	TN	Tνβ Tν	Tβ	TΣ	Tσ Tψτ Tψo Tφo	Tωμ	TE	Tε Tξx Tξo	
	晚古生代	二叠纪(P)	华力西期	晚期	Pγ	Pγδ		Pξo	Pδ	Pνδ		Pξ	PN 乌拔式陆相火山岩铜矿		Pβμ	Pβ (P₂cβ)	PΣ	Po 锡树坪 Pφo 力马河 Pψτ Pφω	Pωμ	PE	PEσ(Pxc)	
		石炭纪(C)		早期	Cγ	Cγδ								Tνβ							
	早古生代	奥陶纪(O)	加里东期										ON	Oνβ							
元古宙	新元古代	震旦纪(Z)	澄江期		Zγ ZγK Zηγ Zξγ	Zγδ	Zδo Zδηo Zγo	Zηo									澄江期Zσ				
	中元古代	Pt₂	晋宁期		Pt₂γ Pt₂γ Pt₂ψ PT₂ξγ	Pt₂γδ	Pt₂γδo Pt₂ξo		Pt₂δ Pt₂δη Pt₂δτ	Pt₂ν Pt₂νδ	Pt₂Ev	Pt₂νβ	Pt₂Σ	Pt₂σ Pt₂ψ Pt₂ψ Pt₂φ	Pt₂E	Pt₂σ Pt₂εκ Pt₂εo	PEσ(P×c) Pt₂εx				
	古元古代	Pt₁	中条期	晚期	Pt₁γ Pt₁ηγ				Pt₁δ	Pt₁ν	Pt₁N	Pt₁β	Pt₁Σ	Pt₁σ Pt1ν-σ Pt₁φ							
	太古宙	新太古代	Ar₃	γ′₁-₂ 早期	Atγ																
			岩石名称		γ 普通花岗岩 γK 碱性花岗岩 ηγ 二长花岗岩 ξγ 碱长石英花岗岩	γδ 花岗闪长岩	γo 石英闪长岩 δηo 石英二长闪长岩 ξo 石英正长岩	γπ 斑状普通花岗岩 ηγπ 斑状二长花岗岩 γδπ 斑状花岗闪长岩	δ 闪长岩 δη 二长闪长岩	ξ 正长岩 η 二长岩	N 基性岩(未分)	νβ 辉绿岩 基性碱性岩(未分)	Ev 碱性辉长岩 辉绿辉长岩	βμ 辉绿(粉)岩 闪长辉长岩	β 玄武岩	Σ 超基性岩(未分)	橄榄岩、辉橄岩 φo 角闪石岩 φω 蛇纹岩	E 碱性正长岩 ωμ 苦橄(粉)岩	δ 霞石正长岩 ε 超基性碱性岩(未分) εo 碱性(碱)岩	Ev 基性碱性岩

代号	岩性	代号	岩性
酸性、中酸性岩		镁铁质岩	
γ	普通花岗岩	N	基性岩(未分)
γK	碱性花岗岩(不推荐使用)	ν	辉长岩
γβ	斑状普通花岗岩	νβ	辉绿辉长岩
γξ(ξγ)	碱性长石花岗岩	νδ(δν)	闪长辉长岩
γη(ηγ)	二长花岗岩	βμ	辉绿(粉)岩
γηπ(ηγπ)	斑状二长花岗岩		超镁铁质岩
γδ	花岗闪长岩	Σ	超基性岩(未分)
γδπ	斑状花岗闪长岩	σ	橄榄岩、辉橄岩
γo	斜长花岗岩	φt	辉石岩
δηo	石英二长闪长岩	φo	角闪石岩
ξo	石英正长岩	φω	蛇纹岩
ηo	石英二长岩	ωμ	苦橄(粉)岩
	中性岩		过碱性岩类
δ	闪长岩	E(xξ)	碱性岩(未分)
δη	二长闪长岩	ε	霞石正长岩
δt	英云闪长岩	εx	碱性正长岩(不推荐使用)
δν(νδ)	辉长闪长岩	ξox	碱性石英正长岩
η	二长岩	Eσ	超基性碱性岩
ξ	正长岩	Ev	基性碱性岩

矿源层或胚胎矿，经后期各种成矿作用的叠加，改造构成工业矿体。熔岩溢出之后，盆地相对稳定，形成"扩张稳定层"。如此脉动、稳定周期性、差异性的重现，不仅使河口群、会理群出现纵横交错更迭之复杂格局，同时也是河口群、会理群中铜矿具多层位性的根本原因所在。

(二)砂岩型铜矿

该类型铜矿在四川省占一定地位，具明显的层控特征，主要产于白垩系小坝组(大铜厂、鹿厂)，侏罗系飞天山组(三比洛呷)，三叠系铜街子组、飞仙关组的砂(页)岩中。

康滇前陆逆冲带呈南北向展布，西为金河—箐河断裂带，东为小江断裂带，该带以安宁河断裂带和德干大断裂为界，从东向西依次为康滇基底断隆带、峨眉—昭觉断陷带、东川逆冲褶皱带。侏罗纪—白垩纪，砂岩铜矿局限在康滇前陆逆冲带峨眉—昭觉断陷带的断陷盆地(江舟盆地、米市盆地)内，为古生代末以来形成的新生断陷盆地，沉降幅度北部大于南部，以堆积巨厚的中、新生代红色陆屑建造为特征；构造线近南北向，则木河等断裂带呈 NW—SE 向切割为南(江舟)、北(米市)两个宽缓的复式向斜构造。

江舟断陷盆地历经断陷期、拗陷期和萎缩期曲折复杂的演变过程，由相互交切的南北向构造和北东向构造构成红盆骨架。褶皱有马宗、大铜厂、仰天勤等向斜，翟窝厂、长村倾伏背斜和盐井背斜等，一般向斜较为平阔，背斜较紧闭。断裂主要为南北向益门断裂带，其次为北东向宁会断裂、龙潭断裂带，主要分布中生界、新生界地层，为陆相含煤建造和红色碎屑岩建造，包括上三叠统白果湾、侏罗系下统益门组、上统新村组、白垩系小坝组等，最大厚度达 5000m，其中白垩系小坝组为砂(砾)岩型铜矿的主要赋矿地层。初步分析，自中三叠世末至晚三叠世经印支运动开始本区断陷成盆以后，区内常见沉积岩相有山麓堆积、河相、河湖交替三角洲相、湖内沼泽相、湖相等几种。古气候自侏罗纪开始，在一个较长的炎热干旱时期之后转变为一个较短的炎热湿润期，雨水较多，蚀源区大量物质被搬运至盆内，沉积以河相、湖相、三角洲相为主，盆地周围的老地层及晚二叠世玄武岩风化剥蚀为其提供了丰富的物质来源，是生成砂岩铜矿的有利时期。该红盆内的砂岩建造，其矿产以砂(砾)岩铜(银)矿著称，较集中分布在红盆西侧范围内，以大铜厂为代表。

第五节　铜矿成矿规律总结

成矿规律是对成矿过程中成矿物质的组成、运移、富集，及其在时间、空间上物质共生组合关系等因素的分析，火山沉积变质型、斑岩型、砂岩型、火山岩型四大类型铜矿在矿质来源、控矿因素、成矿规律方面都各具特色，其成矿机理也各不相同。其中，砂岩型与火山岩性铜矿是次要类型，其主要特征在典型矿床中述及，因此本节重点介绍火山沉积变质型和斑岩型。

一、火山沉积变质型

(一)成矿物质来源

火山沉积变质型包括拉拉式、李伍式、彭州式、淌塘式 4 个矿床式，成矿属于与海相角斑质中酸性火山-侵入活动有关的浅变质铜多金属矿床，主要分布在攀西及周边地区，其物质来源主要受活动陆缘拉张作用和火山喷气-沉积作用的控制。

1.陆缘活动拉张作用

古中元古代，位于扬子古陆边缘附近攀西及邻区发生拉张作用，形成沿同生断裂展布的各种断裂盆地，如会理—东川盆地，并伴生有火山喷发、侵入活动，当盆地形成后，随之发生碎屑物质的沉积，与此同时伴随着火山活动的间隙，成矿物质、碎屑岩、火山碎屑的沉积，形成了一套海相火山沉积岩的成矿岩石组合，主要成矿物质来源有三个方面。

岩浆源：海底火山喷发、侵入带来的 Cu、Pb、Zn、Fe 等矿质。

海源：海水中普遍含有 Cu、Pb、Zn、Fe、S 等物质。

陆缘：前震旦系基底陆壳长期风化、剥蚀 Cu、Pb、Zn、Fe、S 等物质搬运到近海盆沉积。

2.火山喷发-沉积作用

中酸性岩浆多旋回、多期次喷发，随着火山喷流、喷气作用，深部岩浆分异形成的含矿热液流体沿火山通道向上运移，同时海水参与下渗，在深部热源作用下，下渗海水，沿火山机构和断层裂隙部位发生深循环作用，使地壳深部的矿质和火山沉积岩中的成矿物质集中在火山-沉积岩建造中。

(二)控矿因素

古中元古代时期，大洋弧后盆地从上地幔和下地壳熔融侵入钠质火山岩，这一火山过程带来大量的铜质矿源，经后期改造富集形成矿体，因此火山沉积变质型铜矿的控矿因素，可归纳为以下几个方面：

1.海底火山作用

四川省火山沉积变质型铜矿主要产于古—中元古代，该时期扬子古陆边缘在拉张作用下，海底火山活动十分强烈而频繁，随着火山喷发，带来了大量富铜、铁、钠物质，根据火山沉积变质型铜矿的四个矿床式产地的硫同位素测定结果，拉拉地区 $\delta^{34}S$ 为 $3.7‰\sim11.1‰$，李伍地区 $\delta^{34}S$ 为 $1‰\sim10‰$，彭州地区 $\delta^{34}S$ 为 $6.32‰\sim13.2‰$，表明上述地区成矿物质来自于海底火山活动，为矿床的形成提供初始矿源层。

2.后期改造作用

古中元古代是四川省铜矿形成的主要时期，这些铜矿都经过后期改造，由于改造作用不同，富集程度不同，主要改造作用有两种。

(1)火山-次火山热液改造作用。在火山作用下形成初始矿源层后，后期基性岩脉及少量酸性岩脉沿火山机构脆弱部位顺层或切层侵入，其后期含矿气液顺层充填或叠加与先形成的贫矿层之上，形成富厚矿体。

(2)区域构造热动力改造作用。区域构造运动产生的热动力，一方面使含矿地层发生褶皱变形，另一方面使原始矿源层中矿质活化、迁移，在层间虚脱部位重新富集，使矿体变富加厚。

(三)成矿机理

火山沉积变质型铜矿的成矿机理可归结为"喷—沉—变—改"四个过程，即古元古代火山喷气作用带来大量的成矿物质，在攀西裂谷中的一些拗陷盆地在近海-浅海沉积环境下沉积，形成初始矿源层，在晋宁期区域低温动力变质作用下的挤压体制下，早期形成的初始矿源层同步发生褶皱和浅变质作用，成矿物质在热动力改造作用下进行调整、组合、富集，最终形成矿体，成矿模式如图5-6所示。

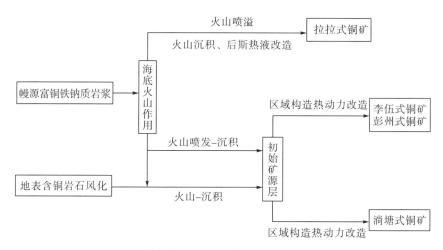

图5-6 四川省火山沉积变质型铜矿成矿模式示意图

二、斑岩型

四川省斑岩型铜矿包括昌达沟式和西范坪式两个矿床式，是受印支晚期—燕山早期、喜马拉雅期两期中酸性侵入岩控制的一类矿床，成矿具有以下特征。

（一）成矿物质来源

1.印支晚期—燕山早期

印支晚期—燕山早期，斑岩型铜矿成矿物质主要源于大陆边缘（岛弧）地幔或下地壳分异产物，铜矿的形成是多期岩浆活动的结果。在北东与南西向构造应力的作用下，印支晚期—燕山早期的中酸性富含 Cu 的岩浆，沿着义敦岛弧带内总体构造线呈北西向的复式向斜及次级褶曲核部的张扭性破碎构造带侵入于三叠系上统拉纳山组、图姆沟组、曲嘎寺组，并交代围岩的 Cu，在岩体内、外接触带、围岩中生成不同程度的 Cu 矿化及钾化、硅化等蚀变。随着燕山晚期酸性岩浆的侵入，致使早期形成的 Cu 矿化及蚀变进一步加强，再次造成岩石的 Cu 等元素的迁移和富集，从而形成昌达沟式的铜矿床。

2.喜马拉雅期

喜马拉雅期斑岩型铜矿成矿物质主要源于沿木里—盐源推覆构造带的盐源盆地过渡带中的断裂构造或构造交汇部位侵入的石英二长斑岩、二长斑岩、石英正长斑岩、闪长玢岩、煌斑岩等岩体，岩石具粗粒、中粗粒、中细粒、细粒结构，斑状、碎裂结构，是钙碱性-碱钙性侵入岩多期次活动的结果，携带了大量的成矿物质，为西范坪式斑岩型铜矿提供了丰富的物源。

3.围岩

先期形成的含铜岩石，铜矿体包括二叠系玄武岩、三叠系曲嘎寺组、青天堡组等都有铜矿产出，为斑岩铜矿成矿补充成矿物质。

（二）控矿因素

1.岩浆侵入作用

以西范坪式铜矿为例，根据四川省地质调查院（2009）研究成果，硫同位素组成具有地幔源，氢同位素特征显示成矿介质主要来自于岩浆水，其次为天水和原生地层水，铅同位素为造山带铅，而单矿物的 REE 及微量元素特征和赋矿岩石黑云母石英二长斑岩相似，表明成矿物质主要来自斑岩，岩浆侵入为成矿带来丰富的物源。

2.多期成矿作用叠加

1）拉张、挤压作用

始新世中期，矿区北西、北东向断裂，F1、F2 拉张作用，喜马拉雅期深源岩浆沿断裂侵位，岩体冷却后，在东西向挤压作用下，岩体内形成共轭节理，为后期含矿热流活动提供运移、储存空间。

2）热液作用

始新世中期，岩浆期后含矿热液上升进入裂隙发育的岩体内和边缘接触带，岩体内构成浸染状矿脉带，后期形成脉状矿脉，渐新世热液活动减弱，岩浆活动及斑岩铜矿成矿作用基本结束。

3）次生富集作用

含铜斑岩暴露在地表经长期风化剥蚀，尤其是天水作用，原生硫化物先生成硫酸铜及硫酸亚铁，硫酸亚铁在氧化带形成褐铁矿，硫酸铜是在潜水环境下形成的，形成次生硫化物，经长期次生富集形成工业矿体。

(三)成矿机理

燕山早期，喜马拉雅期活动大陆边缘拉张，深源岩浆在开发环境生成多期次复式岩体，当岩浆冷却后，在构造应力作用下岩体发生破裂，中酸性岩浆（含矿母岩）侵入和后期含矿热液活动，从地幔和下地壳或围岩带来的成矿物质，在斑岩体内或接触带聚集，形成贫矿（原生硫化矿）。后期在水的渗透作用下，在构造交汇部位，形成次生富集带（工业矿体）（图 5-7）。

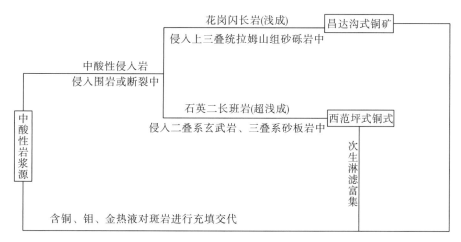

图 5-7 斑岩型铜矿成矿模式示意图

第六章　四川省铜矿资源潜力评价

全国矿产资源潜力评价在开展预测时，根据区域成矿条件圈定预测工作，并在其中总结成矿要素，圈定最小预测区，其含义大致相当找矿靶区，本章重点介绍四川省铜矿潜力评价。

第一节　铜矿资源潜力

一、预测工作区

四川省铜矿资源潜力评价项目将四川省铜矿划分为 4 个预测类型 8 个矿床式，根据铜矿分布特点，共划分了 24 个预测工作区（表 6-1），其中：拉拉式 2 个、李伍式 2 个、淌塘式 3 个、彭州式 2 个、西范坪式 2 个、昌达沟式 3 个、大铜厂式 3 个、乌坡式 7 个。各矿床式预测工作区分布如图 6-1 所示。

表 6-1　四川省铜矿预测工作区一览表

预测类型	矿床式	预测工作区		
		序号	名称	分布范围
火山沉积变质型	拉拉式	1	落凼—板山头	会理县黎溪
		2	红泥坡—力洪	会理县黎溪
	李伍式	3	银硐子—李伍	九龙县大河边
		4	卡拉—茶地沟	木里县　九龙县
	淌塘式	5	黑箐	会理县黎溪
		6	大箐沟	会理县通安
	彭州式	7	淌塘	会东县淌塘
		8	马松岭	彭州市大宝山
		9	大邑	大邑县大川
斑岩型	西范坪式	10	模范村	盐源县桃子乡
		11	公母石山	盐源县桃子乡
	昌达沟式	12	汉宿—昌达沟	德格县柯洛洞乡
		13	阳各玛—柴呀	德格县俄南乡
		14	堂德—更多	德格县侧卡松多乡

续表

预测类型	矿床式	预测工作区		
		序号	名称	分布范围
砂岩型	大铜厂式	15	大铜厂	会理县鹿厂
		16	翟窝厂	会理县鹿厂
		17	爱国	会理县鹿厂
火山岩型	乌坡式	18	花滩	荥经县、汉源县
		19	观音阁	峨眉山、峨边县
		20	眉山村	甘洛县
		21	罗姑	甘洛、美姑县
		22	乌坡	昭觉县
		23	雨水乡	布拖、普格县
		24	放马坪	宁南县

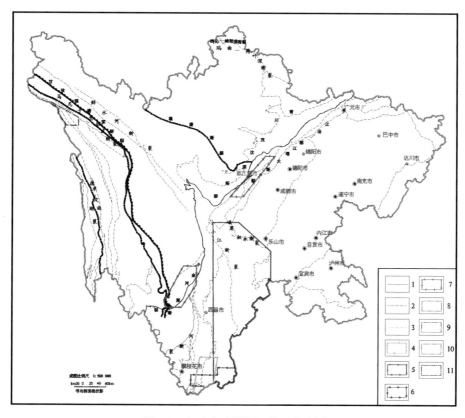

图 6-1　各矿床式预测工作区分布图

1. 一级构造相带界线；2. 二级构造相带界线；3. 三级构造相带界线；4. 拉拉式火山沉积变质型铜矿
5. 李伍式火山沉积变质型铜矿；6. 淌塘式火山沉积变质型铜矿；7. 彭州式火山沉积变质型铜矿；
8. 西范坪式斑岩型铜矿；9. 昌达沟式斑岩型铜矿；10. 大铜厂式砂岩型铜矿；11. 乌坡式火山岩型铜矿

二、最小预测区圈定

最小预测区是全国矿产资源潜力评价项目(2006~2013年)根据矿产预测评价模型中矿床类型存在的必要条件，使用编图方法或计算机交互搜索模型圈定的。本书沿用这个名称，最小预测区规模一般不超过50km²。

(一)最小预测区的边界条件

不同预测类型铜矿因其成矿条件和控矿因素的不同，其最小预测区的边界条件也有所不同，具体如下所述。

1.火山沉积变质型、砂岩型

(1)已有的Ⅳ~Ⅴ级成矿带范围;

(2)同一含矿火山沉积变质地层连续分布，并有一定厚度，可作为最小预测区边界参考界线;

(3)含矿火山沉积变质岩地层或含矿沉积岩层叠加褶皱、断裂构造，根据产状用类比法考考矿体产状和赋存标高，由地下向地表，确定最小预测区边界;

(4)可考虑矿点、矿化点及其他找矿标志的分布范围，依此为最小预测区的参考边界;

(5)由物探、化探、遥感等资料推断的成矿远景区，经查证表明对成矿有利，此类异常范围可提供最小预测区参考边界。

2.斑岩型、火山岩型

(1)已有的Ⅳ~Ⅴ级成矿带范围;

(2)同一含矿火山地层或含矿岩体连续分布，不仅考虑其分布范围，还考虑控矿构造的产状，并用类比法考虑矿体产状和赋存标高，由地下投影地表，确定最小预测区边界;

(3)由物探、化探、遥感等资料推断的成矿远景区，经查证表明对成矿有利，此类异常范围可提供最小预测区参考边界;

(4)可考虑矿点、矿化点及其他找矿标志的分布范围，依此为最小预测区的参考边界。

(二)最小预测区的圈定方法和分类

1.最小预测区的圈定方法

最小预测区圈定采用以计算机软件圈定与专家综合评判相结合的方法，具体操作如下所述。

（1）利用 MORAS 资源评价软件，以 MapGIS 为平台，以地质构造研究成果数据库为数据支撑，以Ⅳ成矿带为切入点，以评价模型（找矿模型）为指导，选择合适的资源评价方法，在 1∶5 万预测图上采用证据权法进行圈定，预测单元阈值确定采用概率分布法。

（2）专家综合评定：由地质、物探、化探、遥感专家，综合考虑地层、成矿建造、含矿岩系、含矿地质体、构造、蚀变、化探异常、物探（重力、磁力）异常、遥感信息等因素，利用 MORAS 软件圈定结果，对所圈最小预测区进行综合评判、优选和校正，最终确定最小预测区。

2. 最小预测区分类

最小预测区分类主要依据：①预测依据是否充分，和模型区预测要素的匹配程度；②预测资源量的大小；③矿体埋藏深度等因素，将最小预测区分为 A、B、C 三类。

A 类：成矿条件十分有利，预测依据充分，成矿匹配程度高，资源潜力大或较大，预测资源量为大型的最小预测区，综合外部环境，经济效益明显的地区。

B 类：成矿条件有利，有预测依据，成矿匹配程度高，预测资源量为中型；成矿匹配程度低、预测资源量为大型的最小预测区；可获得经济效益，可考虑安排工作的地区。

C 类：具成矿条件其他预测区，有可能发现资源，可作为探索的地区或现有矿区外围和深部有预测依据，据目前资料认为资源潜力较小的地区。

（三）最小预测区的圈定结果

四川省共圈定 75 个铜矿最小预测区（A 类预测区 16 个、B 类预测区 15 个、C 类预测区 44 个（表 6-2）。其中：

拉拉式铜矿圈定 3 个最小预测区（A 类 1 个、B 类 1 个、C 类 1 个）；

李伍式铜矿圈定 8 个最小预测区（A 类 3 个、B 类 2 个、C 类 3 个）；

淌塘式铜矿圈定 7 个最小预测区（A 类 3 个、B 类 1 个、C 类 3 个）；

彭州式铜矿圈定 5 个最小预测区（A 类 2 个、B 类 1 个、C 类 2 个）；

西范坪式铜矿圈定 6 个最小预测区（A 类 1 个、B 类 2 个、C 类 3 个）；

昌达沟式铜矿圈定 7 个最小预测区（A 类 1 个、B 类 2 个、C 类 4 个）；

大铜厂式铜矿圈定 13 个最小预测区（A 类 3 个、B 类 3 个、C 类 7 个）；

乌坡式铜矿圈定 26 个最小预测区（A 类 2 个、B 类 3 个、C 类 21 个）。

表 6-2　四川省铜矿最小预测区一览表

预测类型	矿床式	预测工作区	最小预测区	面积/km²	类别
火山沉积变质型	拉拉式	落凼—板山头	拉拉	8.67	A
		红泥坡—力洪	红泥坡	6.71	B
			力洪	4.13	C
	李伍式	江浪（银厂子-李伍）	李伍	2.64	A
			黑牛洞	1.44	A
			柏香林—挖金沟	1.15	A
			上海底	1.53	B
			笋叶林	0.32	B
			白岩子	1.60	C
			银厂子	1.13	C
		卡拉—茶地沟	茶地沟	4.92	C
	淌塘式	黑箐	红铜山	0.08	C
			黑箐	1.74	A
		大箐沟	铜厂沟	0.54	B
			大箐沟	0.49	A
		淌塘	老厂	0.22	C
			淌塘	0.60	A
			后山沟	3.16	C
	彭州式	马松岭	马松岭	2.68	A
			石城门	6.59	A
		黄铜尖子	黄铜尖子	5.32	B
			白铜尖子	2.62	C
			大川	2.90	C
斑岩型	西范坪式	模范村	西范坪	0.77	A
			李家屋基	0.35	B
			大坪子	0.22	C
			岳马	0.36	C
		公母石山	34~40 号岩体	0.41	B
			35~36 号岩体	0.19	C
	昌达沟式	堂德—更多	登过	4.0	C
			堂德	2.8	C
		阳格玛-柴呀	粘多	3.0	C
			柴呀	3.0	C
		汉宿—昌达沟	汉宿	1.07	B
			昌达沟	0.45	A
			燃日	1.12	B

预测类型	矿床式	预测工作区	最小预测区	面积/km²	类别
砂岩型	大铜厂式	大铜厂	大铜厂	1.65	A
			鹿厂	0.53	A
			白草硐	0.31	A
			关桥西	0.41	B
			关桥东	0.29	B
			江西湾	0.30	C
		爱国	老房子	0.91	C
			任家坪	0.39	C
			李家湾	0.59	C
			滴水崖	0.11	C
		翟窝厂	翟窝厂	0.45	B
			马宗	0.19	C
			兴隆	0.17	C
火山岩型	乌坡式	荥经	花滩	2.75	A
			羊子岭	34.62	C
			阳坪	16.50	B
			中山	37.62	C
			轿顶山	11.50	C
			回头转	10.94	C
			向明村	8.99	C
			挖断山	7.07	C
		观音阁	高庙镇	25.41	C
			郭坪	10.44	C
			观音阁	12.48	B
			瓦窑坪	26.53	C
		眉山村	马拉哈	8.63	C
			眉山村	8.20	C
			洛非	14.17	C
		罗姑	格古	10.03	C
			罗姑	22.80	C
		乌坡	维勒觉	11.25	C
			鲁沟村	7.98	C
			色底乡	49.76	B
			乌坡扯屋舍	1.53	A
		雨水	九都乡	9.28	C
			雨水乡	7.39	C
			东山乡	10.26	C
		放马坪	放马坪	49.47	C
			四家村	30.68	C

三、预测区地质评价

(一)预测区级别划分

本次预测共划分了 8 个预测工作区，24 个预测区，75 个最小预测区，根据预测区内已查明的资源量成矿地质条件，主要参考预测区内各最小预测区所预测的资源量类别进行综合评判，以预测资源量多、预测类别高进行评判分级。

A 类：预测资源量为大、中型，或 334-1 资源量级别比例较大；成矿条件十分有利，预测依据充分，成矿匹配程度高，资源潜力大；外部开发利用条件好，经济效益明显的地区。

B 类：预测资源量为中型，或 334-2 资源量级别比例较大；成矿条件有利，预测依据充分，成矿匹配程度较高，资源潜力较大；外部开发利用条件较好，经济效益较明显的地区。

C 类：预测资源量为小型，且 334-3 资源量级别比例较大；根据成矿条件，有可能发现资源，可作为探索的其他预测区，或现有矿区外围和深部有预测依据，据目前资料认为资源潜力较小的预测区。

(二)预测区地质评价

1.会理落凼—板山头预测区

预测区位于会理县黎溪境内，面积 15km²，地理坐标：东经 101°59′15″~101°55′57″，北纬 26°10′55″~26°14′44″，河口复式背斜南翼的次一级双狮拜象背斜南端西侧。含矿层位为古元古界河口岩群落凼组上段钠质火山沉积变质岩，区内已有落凼大型矿床，老羊汗滩中型矿床，菖蒲箐、石龙等小型矿床及矿点、矿化点。含矿建造规模大，区内落凼矿床、老羊汗滩矿床勘查程度高，本次预测工作圈出最小预测区 1 个，根据划分条件评判为 A 级，预测资源潜力 50 万吨以上。

本区大地构造位于扬子陆块西缘康滇基底逆推带，会理裂谷带初期的断陷盆地内，含矿地层为古元古界河口群落凼组，经以往勘查工作已探获大型矿床 1 个、中型矿床 1 个，是四川省已探明的唯一大型矿床，其成矿物质为古元古代海底火山喷发沉积形成的经后期叠加改造的铜矿类型。云南东川—易门地区为超大型东川铜矿田，探获资源量大（超过 260 万吨），含矿岩系为中元古界因民组、落雪组，为扬子陆块边缘的东川裂谷带内。四川省的拉拉地区与之形成的地质环境十分相似、时代相近，形成于扬子陆块边缘的会理裂谷带内，成矿地质条件同样优越，但现有的勘查成果却相差十分大，可能主要是投入勘查的工作量少、研究认识不足；通过与东川矿田比较，拉拉地区铜矿的找矿潜力巨大，应列为省内今后重要的找矿靶区，有可能获得进一步的突破，进一步扩大该区的铜资源量，增加我省铜资源总量。

2. 会理红泥坡—力洪预测区

预测区位于落凼铜矿之南，面积为 40km²，地理坐标：东经 101°57′49″~101°53′54″，北纬 26°06′26″~26°12′40″。含矿层位为河口岩群落凼组、长冲组上段钠质火山岩。含矿建造规模大，以往勘查工作程度低。但经施工科研钻孔，初步证明深部有较厚大的铜矿体。地表大部为新生代、中生代地层掩盖，根据含矿地质体露头和钻孔圈定。

区内已有红泥坡小型矿床黎发、力洪 2 个矿点。已查明铜资源量达中型，共圈出 2 个最小预测区（A 类 1 个，C 类 1 个），预测铜资源量 30 万吨以上，综合评判为 A 类。

预测区位于扬子陆块西缘康滇基底逆推带，会理裂谷带初期的断陷盆地内，含矿地层为古元古界河口群落凼组、长冲组，经以往勘查工作已探获中型矿床 1 个，区内上覆长冲组，其含矿性较好，下伏落凼组含矿地层，其成矿地质条件与落凼—板山头预测区相同，找矿潜力大，可能是今后四川省该类铜矿取得重大突破的区域之一，应加强勘查投入，有望找到大型铜矿床，解决四川省铜资源量不足的现状。

3. 李伍式银硐子—李伍预测区

预测区位于四川省九龙县东南部江浪穹隆，面积为 283km²，包括 6 个最小预测区（A 类 3 个、B 类 2 个、C 类 2 个），预测铜资源量 40 万吨以上，其中 A 类预测资源量 40 万吨、占绝大多数预测资源量，综合评定为 A 类。

预测区内已发现李伍、挖金沟等矿床和柏香树、上海底等矿点。该区现仅李伍矿床工程程度较高，已达勘探，其余工作程度较低。区内已查明 Cu 资源量达中型，位于盐源—丽江逆冲带，已知有李伍中型矿床，为省内富矿之一。总体位于扬子地台西缘元古代变质岩分布地段，成矿时代相近，属扬子陆块西缘中元古代海相火山沉积岩分布地带。经历了晋宁运动—燕山运动的叠加改造，成矿地质条件好，经本次预测资源量大于 40 万吨，具有较大的找矿前景，系我省下一步铜矿找矿的重要靶区。应加强勘查地质工作，有可能获得找矿突破。

4. 李伍式卡拉—茶地沟预测区

预测区位于四川省九龙县东南部长枪穹隆，面积为 821km²。该区工作程度低，圈出 1 最小预测区（C 类），预测资源量小型规模，评判为 C 类预测区。

该预测区位于盐源—丽江逆推带的长枪穹窿，与相邻的江浪穹窿处于同一地质构造环境，其成矿地质条件相近。出露地层为中元古界李伍岩群，与李伍矿床含矿地层相同。虽目前仅发现少量矿化现象，主要是以往投入工作少，但从所处的构造环境分析，与李伍矿床的条件十分相似，经分析具有一定的找矿前景。应加强物化探等探索、解译，加强综合研究分析，进行深部探索，有望获得找矿突破。

5.会东淌塘预测区

预测区位于会东县淌塘镇，面积为 53km²，含矿岩系为中元古界会理群淌塘组 (Pt₂t)绢云千枚岩、炭质(凝灰质)绢云千枚岩、砂质板岩及白云质大理岩、结晶灰岩。区内已有淌塘铜矿达中型，另有数个矿床(点)，查明铜资源量达中型，共圈定 3 个最小预测区(A类 1 个、C类 2 个)，预测铜资源量 12.1186 万吨(A类为主)，综合评判为 A 类。

预测区位于扬子陆块西缘康滇基底逆推带，会理裂谷带内，含矿地层为会理群淌塘组，与云南东川式铜矿含矿地层相类似。预测区内已有中型矿床 1 个，勘查深度一般200m，与东川式铜矿勘查深度相比勘查深度小，找矿潜力大，成矿地质条件较好，是我省火山沉积变质型矿床的重要成矿区，找矿前景好，有望找到中型铜矿床。

6.会理大箐沟预测区

预测区位于会理通安地区，面积为 4km²。含矿岩系为会理群落雪组浅灰色—深灰色石英粉砂质微粒白云岩，矿层顶板为青灰色厚层含藻白云岩，底板为浅灰色黑云绢板岩和粉砂质白云板岩。

预测区内已有大箐沟中型矿床，另有数个矿床(点)，查明资源量达中型，区内圈定 1 个最小预测区(A类)，预测资源潜力 5 万吨以上，综合评判为 A 类。

预测区位于扬子陆块西缘康滇基底逆推带，会理裂谷带，含矿地层为会理群落雪组，与云南东川式铜矿含矿地层相同。预测区内已有中型矿床 1 个，勘查深度仅仅 200m 左右，与东川式铜矿勘查深度相比勘查深度小，找矿潜力大，成矿地质条件较好，是我省火山沉积变质型矿床的重要成矿区，找矿前景好，有望找到中型铜矿床。

7.会理黑箐预测区

预测区位于会理黎溪地区，面积为 40km²。含矿岩系为中元古界会理群落雪组石英白云大理岩，少量砂质白云大理岩。本区构造复杂，主要由一系列的背斜和逆冲断层组成。已有铜厂沟、黑箐、黎溪等矿床(点)，已查明铜资源量达小型，共圈定 3 个最小预测区(A类 1 个，B类 1 个，C类 1 个)，预测资源潜力小型，综合评判为 A 类。

预测区位于扬子陆块西缘康滇基底逆推带，会理裂谷带内，含矿地层为会理群落雪组，与云南东川式铜矿含矿地层相似。预测区内已有小型矿床 1 个，成矿地质条件较好，是我省火山沉积变质型矿床的重要成矿区，找矿前景较大。

8.马松岭预测区

预测区位于彭州市龙门山镇，面积为 105km²，圈出 2 个最小预测区(A类)，预测铜资源潜力小型，综合评判为 A 类。

预测区位于龙门山基底逆推带，区内已有马松岭、瓢儿顶、石城门、铜厂坡等矿床点，总体位于扬子陆块西缘元古代火山沉积变质岩分布地段，与拉拉、淌塘、李伍含矿岩系相似，成矿时代相近，成矿地质条件好，经综合分析具有一定的找矿潜力。

9. 黄铜尖子预测区

预测区位于芦山县境内，面积为 40km²，圈出 3 个最小预测区(B 类 1 个，C 类 2 个)，预测资源潜力小型，B 类 1.16 万吨，综合评判为 B 类。

预测区位于龙门山基底逆推带，有矿点 2 个，邻区已有马松岭、瓢儿顶、石城门等矿床、点，总体位于扬子地台西缘元古代火山沉积变质岩分布地段，与拉拉、淌塘、李伍含矿岩系相似，成矿时代相近，成矿地质条件较好，具有一定的找矿潜力。

10. 模范村预测区

预测区属盐源县桃子乡模范村，包括西范坪、李家屋基、大坪子、岳马 4 个最小预测区(A 类 1 个，B 类 1 个，C 类 2 个)，面积为 4.26m²，预测资源潜力中型，综合评定为 A 类。

11. 公母石山预测区

预测区属盐源县桃子乡西范坪东，包括 30~40 号、35~36 号斑岩体 2 个最小预测区(B 类 1 个，C 类 1 个)，面积为 1.49km²，预测资源潜力小型，综合评定为 B 类，有一定找矿前景。

12. 德格汉宿—昌达沟预测区

预测区位于德格县柯鹿洞乡汉宿—昌达沟一带，面积为 127km²。区内共圈出 3 个最小预测区(A 类 1 个，B 类 2 个)，预测资源潜力中型，综合评判为 A 类。

已查明小型矿床 1 处(昌达沟铜矿床，工作程度达普查阶段，已查明铜资源小型)，其余 5 个岩体工作程度低、仅为调查或区调程度。区内印支晚期—燕山早期沿断裂带分布的花岗闪长斑岩体等，多数都有铜钼矿化信息。区域化探有铜、钼、银等异常分布，是我省又一斑岩铜矿成矿区。成矿地质条件良好，具有一定的找矿前景，是我省今后寻找斑岩铜矿的重要区域之一。

13. 石渠阳各玛—柴呀预测区

预测区位于石渠县阳各玛—德格俄南乡柴呀一带，面积为 112km²，圈出 2 个最小预测区(C 类 2 个)，预测资源潜力小型，评判为 C 类。

预测区内印支晚期—燕山早期沿断裂带分布的花岗闪长斑岩体等。区内工作程度低，但有铜钼矿化信息。区域化探有铜、钼、银等异常分布，是四川省又一斑岩铜矿成矿区。成矿地质条件良好，具有一定的找矿前景。

14. 德格堂德-更多预测区

预测位于德格县侧卡松多乡堂德—更多一带，面积为 89km²，圈出 2 个最小预测区（C 类），预测资源量铜 2.45 万吨，评判为 C 类，具有一定的找矿前景。

15. 会理大铜厂预测区

预测区位于四川省会理县鹿厂镇境内，地处康滇古陆东侧的江舟断陷盆地，南北向益门断裂带与北东向宁会断裂、龙潭断裂带并会部位，处于冲-洪积扇的扇顶—扇中部位。成矿建造为侏罗系—白垩系河湖相紫红色碎屑建造，含铜岩系为白垩系上统小坝组下段砂、砾岩。

地理坐标：东经 102°14′09″～102°10′50″，北纬 26°25′53″～26°34′55″，面积为 51.12km²。区内已有大铜厂、鹿厂 2 个小型矿床，矿床工作程度较高，其余工作程度较低，已查明铜资源量达中型规模，区内共圈定 6 个最小预测区（A 类 3 个，B 类 2 个，C 类 1 个），预测铜资源潜力中型（A 类 20.49 万吨，B 类 3.06 万吨），综合评判为 A 类。

预测区地处扬子陆块西缘康滇轴部基底逆推带东侧，江舟断陷盆地内，区内已有大铜厂、鹿厂等矿床，是四川省现已利用的砂岩铜矿主要矿区，大铜厂勘探深度已近 1200m，尚未尖灭。预测区内其他地段勘探深度均在 500m 以浅，其勘查深度小。找矿潜力巨大，是我省今后寻找勘查砂岩型铜矿的重点区域。

16. 会理翟窝厂预测区

预测区位于宁（南）会（理）断裂北侧，出露地层为中白垩统小坝组。沉积古地理为河流冲积扇前缘—辫状河心滩环境，在冲积扇砾岩和心滩粗粒长石石英砂岩中普遍矿化，在构造上为一向南倾伏的背斜，现已发现翟窝厂、岩口、上马革矿点，分布在背斜的翼部和长江鼻状倾伏端。该段浅紫交互带发育，呈南北向延伸，前人有大量老铜和采空塌陷区，推测向南还可能找到新的矿体，面积为 129km²。

预测区内已查明铜资源量 0.33 万吨，共圈定 3 个最小预测区（B 类 1 个，C 类 2 个），预测铜资源潜力小型，综合评判为 B 类。

预测区地处扬子陆块西缘康滇基底逆推带东侧、江舟断陷盆地内，已有矿点 1 处，铜异常分布与大铜厂、鹿厂有相似之处。以往勘查工作程度低，但与大铜厂等矿床相邻，含矿地层为白垩系小坝组砂砾岩建造，成矿地质条件较好，具有一定的找矿潜力。

17. 会理爱国预测区

预测区位于会理县南部，面积为 54km² 。区内工作程度较低，根据区内含铜岩系为白垩系上统小坝组下段砂、砾岩分布地段及化探异常特征圈定 4 个最小预测区（C 类），预测铜资源潜力小型，评判为 C 类。

预测区地处扬子陆块西缘康滇基底逆推带东侧，江舟断陷盆地内，与大铜厂相邻，成矿地质条件相近，具有一定的找矿潜力。

18. 荥经预测区

预测区位于雅安市荥经县花滩乡，面积为 130km² ，共包括 8 个最小预测区（A 类 1 个、B 类 1 个、C 类 6 个）。区内构造发育甘洛—小江等南北向、北西向及北东向断裂。上二叠统玄武岩出露面积广，上部火山角砾岩及宣威组炭质页岩，凝灰岩为主要含铜岩石。火山角砾岩铜矿、火山沉积型及构造热液型矿床均有产出。已知小型矿床 1 个及矿点 2 处，已查明资源量达小型。有化探异常分布，具有指导找矿意义的异常与玄武岩套合好，找矿前景较好。

19. 观音阁预测区

预测区位于峨眉—峨边县东部，面积 75km² ，，包括 4 个最小预测区（B 类 1 个，C 类 3 个），预测资源量 1.76 万吨，综合评判为 B 类。

预测区内南北向、北西向及北东向断裂（带）夹持式穿越，玄武岩面积较广，已知小型矿床 1 处矿点 1 处，查明资源量达小型规模。铜化探异常与玄武岩套合较好，南北向和北西向断裂发育，具有一定的找矿潜力。

20. 眉山村预测区

预测区位于甘洛县南西部，圈出 4 个最小预测区，预测资源潜力小型，评判为 C 类。

南北向断裂及次类断裂纵贯该区，但玄武岩出露面积小，化探异常范围小，且与玄武岩套合度一般，找矿前景小。

21. 罗姑预测区

预测区位于甘洛—马边县西部，面积为 33km² ，包括 2 个最小预测区，预测铜资源潜力小，评判为 C 类。

预测区内断裂不发育，玄武岩面积小，化探异常面积小，且套合度较差，综合分析找矿潜力小。

22.乌坡预测区

该区位于昭觉—美姑—雷波县，面积为 71km²，包括 3 个最小预测区(A 类 1 个、B 类 1 个、C 类 1 个)，预测资源量 2.57 万吨(A+B2.46 万 t)，综合评判为 A 类。

南北向、北东向断裂较发育，玄武岩第五喷发阶段上部的火山角砾岩及凝灰岩分布面积较广，已知小型矿床 1 处，矿点、矿化点 8 处，化探异常面积较大，但与玄武岩套合较差，具有一定的找矿潜力。

23.雨水乡预测区

预测区位于布拖县南西部，面积为 27km²，包括 3 个最小预测区(C 类)，预测铜资源量 0.43 万吨，评判为 C 类。

有南北向断裂分布，玄武岩出露面积小，且凝灰岩仅局部出露，化探异常仅部分套合好，已知矿化点 1 处，综合分析找矿潜力小。

24.放马坪预测区

预测区位于宁南县东部，面积为 80km²，包括 2 个最小预测区(C 类)，预测铜资源潜力小型，评判为 C 类。

南北向断裂发育，玄武岩出露面积小、火山角砾岩发育，化探异常与玄武岩套合较好，但尚无矿点、矿化点信息，综合评判找矿前景一般。

第二节 四川省铜矿找矿方向

通过对四川省铜矿成矿规律的研究及矿产预测结果表明，四川省铜矿尚有较大找矿远景，从区域成矿规律和铜矿时空分布特点看，成矿有利部位主要为滨太平洋扬子板块康滇前陆逆冲带的康滇基底断隆带、锦屏山、龙门山元古代基底逆冲带，峨眉—昭觉断陷盆地带、米市—江舟盆、三江弧盆系的义敦—沙鲁里岛弧、盐源—丽江盆地。康滇前陆逆冲带的形成与构造演化是漫长的，构造、岩浆岩活动强烈频繁，沉积环境反复变迁，促成成矿物质多次分散聚集，以攀西地区的康滇前陆逆冲带和三江弧盆系的构造演化对铜矿的形成与分布关系最为密切。铜矿的找矿方向也与此有关，现分述如下。

四川省铜矿资源潜力评价确定 8 个预测工作区，24 个预测区，75 个最小预测区，其中 A 类最小预测区 16 个，B 类最小预测区 15 个，C 类最小预测区 44 个，共预测铜矿资源潜力 238 万吨。根据预测类型分为 8 个矿集区(找矿远景区)，17 个找矿靶区(表 6-3)，主要集中分布在两个重点勘查区和三个一般勘查区。

图 6-3　四川省铜矿找矿靶区一览表

矿集区（找矿远景区）及编号	找矿靶区及编号	矿床类型与矿床式	成矿地质条件	综合找矿信息	找矿靶区类别
会理拉拉	落凼—板山头（V_{11}）	火山沉积变质型拉拉式	赋矿地层为河口群钠质火山岩（石英南侧岩、黑云片岩、斑状石英钠长岩）河口背斜、红泥坡向斜控制	矿体呈层状、似层状产出，大型矿产地 1 处、中型 2 处、矿点及 Cu 异常 5 处，综合异常 4 个	A
	红泥坡—力洪（V_{12}）	火山沉积变质型拉拉式			A
九龙李伍	银厂子—李伍（V_{22}）	火山沉积变质型李伍式	赋矿层位为李伍群李伍段斜长角闪岩、角闪片岩、透闪阳起岩、斜长阳起片岩三个丘状穹窿及构造滑脱带控制	矿体呈层状、似层状产出，中型矿床 2 处，矿点 5 处，Cu 异常 23 处，综合异常 20 个	A
	卡拉—茶地（V_{23}）				C
会理-会东	会理黑箐（V_8）	火山沉积变质型淌塘式	赋矿层位为会理群落凼组石英白云大理岩	矿体层状、似层状产出，小型矿床 2 处，中型 1 处，矿点 10 个	A
	会理大箐沟（V_9）				A
	会东淌塘（V_{10}）		赋存地层会理群淌塘组中炭质（泥灰质）绢云千枚岩、白云大理岩	矿体层状、似层状产出，中型矿床 1 处、矿点、Cu 异常 13 个，综合异常 13 个	A
芦山-彭州	芦山黄铜尖子（V_{13}）	火山沉积变质型彭州式	赋矿地层为黄水河群黄铜尖子组火山碎屑岩大理岩，前震旦变质杂岩及附属褶皱控矿	矿体呈层状、似层状产出，小型矿床 2 处，矿点 4 处，Cu 异常 27 处，综合异常 23 处	B
	彭州马松岭（V_{14}）				A
西范坪	模范村（V_{4-1}）	斑岩型西范坪式	含矿岩体为石英二长斑岩，岩体和接触带控矿	矿体似层状、脉状产出、中型矿床 1 处，岩体 126 个，其中含矿岩体 20 个	A
	公母山（V_{4-2}）				B
昌达沟	阳格玛—柴平（V_5）	斑岩型昌达沟式	含矿岩体花岗闪长斑岩，岩体和接触带控矿	矿体呈透镜状产出，小型矿床 1 处，花岗闪长斑岩 127 个，Cu 异常 13 个，Mo 异常 12 个，Au 异常异常 17 个，综合异常 15 个	C
	汉宿—昌达沟（V_6）				A
	堂德—更多（V_7）				C
大铜厂	翟窝厂（V_1）	砂岩型大铜厂式	赋矿地层为白垩系小坝组砂砾岩，褶皱控矿	矿体呈层状、产出，中-小型矿床 3 处、矿点 4 处，Cu 异常 15 个、Mo 异常 21 个，综合异常 26 个	B
	大铜厂（V_2）				A
	爱国（V_3）				C

一、重点勘查区

（一）会理—会东铜矿重点勘查区

　　勘查区位于康滇轴部基底断隆带东缘，川滇黔成矿北段，区内前南华系地层和白垩系地层铜铁元素背景值高，铜异常分布广泛，成群成带分布明显。拉拉地区及淌塘通安黎溪铜异常呈现"高、大、全"，需进一步验证，是四川省内铜铁主要基地，已发现铜矿

(点)30 处，累计查明铜资源是 141.9 万吨，最小预测区 23 个(拉拉式 3 个、淌塘式 7 个、大铜厂式 13 个)，预测潜在铜资源量 115.2 万吨。找矿方向主攻拉拉式、淌塘式火山沉积变质型铜矿及大铜厂式砂岩型铜矿。该勘查区共包括 8 个重点找矿靶区(图 6-2)，其中，落凼—板山头靶区、红泥坡—力洪靶区为拉拉式火山沉积变质型铜矿的重点找矿靶区(图 6-3)；黑箐靶区、大箐沟靶区、淌塘靶区为淌塘式火山沉积变质型铜矿的重点找矿靶区(图 6-4)；翟窝厂—马宗靶区、大铜厂—江西湾靶区、爱国、滴水岩靶区为砂岩型铜矿重点找矿靶区。本区勘查研究程度较高，成矿条件好，是四川省内铜矿最有远景的工作区之一，勘查应重点是围绕上述老矿区延伸和外围找矿。

(二)九龙李伍式铜矿重点勘查区

江浪、踏卡、长枪穹窿变质杂岩是中古生代扬子陆块边缘裂谷系一支折裂谷中的火山沉积岩变质产物，穹窿构造控制了李伍式铜矿的产出，长枪穹窿内已发现 2 个李伍式中型富矿床(李伍、黑牛洞)，小型矿床 2 个(挖金沟、中咀)，累计查明铜资源量 56 万吨，锌 25 万吨，并发现矿点、矿化点 10 余处。长枪和踏卡穹窿区 1/20 万化探 Cu、Pb、Zn 异常好，成矿地质背景和成矿地质条件与江浪穹窿相似，具有良好的找矿前景。李伍式铜矿潜力评价共划出 3 个预测区、8 个最小预测区，预测铜资源量 48 万吨、锌 20 万吨，主攻找矿方向为卡拉—茶子沟找矿靶区、银硐子—李伍找矿靶区的异常查证和工程验证(图 6-5)。

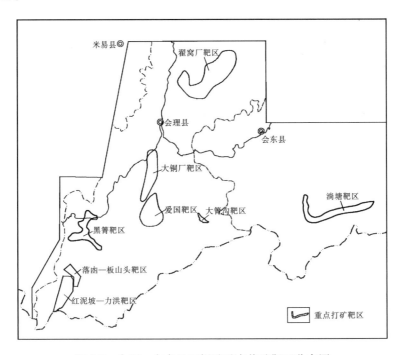

图 6-2　会理—会东地区铜矿重点找矿靶区分布图

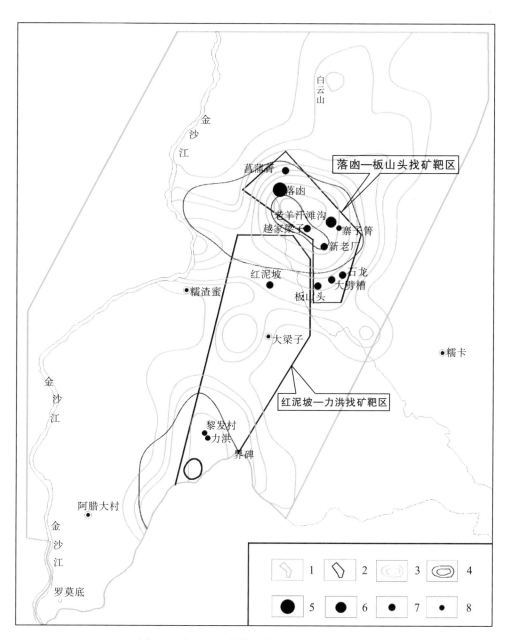

图 6-3 会理地区拉拉式铜矿找矿靶区分布图

1.勘查区块；2.找矿靶区；3.铜综合分散流异常；4.钴综合分散流异常；
5.大型铜矿床；6.中型铜矿床；7.小型铜矿床；8.矿化点

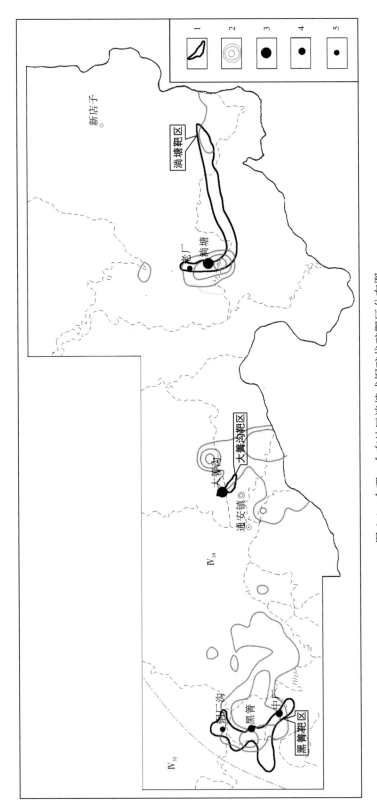

图 6-4 会理—会东地区淌塘式铜矿找矿靶区分布图

1.找矿靶区；2.铜异常带；3.中型铜矿床；4.小型铜矿床；5.矿化点

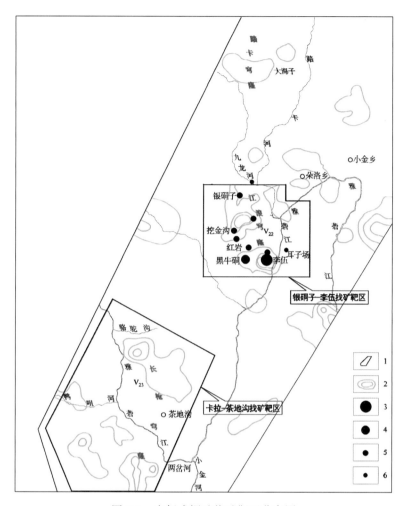

图 6-5　李伍式铜矿找矿靶区分布图

1. 找矿靶区；2. 铜铅锌综合异常带；3. 大型铜矿床；4. 中型铜矿床；5. 小型铜矿床；6. 矿（化）点

二、一般勘查区

（一）盐源斑岩铜矿勘查区

本区以喜马拉雅期斑岩铜矿为主，处于松潘甘孜造山带和扬子地台结合的造山带与盐源丽江盆地与义敦岛弧带结合部位，分布在木里普尔地、盐源西范坪地区，含矿体为喜马拉雅期富碱石英二长斑岩，属盐源丽江成矿带（Ⅲ75）、盐源喜马拉雅期斑岩成矿带（Ⅳ26）。

西范坪发现 6 个石英二长斑岩体，分布面积为 40km²，含矿岩体 20 个，仅 80 号岩体做过系统普查详查，提交 332+333 铜资源量达到中型，潜力评价确定 2 个靶区（模范村、公母石山），6 个最小预测区，预测铜资源潜力 28 万吨。

    木里—盐源地质调查评价发现盐源西范坪，木里普尔地、永宁罗卜地三个斑岩群，
总体预测斑岩铜资源潜力100万吨左右，且有砂岩铜矿和玄武岩铜资源潜力，总体找矿
潜力大。盐源西范坪含铜斑岩体异常查证和验证，前期验证已发现2个矿体，其中Ⅱ号
岩体似层状，长大于400m，延深大于50m，平均厚12m，Cu平均品位为0.38%。因此，
该区找矿方向应重点针对公母石山靶区和模范村靶区（图6-6）。

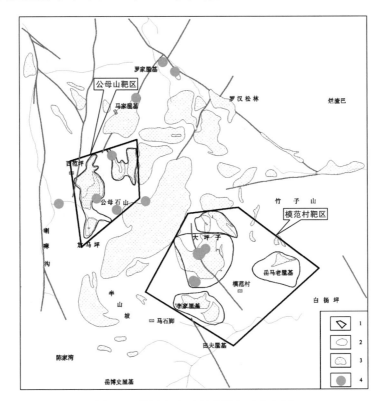

图 6-6　盐源斑岩型铜矿勘查区分布图

1.找矿靶区；2.最小预测区；3.石英二长斑岩；4.铜矿床（点）

（二）昌达沟—汉宿斑岩铜矿勘查区

    勘查区处于德格—石渠预测区内部，位于三江成矿带Ⅲ-32、白玉—乡城铜矿成矿带
（Ⅳ-14）上，包括3个Ⅴ级找矿靶区（昌达沟—汉宿、阳拾玛—柴牙、堂德—更多）
（图6-7），共7个最小预测区，预测铜资源量17万吨，其中昌达—汉宿综合评价为A类
预测区。预测区处于义敦岛弧带，除了斑岩铜矿外还有矽卡岩铜矿（打马党池、达西丁），
及邻区金沙江两个超大型玉龙斑岩铜矿。预测工作区计有6个斑岩群，成矿地质条件较
好，具有一定找矿远景，有望找到中小型斑岩铜矿床。

    找矿方向应对昌达沟—汉宿斑岩体群已有一定工作基础，1/5万水系沉积物异常测
量Cu异常多、分布广。昌达沟矿床已做过普查，仅对1号矿体浅部有钻孔控制，控制延
伸150～170m，矿体往深部变厚，预测延深大于400m，建议矿床加大延伸控制，预测区

作异常查证，发现新的含矿斑岩体。

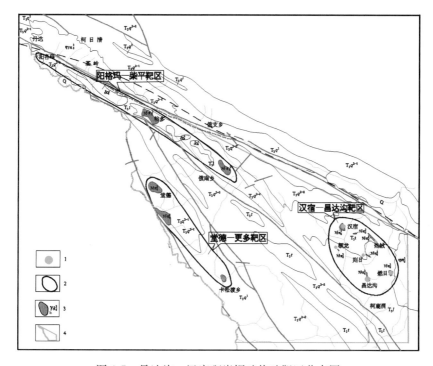

图 6-7　昌达沟—汉宿斑岩铜矿找矿靶区分布图
1.铜矿床及铜矿(化)点；2.找矿靶区区；3.细粒花岗闪长斑岩；4.勘查区

(三)乌坡式铜矿勘查区

　　预测工作区北起雅安荥经、峨眉山市，南至宁南县晚二叠玄武岩分布区，已发现小型铜矿床零星分布、铜矿点 100 余处(图 6-8)，其中昭觉—布拖矿点较集中，综合评定为 B 级。本次预测区处于Ⅳ-77、Ⅳ-76、Ⅳ-31、Ⅳ-33 成矿带上。已勘查的成型矿床仅荥经花滩、洪雅刘沟、昭觉乌坡、甘洛红岩，探获铜资源量单个矿床 2 万～5 万吨，预测数量很少，结合已有几个成型小矿床和近期某老矿山详查累计探获铜资源储量达中型。矿体成似层状、稳定延长、延深较大。

　　北部地区 2 个 A 级预测区(荥经观音阁)和 1 个 B 级预测区(峨边观音阁)，面上要注意找矿新进展，加强成矿、控矿条件研究，进一步优选靶区。

第三节　存在问题及建议

　　本书是以四川省铜矿潜力评价成果为基础，资料来源于四川省各地勘单位勘查成果，资料完成于不同时期，精度不同，成果质量差异较大。

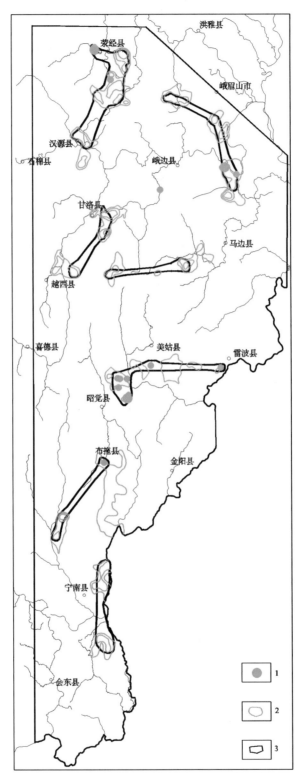

图 6-8　乌坡式铜矿找矿靶区分布图

1.矿(化)点；2.Cu异常；3.找矿靶区；4.预测工作区范围

四川省地域广、面积大，成矿地质背景、成矿条件复杂，矿床类型多样，编图的难度较大，本书依据全国矿产资源潜力评价办公室的规定和实事求是的原则进行编号，但仍有不妥之处。

四川省铜矿的成矿规律研究还不够全面、不够深入，有待进一步研究，获得更多、更优质的靶区，对今后的工作有以下几点建议。

(1)砂岩型铜矿在四川省分布较广，含铜层位交代多，但本次潜力评价工作仅关注了会理红盆下白垩纪小坝组砂岩铜，从目前的一些找矿成果看，东山沙湾、沐川、长宁等地尚有找矿潜力，建议进一步调查研究，实施铜、银矿综合调查评价。

(2)斑岩型铜主要分布在川西三江地区，成矿背景较好，但交通条件较差，面上调查和点上验证不够，本次预测限于盐源，德格地区，而得荣—巴塘(崩扎、打马党池等13个Cu、Au异常)、稻城日霍—木里美沟(8个Cu异常)、木里新山等已知矿化点79处未能预测，建议加强调查研究，但需注意含矿斑岩体和铜矿化多为隐伏状态，必须采取有效的组合勘查手段进行评价。

(3)乌坡式铜矿，因选择的典型矿床规模小，变化大，资源潜力预测过于保守，预测区分散，每个预测区预测量却很少，与以往预测量呈数量级减少，但近年来有的矿区详查成果较好。下一步应对峨眉—布拖进行进一步研究，优先找矿靶区进行验证。

(4)彭州式铜矿、马松岭铜矿本部勘查程度、研究程度较高，矿床主要是受北西向褶皱构造控制，矿化受5个喷发旋回控制，尤其是第四、五喷发旋回，马松岭铜矿本部经验证深部不够理想，矿山已闭坑，但外围多年来一直未开展工作，仅红岩在基性侵入岩中发现铜镍矿，因此建议加强矿区外围研究，实施铜镍矿综合评价。

参 考 文 献

陈根文，程德荣，余孝伟，等.1992.四川拉拉铜矿黄铁矿标型特征研究［J］.矿物岩石，12(3)：85-91.

陈根文，夏斌，等.2001.四川拉拉铜矿床成因研究［J］.矿物岩石地球化学通报：42-44.

陈好寿，冉崇英，等.1992.康滇地轴铜矿床同位素地球化学［M］.北京：地质出版社：20-74.

陈裕生，等.2007.中国主要成矿区(带)成矿地质特征及矿床成矿谱系［M］.北京：地质出版社.

陈毓川，等.2007.中国成矿体系与区域成矿评价［M］.北京：地质出版社.

陈毓川，常印佛，等.2007.中国成矿体系与区域成矿评价项目系列丛书［M］.北京：地质出版社.

陈毓川，王登红，等.2010.重要矿产和区域成矿规律研究技术要求［M］.北京：地质出版社.

陈毓川，王登红，等.2010.重要矿产预测类型划分方案［M］.北京：地质出版社.

成都地质矿产研究所.2009.四川省九龙县里伍铜矿产预测项目报告［R］.

成都地质矿产研究所.2010.四川里伍铜矿泸沽铁矿床成矿规律总结研究报告［R］.

成都地质矿产研究所.2011.四川省九龙县里伍铜矿接替资源勘查报告［R］.

地质科学研究院地质矿产所编.1974.铁铜矿产专辑第二集［M］.北京：地质出版社：104-113.

杜亚军，田竞亚，等.1963.里伍铜矿床控矿构造地质特征及演化模式探讨［J］.四川地质学报，(3)：213-218.

冯伟.2010.四川省会东县淌塘铜矿床详细经济评价［D］.成都：成都理工大学硕士论文.

冯孝良，汪名杰，文成敏，等.2007浅析里伍铜矿外围找矿前景［J］.沉积与特提斯地质，(1)：9-13.

冯孝良，刘俨松，张惠华，等.2008.四川九龙县里伍铜矿包裹体研究［J］.沉积与特提斯地质，(2)：1-11.

傅昭仁，宋鸿林，颜丹平.1997.扬子地台西缘江浪变质核杂岩结构及对成矿的控制［J］.地质学报，71（2）：
113-122.

何德锋，钟宏，朱维光，等.2008.石榴子石/黑云母地质温度计在四川拉拉铜矿床的应用［J］.矿物学报，28
（2）：127-134.

黄崇轲，白冶，朱裕生，等.2000.中国铜矿床［M］.北京：地质出版社.

姜福芝，王玉往.2005.海相火山岩与金属矿床［M］.北京：冶金工业出版社：1-8.

黎功举，吴健民，刘肇昌，等.1995.扬子地台西缘及其邻区铜多金属矿产勘查与成矿系列分布规律的研究［R］.

李朝阳，等.2000.中国铜矿主要类型特征及其成矿远景［M］.北京：地质出版社.

李复汉，王福星，申士连，等.1988.康滇地区的前震旦系［M］.重庆：重庆出版社：1-214.

李金忠，杨昌银，沈和明，等.2008.四川省会东县淌塘铜矿风险勘查地质工作总结［R］.

李立主，等.2006.四川盐源县模范村喜马拉雅期斑岩铜矿矿床地质特征及成矿模式研究［R］.四川地矿局攀西地
质队.

李立主，赵支刚，等.2006.四川盐源模范村喜马拉雅期斑岩铜矿床地质特征［J］.矿床地质，25(3)：268-280.

李仕荣，晏子贵，等.2015.四川省铅锌矿成矿规律及资源评价［M］.北京：科学出版社.

李泽琴，王奖臻，刘家军，等.2003.拉拉铁氧化物-铜-金-钼-稀土矿床Re-Os同位素年龄及其地质意义［J］.地质找矿
论丛，18(1)：39-42.

廖文，于子篯，等.2004.四川大铜厂表生硫化物铜矿床成因探讨［J］.矿物岩石地球化学通报，13：45-51.

刘炳章，等.1997.盐源县西范坪斑岩铜矿区地球化学特征及找矿方向［R］.

刘家铎，等.扬子地台西南缘成矿规律即找矿方向 ［M］.北京：地质出版社.

刘肇昌，等.1986.四川彭县推格构造的特征与形成 ［J］.地球化学，11(1).

刘肇昌，李凡友，钟康惠，等.1996.扬子地台西缘构造演化与成矿 ［M］.成都：电子科技大学出版社，7：40-90.

吕慧进，徐一仁，张素华，等.1995.四川会理红盆爱国—弯子村铜矿床控矿因素分析 ［J］.西安地质学院学报，17（3）：43-47.

马国桃，汪名杰，姚鹏，等.2009.四川省九龙县黑牛洞富铜矿矿床黑云母^{40}Ar～^{39}Ar测年及其地质意义 ［J］.地质学报，83(5)：671-679.

南京大学地球科学系.1994.四川盐源西范坪斑岩铜矿矿床成因与物质来源的地球化学研究 ［R］.

芮宗瑶.1979.论某些层控铜矿交代分带 ［J］.地质学报，53(4)：337-350.

芮宗瑶.1986.试论中国斑岩型矿床系列 ［J］.中国地质科学院院报，14：89-99.

申屠保涌.2000.钠长岩类地质地球化学特征及变质变形与铜矿的形成——以四川会理拉拉铜矿床为例 ［J］.沉积与特提斯地质，20(3)：77-91.

施林道.2013.铜矿床的成因类型及具找矿评价的主要地质标志 ［J］.矿产勘查，05：465-474.

舒晓兰，孙燕，肖渊甫，等.2007.四川省会理县拉拉铜矿床采矿权评 ［D］.成都：成都理工大学.

四川省地质局第一区域地质测量大队.1974.1/20万区域地质调查报告(金矿幅) ［R］.

四川省地质局四○六地质队.1976.李伍矿区铜矿详细勘探地质报告 ［R］.成都：四川省地质局，1-191.

四川省地质矿产勘查开发局.1991.四川省区域地质志 ［M］.北京：地质出版社.

四川省地质矿产勘查开发局.1997.四川省岩石地层 ［M］.北京：中国地质大学出版社.

四川省地质矿产勘查开发局攀西地质队.1997.四川省会理县鹿厂铜矿延伸勘查报告 ［R］.

四川省地质矿产勘查开发局攀西地质队.1997.四川省盐源县西范坪斑岩铜矿综合物探工作报告 ［R］.

四川省地质矿产勘查开发局攀西地质队.1984.四川省会理县拉拉铜矿床详细勘探地质报告 ［R］.

四川省地质矿产勘查开发局四○三地质队.1975. 四川省会理县红泥坡铜矿普查1975年度地质报告 ［R］.

四川省地质矿产勘查开发局四○三地质队.1975. 四川省会理县拉拉铜矿石龙铜矿区普查地质报告 ［R］.

四川省地质矿产勘查开发局四○三地质队.1988.四川省会理县老羊汗滩沟铜矿区详查地质报告 ［R］.

四川省地质矿产勘查开发局四○三地质队.1998四川省会理县昌蒲箐铜矿区普查地质报告 ［R］.

四川省地质矿产勘查开发局四○三地质队.2006.四川省会东县淌塘铜矿地质勘查报告 ［R］.

四川鑫顺矿业股份有限公司.2011.四川省盐源县马角石铜矿详查地质报告 ［R］.

四川盐源西范坪铜矿同位素地球化学研究 ［M］.1996.成都：四川科技出版社.

宋鸿林，田竟亚，等.1995.扬子地台西缘江浪变质核杂岩体变形变质作用及李伍式铜矿成矿模式 ［R］."八五"地质矿产部重点科技攻关项目研究成果报告.

宋铁和，幸石川，等.1990.李伍铜矿床成因探讨 ［J］.西南矿产地质，4：1-4.

孙燕，舒晓兰，肖渊甫，等.2006.四川省拉拉铜矿床同位素地球化学特征及成矿意义 ［J］.地球化学，35（5）：553-559.

唐高林，王发清，寇林林，等.2006.里伍铜矿矿床地质特征及找矿前景 ［J］.四川有色金属，(4)：21-25.

汪名杰，李建忠，姚鹏，等.2007.四川省九龙县里伍铜矿外围普查报告(黑牛洞矿区铜矿普查报告) ［R］.成都地质矿产研究所：1-136.

王亚芬，等.1981.海相火山岩型黄铁矿中Co/Ni比值特征及意义 ［J］.地质与勘探，(8)：33-35.

吴根耀.1987.天宝山组火山岩形成的地质构造环境 ［J］.大自然探索，(2).

西南地质勘查局六○一大队.1999.四川省会理大铜厂铜矿勘探地质报告 ［R］.

肖渊甫，孙燕，陆彦，等.2008.西范坪斑岩铜矿床流体包裹体地球化学特征 ［J］.地质地球化学：53-54.

徐国风，邵洁涟，等.1980.黄铁矿的标型特征及实际意义［J］.地质论评，26(6)：541-545.

徐一仁.1990.四川会理砂岩型铜矿成矿条件及勘探中应注意的问题［J］.四川地质学报，10(1)：15-22.

徐一仁，张素华，等.1995.会理盆地砂岩铜矿成矿带的划分——兼论而论找矿前景［J］.浙江师大学报（自然科学版），18(2)：61-67.

徐志刚，陈毓川，等.2008.中国成矿区带划分方案［M］.北京：地质出版社.

许志琴，候立玮，等.1992.中国松潘—甘孜造山带的造山过程［M］.北京：地质出版社.

颜丹平，宋鸿林，傅昭仁.1977.扬子地台西缘江浪变质核杂岩的出露地壳剖面构造地层柱［J］.现代地质，(3)：290-297.

颜丹平，宋鸿林，傅昭仁，等.1994.四川省九龙县江浪穹隆的变形变质作用与里伍铜矿控矿构造模式［J］.矿床地质，(13)(增刊)：120-121.

晏子贵，刘增达，等.2009.四川会理—会东地区火山沉积变质型铜矿遥感地质特征及找矿标志［J］.四川地质学报，29(4)：477-480.

杨泽湘.2009.四川木里普尔地斑岩铜矿地质特征［J］.四川省地质学报，29(2)：132-135.

杨忠芳.2010.四川会理大铜矿铜矿床成因及找矿方向［D］.成都：成都理工大学硕士论文.

杨钻云，邱仁轩，秦术凯，等.2009.川西龙门山地区元古代 VMS 铜矿床：硫化物微量元素和硫同位素证据［J］.地质科技情报，28(4)：59-64.

杨钻云，刘肇昌，钟康惠，等.2010.川西龙门中段彭州式铜矿区构造体系及与成矿的关系［J］.大地构造与成矿学，34(2)：224-232.

杨钻云，等.2011.川西龙门山中段彭州式铜矿构造与成矿关系研究［D］.成都：成都理工大学博士论文.

姚家栋.1990.试论里伍铜矿床成因［J］.四川地质学报，(4)：251-258.

姚家栋，等.1975.李伍矿区铜矿详细勘探地质报告［R］.

姚鹏，汪名杰，等.2008.里伍式富铜矿床同位素示踪及其成矿地质意义［J］.地球学报，29(6)：691-696.

袁见齐，朱上庆，翟裕生，等.2008.矿床学［M］.北京：地质出版社.

曾云，贺金良，等.2015.四川省成矿区带划分及区域成矿规律［M］.北京：科学出版社.

张济礼，孙燕，张文宽，等.2007.四川省会东县淌塘铜矿床地质特征及成矿预测［D］.成都：成都理工大学.

张建东，胡世华，等.2015.四川省地质构造与成矿［M］.北京：科学出版社.

张盛师，梁信之，等.1990.四川省区域矿产总结［M］.北京：地质出版社.

张文宽，文世涛，等.2009.四川拉拉式铜矿床成矿远景及找矿预测［J］.四川省地质学报，29(4).

张云湘，骆耀南，杨崇喜，等.1988.攀西裂谷［M］.北京：地质出版社.

中国地质大学.1995.扬子地台西缘江浪变质核杂岩体变形变质作用及李伍式铜矿成矿模式［R］.

周家云，郑荣才，朱志敏，等.2009.四川会理拉拉铜矿辉长岩群地球化学与 Sm~Nd 同位素定年［J］.矿物岩石地球化学通报，28(2)：111-122.

左群超，杨东来，冯艳芳，等.2012.全国矿产资源潜力评价数据模型数据项下属词规定分册［M］.北京：地质出版社.